自动化技术系列问答

电动机控制技术问答

刘瑞华　李丰龙　编著

中国电力出版社
CHINA ELECTRIC POWER PRESS

内 容 提 要

　　本书以问答的形式介绍了在现场实际中常见的各种低压电器的特点、使用方法、在实际应用时的注意事项，以及各种低压电气线路等内容。全书共六章，主要内容包括常用的低压电器、交流电动机、直流电动机、低压电气控制线路、电力变压器以及变频器。

　　本书适合于电气专业的技术人员参考和使用。

图书在版编目（CIP）数据 *

电动机控制技术问答/刘瑞华，李丰龙编著. —北京：中国电力出版社，2017.9
（自动化技术系列问答）
ISBN 978 - 7 - 5198 - 0112 - 0

Ⅰ. ①电…　Ⅱ. ①刘…②李…　Ⅲ. ①电动机-控制电路-问题解答　Ⅳ. ①TM321.2 - 44

中国版本图书馆 CIP 数据核字（2016）第 295981 号

出版发行：中国电力出版社
地　　址：北京市东城区北京站西街 19 号（邮政编码 100005）
网　　址：http：//www.cepp.sgcc.com.cn
责任编辑：孙　芳　010 - 63412381　夏华香　huaxiang - xia@sgcc.com.cn
责任校对：马　宁
装帧设计：张俊霞
责任印制：蔺义舟

印　　刷：汇鑫印务有限公司
版　　次：2017 年 9 月第一版
印　　次：2017 年 9 月北京第一次印刷
开　　本：787 毫米×1092 毫米　16 开本
印　　张：15.5
字　　数：364 千字
印　　数：0001—2000 册
定　　价：49.00 元

前　言

　　本书是作者根据多年在工业现场维护设备过程中所遇到的实际问题进行的总结。在编写过程中力求理论与实际相结合，力求用简单易懂的文字解释说明问题，内容贴近生产实践。

　　全书共六章，各章主要内容如下：

　　第一章针对常用的低压电器进行介绍。着重介绍了目前在我国工矿企业、民用生活中常见的各种低压控制电器及其性能、使用注意事项，解答了一些使用过程中的常见问题。其中，包括我国在20世纪八九十年代的低压电器，又新增了一部分国内厂家参考国外的产品进行改型的新产品，尽可能地贴近目前大多数工矿企业生产现场的实际情况。

　　第二章主要针对交流电动机进行介绍。目前，在我国交流电动机的使用率非常高，但是在实际使用过程中，从使用方法到后期检修维护，总会出现这样或那样的问题，在这一章中，作者从解答问题的角度对这些问题进行说明，希望对从事交流电动机使用和维护的朋友提供一定的帮助。

　　第三章针对直流电动机进行介绍。虽然随着变频调速技术和交流电动机定子调压调速技术的发展，直流电动机的使用已日益减少，但是，直流电动机因其一些独特的优点，还是在生产现场占有一席之地，希望本章的内容能给从事直流电动机维护的朋友带来帮助。

　　第四章介绍了低压电气控制线路。目前，变频器、PLC等自动化设备大幅度地使用，以往的低压控制电路日趋减少，但是，这些都是学习和使用自动化控制的基础，只有熟悉了这些电路才能更好地进行自动化控制的学习和使用。其次，一些国内的小型企业或者村办企业由于资金等方面的原因，很多还在使用传统的低压控制电路，他们可以借鉴本章的这些电路，将其应用到生产现场。

　　第五章介绍了电力变压器。电力变压器为工厂、居民区、商业区等提供电力支持的重要动力设备，是整个国民经济生产、生活中相当重要的一个环节，了解、学习变压器的基本知识，对正确用电、节约用电有一定的帮助。

　　第六章主要介绍了变频器，是本书中涉及自动化控制的内容，可以看作是作者对《S7系列PLC与变频器综合应用技术》一书中关于变频器内容的具体细化，使读者更加了解、熟悉变频技术，不再感觉变频技术的神秘，毕竟变频技术是自动化控制今后发展的一个方向，会越来越多地应用到生产、生活的各个方面。

　　由于本书编写的内容涉及面广，限于水平和时间，疏漏之处在所难免，希望广大读者在阅读过程中多提出宝贵意见，作者不胜感激。

作　者

2017年7月

目　录

第一章

常用的低压电器

1-1　什么是低压电器？

答：低压电器设备是指交流或者直流额定电压为 1200V 及以下的，在电力线路中起保护、控制或者调节作用的电器设备。低压电器设备用途十分广泛，品种繁多，产品结构种类各式各样，一般分为刀开关、转换开关、熔断器、自动开关、保护继电器、接触器、控制器、控制继电器、变阻器、调压器、电磁铁等。

低压电器设备按用途或控制对象可分为：①用于电力传动系统的低压控制电器，如控制继电器、接触器、电磁铁、变阻器、控制器、电阻器、主令控制器等；②用于低压配电系统的为低压配电电器，如转换开关、刀开关、自动空气开关、熔断器、保护继电器等。

低压电器是一种能根据外界的信号和要求，手动或自动地接通或断开电路，以实现对电路或非电对象的切换、控制、保护、检测、变换和调节的元件或设备。控制电器按其工作电压的高低，以交流、直流 1200V 为界，可划分为高压控制电器和低压控制电器两大类。低压电器是成套电气设备的基本组成元件。在工业、农业、交通、国防，以及其他用电部门中，大多数采用低压供电，因此电器元件的质量将直接影响到低压供电系统的可靠性。

1-2　低压电器有哪些种类？

答：低压电器根据其在电气线路中所处的地位和作用，通常按三种方式进行分类：

（1）按低压电器的作用分类。

1）控制电器，这类电器主要用于电力传动系统中。主要有起动器、接触器、控制继电器、控制器、主令电器、电阻器、变阻器、电压调整器、电磁铁等。

2）配电电器，这类电器主要用于低压配电系统和动力设备中，主要有刀开关和转换开关、熔断器、断路器等。

（2）按低压电器的动作方式分类。

1）手控电器。这类电器是指依靠人力直接操作来进行切换等动作的电器，如刀开关、负荷开关、按钮、转换开关等。

2）自控电器。这类电器是指按本身参数（如电流、电压、时间、速度等）的变化或外来信号而自动进行工作的电器，如各种型式的接触器、继电器等。

（3）按低压电器有、无触点分类。

1）有触点电器。前述各种电器都是有触点的，由有触点的电器组成的控制电路又称为继电-接触控制电路。

2）无触点电器。用晶体管或晶闸管做成的无触点开关、无触点逻辑元件等属于无触点电器。

1-3 低压电器的型号是怎样命名的？其含义是什么？

答： 目前，我国的低压电器产品的型号，均用汉语拼音和阿拉伯数字组合表示。
我国的低压电器产品型号的组成形式为

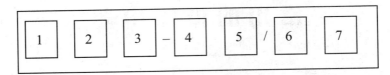

其中：

1——表示类组代号（用字母表示，最多三位）；

2——表示设计代号（用数字表示，位数不限）；

3——表示特殊派生代号（用字母表示，说明全系列在特殊情况下变化的特征）；

4——表示基本规格代号（用数字表示，位数不限）；

5——表示通用派生代号（用字母表示）；

6——表示辅助规格代号（用数字表示，位数不限）；

7——表示特殊环境下派生出的代号（用字母表示）。

注：常见低压电器产品型号类组代号表见附录 A。

1-4 正确选用低压电器的原则是什么？

答：（1）热继电器的选择。①热继电器的脱扣值热不动作电流为 $1.05I_n$，动作电流为 $1.2I_n$，是根据电动机的过载特性设计的，所以选热继电器时，热继电器的电流调节范围可以满足电动机的额定电流就可以了。②要根据电动机是轻载起动还是重载起动来选热继的脱扣特级。比如水泵类负载，轻载起动用 10A 级；风机类负载为重载起动，用 20A 级的。

（2）塑壳式断路器的选用原则。

1）断路器的额定工作电压≥线路额定电压。

2）断路器的额定电流≥线路负载电流。

3）断路器的额定短路通断能力≥线路中可能出现的最大短路电流（按有效值计算）。

4）线路末端单相对地短路电流≥1.25 倍断路器瞬时脱扣器整定电流。

5）断路器的欠电压脱扣器额定电压＝线路额定电压。

6）断路器分励脱扣器额定电压＝控制电源电压。

7）电动机的额定工作电压＝控制电源电压。

（3）配电用断路器的选用原则。

1）断路器长延动作电流整定值≤导线容许载流量。对于采用电线电缆的情况，可取电线电缆容许载流量的 80%。

2）3 倍长延时动作电流整定值的可返回时间≥线路中最大起动电流电动机的起动时间。

3）瞬时电流整定值≥1.1×$(I_{jx}k_1kI_{cdm})$，其中，I_{jx}——线路计算负载电流；k_1——电动机起动电流的冲击系数，一般取 $k_1=1.7\sim2$；k——电动机起动电流倍数；I_{cdm}——功率最大电动机的额定电流。

（4）电动机保护断路器的选用原则。

1）长延时电流整定值＝电动机额定电流。

2）瞬时整定电流：对于保护笼型电动机的断路器，瞬时整定电流＝（8～15）倍电动机额定电流；对于保护绕线转子电动机的断路器，瞬时整定电流＝（3～6）倍电动机额定电流。

3）6倍长延时电流整定值的可返回时间≥电动机实际起动时间，按起动时负载的轻重，可选用的返回时间为1、3、5、8、12、15s中的某一挡。

（5）断路器与熔断器的配合原则。

1）假如在安装点的预期短路电流小于断路器的额定分断能力，可采用熔断器做后备保护，因熔断器的额定短路分析能力较强，线路短路时，熔断器的分断时间比断路器短，可确保断路器的安全。可选择在断路器的额定短路分断能力的80%处。

2）熔断器应装在断路器的电源侧，以保证使用安全。

1-5　低压电器安装前的安全要求主要有哪些？

答： 不同的低压电器各有自己的特点，安全要求也不完全一样，但相互之间有很多共同之处，其共同的安全要求如下：

（1）电压、电流、断流容量、操作频率、温升等运行参数应符合要求。

（2）灭弧装置（如灭弧罩、灭弧触头和灭弧用绝缘板）完好。

（3）防护完善，门或盖上的联锁装置可靠，外壳、手柄、漆层无变形和损伤。

（4）触头接触面光洁，接触紧密，并有足够的接触压力；各极触头应同时动作。

（5）安装合理、牢固；操作方便，并能防止自行合闸；通常电源线应接在固定触头上；不同相间最小净距离为10mm，500V为14mm。

（6）正常时不带电金属部分接地（或接零）良好。

（7）绝缘电阻符合要求。

1-6　低压电器安装前、安装中有哪些检查项目？

答： 低压电器安装一般分安装前检查、电器固定、接线和测试四个步骤。

安装前检查主要指外观检验，包括查验器件的规格是否符合设计要求，附件及备件是否齐全，外壳、漆层、手柄等有无变形或损伤，内部仪表、灭弧罩、瓷件等有无伤痕和裂缝，以及产品技术文件是否齐全，设备有无铭牌和合格证等。

低压电器一般安装在盘箱内，有的直接装在支架或设备本体上。根据设计图纸资料规定的电器与端子板的安装孔距，在盘、箱、支架的相应位置上划线、钻孔，用螺栓将电器固定就位。支架可焊在预埋件或金属结构上，也可直接埋在混凝土地坪内，或用抱箍、射钉、膨胀螺栓固定在建筑结构上。拧紧螺栓时要用力均匀，紧固牢靠。有防震要求的电器应加减震装置和采取防松措施。在室外安装的电器应有防雨雪和风沙措施。

接线包括主回路接线和控制回路接线。主回路也称一次回路，其接线方法要按照电缆线路安装和配线施工。控制回路也称二次回路，盘、箱、柜内低压电器的二次回路接线以电器端子为起点，终点大多接到出线端子板上；也有两头都在电器端子上而不引到出线端子板上的。导线应采用图纸规定的型号和规格，矫直成合适的长度，并在两端标上线号。数根走向一致敷设在一起的导线应构成线束，线束通常放在电器或盘的下部及两侧，用绝缘扎带绑扎在包有绝缘带的支架上，或装在有盖的塑料槽内。接线时，先在导线端部削去一段绝缘皮，套上线号标志，把芯线顺螺旋方向煨成圆圈，然后用螺钉配上垫圈将其固定在端子板或电器端子上。按照国家规范规定，除设备自带插接式端子外，多股铝芯及截面积超过 $2.5mm^2$ 的多股铜线应在焊接或压接端子后，再与电器的端子连接。其他铜导线接头处应绞紧并涂上焊锡。电器的金属外壳或框架需采取保护接地措施。若载流量大又有足够的安装空间，主回路宜采用裸母线连接，其对地及相间的安全距离应符合规范要求。

测试首先检查各电器和导线的型号、规格与设计是否相符，检查接线是否正确，测量其绝缘电阻是否符合要求，检查可动部分是否动作灵活，有无卡阻现象。电器的三相接点的不同期关合距离、辅助接点的超额行程距离、电器操作力、分断时间及各项通电试验项目，均应符合有关规范的规定。检测控制和保护用的电流继电器、电压继电器、时间继电器和热继电器、各类过电流脱扣器、失电压和分励脱扣器、延时装置等，应先按设计给出的参数进行整定，然后在试车过程中再根据实际情况进行适当调整，直至完全满足生产工艺要求。

1-7 安装和使用低压电器的一般原则有哪些？

答：一、电气保护箱外安装

（1）低压电器应垂直安装，特别是对油浸减压起动器，为防止绝缘油溢出，油箱倾斜不得超过 $5°$；应使用螺栓固定在支持物上，而不应采用焊接；安装位置应便于操作，而手柄与周围建筑物之间要保持一定的距离，不易碰坏。

（2）低压电器应安装在没有剧烈振动的场所，距地面要有适当的高度。刀开关、负荷开关等电源线必须接在固定触头上，严禁在刀开关上挂接电源线。

（3）低压电器的金属外壳或金属支架必须接地（或接零），电器的裸露部分应加防护罩，双投刀开关的分闸位置应有防止自行合闸的装置。

（4）在有易燃、易爆气体或粉尘的厂房，电器应密封安装在室外，且有防雨措施，对有爆炸危险的场所必须使用防爆电器。

（5）使用时应保持电器触头表面的清洁。光滑，接触良好，触头应有足够的压力，各相触头的动作应一致，灭弧装置应保持完整。

（6）使用前应清除各接触面上的保护油层，投入运行前应先操作几次，检查动作情况。

（7）单极开关必须接在相线上。

二、电气保护箱的安装注意事项

（1）在多尘、潮湿、室外、人身容易触碰的场所，若使用开启式电器，应安装在保护箱内。

（2）室外要采取防雨措施，电源线及控制线均应从下面进出。

（3）室内暗装外壁要涂防护漆，内壁要刷油漆。

（4）屏板两面安装电器时应两侧开门。

（5）铁皮保护箱应刷防腐漆，且可靠接地。

（6）箱门上应标有红色"电"的符号，门内侧应有电气原理图。

（7）保护箱宽度在 500mm 以上时，应做双扇门。

（8）箱内应留有一定的空间，满足电气设备安装、维修的要求。

1-8　什么是开关？什么是刀开关？各有哪些种类？

答： 开关是低压电器中结构最简单、使用最普遍、应用最广泛的电器之一。其作用是分合电路、开断电流。常用的有刀开关、隔离开关、负荷开关、转换开关（组合开关）、自动空气开关（空气断路器）等。

开关有有载运行操作、无载运行操作、选择性运行操作之分；又有正面操作、侧面操作、背面操作几种；还有不带灭弧装置和带灭弧装置之分；按极数分为单极、双极、三极三种；按照操作方法分为直接手柄操作、杠杆操作、电动操作三种。

刀开关是手动电器中结构最简单的一种，主要用作电源隔离开关，也可用来非频繁地接通和分断容量较小的低压配电线路。也用于额定电压交流 380V、直流 440V、额定电流 1500A 以下的配电设备中，作为不频繁手动接通和切断电路之用。接线时应将电源线接在上端，负载接在下端，这样拉闸后刀片与电源隔离，可防止意外事故的发生。

刀开关的主要类型有大电流刀开关、负荷开关、熔断器式刀开关。常用的产品有 HD11～HD14、HZ 系列、HK 系列刀开关。

刀开关又称闸刀开关或隔离开关，它是手控电器中最简单而使用又较广泛的一种低压电器。

刀开关是带有动触头——闸刀，并通过它与底座上的静触头——刀夹座相合（或分离），以接通（或分断）电路的一种开关。其中以熔断体作为动触头的，称为熔断器式刀开关，简称刀熔开关。

常用的刀开关有 HD 型单投刀开关、HS 型双投刀开关（刀形转换开关）、HR 型熔断器式刀开关、HZ 型组合开关、HK 型闸刀开关、HY 型倒顺开关和 HH 型铁壳开关等。

1-9　选择刀开关时应考虑哪几方面？

答： 选择刀开关时应考虑以下两方面：

（1）刀开关的结构形式。应根据刀开关的作用和装置的安装形式来选择是否带灭弧装置。若分断负载电流时，应选择带灭弧装置的刀开关。根据装置的安装形式来选择是否是正面、背面或侧面操作形式，是直接操作还是杠杆传动，是板前接线还是板后接线的结构形式。

（2）刀开关的额定电流。一般应等于或大于所分断电路中各个负载额定电流的总和。对于电动机负载，应考虑其起动电流，所以应选用额定电流大一级的刀开关。若再考虑电路出现的短路电流，还应选用额定电流更大一级的刀开关。

1-10　什么是隔离器？什么是隔离开关？

答： 隔离器（isolators）是只允许通过单方向信号的适用于无线通信的电子元件。可被使用于移动电话等微波通信设备的信号发射电路中，以此来确保功率放大器的稳定工作，担负着阻止因流经天线的电流倒流而使得此逆流信号输入功率放大器的作用。通过搭载隔离器，能确保通信质量，获得保护电路的效果，同时也能减轻 RF 电路设计的负担。

隔离器是一种采用线性光耦隔离原理，将输入信号进行转换输出。输入、输出和工作电源三者相互隔离，特别适合与需要电隔离的设备仪表配用。隔离器又名信号隔离器，是工业控制系统中的重要组成部分。隔离器一般由输入信号处理单元、隔离单元、输出信号处理单元、电源等 4 部分构成。

隔离开关是高压开关电器中使用最多的一种电器，顾名思义，是在电路中起隔离作用。它本身的工作原理及结构比较简单，但是由于使用量大，工作可靠性要求高，对变电站，电厂的设计、建立和安全运行的影响均较大。

隔离开关是具有明显断口，能把带电部分与不带电部分明显分开的电气设备。隔离开关没有灭弧装置，不允许带负荷操作，只允许切合空载短线和电压互感器，以及有限容量的空载变压器。

隔离开关的作用：

（1）分闸后，建立可靠的绝缘间隙，将需要检修的设备或线路与电源用一个明显的断开点隔开，以保证检修人员和设备的安全。

（2）根据运行需要，换接线路。

（3）可用来分、合线路中的小电流，如套管、母线、连接头、短电缆的充电电流，开关均压电容的电容电流，双母线换接时的环流以及电压互感器的励磁电流等。

（4）根据不同结构类型的具体情况，可用来分、合一定容量变压器的空载励磁电流。

1-11　刀开关的主要用途是什么？

答：刀开关用于不频繁接通和分断低压供电线路，隔离电源以保证检修人员的安全使用。还可用于小容量笼型异步电动机的直接起动。

刀开关在电路中的作用：隔离电源，以确保电路和设备维修的安全；分断负载，如不频繁地接通和分断容量不大的低压电路或直接起动小容量电动机。电气设备进行维修时，需要切断电源，使之与带电部分脱离，并保持有效的隔离距离，要求在其分断口间能承受过电压的耐压水平。刀开关作为隔离电源的开关电器。隔离电源的刀开关也称为隔离开关。

隔离开关一般属于无载通断电器，只能接通或分断可忽略的电流（指带电压的母线、短电缆的电容电流或电压互感器的电流）。也有的刀开关具有一定的通断能力，在其通断能力与所需通断的电流相适应时，可在非故障条件下接通或分断电气设备或成套设备中的一部分。

用作隔离开关的刀开关必须满足隔离功能，即开关断口明显，并且断口距离合格。

刀开关和熔断器串联组合成一个单元，称为刀开关熔断器组；刀开关的可动部分（动触头）由带熔断体的载熔件组成时，称为熔断器式刀开关。

刀开关熔断器组合并增装了辅助元件，如操作杠杆、弹簧、弧刀等可组合为负荷开关。负荷开关具有在非故障条件下，接通或分断负荷电流的能力和一定的短路保护功能。

1-12　刀开关与隔离器的结构由哪几部分组成？它们是怎样工作的？

答：刀开关结构简单，主要由操作手柄、触刀、静触座和绝缘底板构成。推动手柄使触刀插入静触座中，电路就会接通。二极和三极刀开关的动触刀由绝缘横杆联动。

静触座用铜等良导体材料制成，固定在用绝缘材料制成的底板上。触刀与静触座之间应有一定的接触压力，以保证刀开关合闸时触刀与静触座有良好的接触。

动触刀与下支座铰链连接，连接处依靠弹簧保证必要的接触压力，绝缘手柄直接与触刀固定。能分断额定电流的刀开关装有灭弧罩，以保证分断电路时安全可靠。

1－13　低压隔离开关与刀开关的安装要求有哪些？

答：（1）开关应垂直安装。当在不切断电流、有灭弧装置或用于小电流电路等情况下，可水平安装。水平安装时，分闸后可动触头不得自行脱落，其灭弧装置应固定可靠。

（2）可动触头与固定触头的接触应良好；大电流的触头或刀片宜涂电力复合脂。

（3）双投刀闸开关在分闸位置时，刀片应可靠固定，不得自行合闸。

（4）安装杠杆操作机构时，应调节杠杆长度，使操作到位且灵活；开关辅助触点指示应正确。

（5）开关的可动触头与两侧压板距离应调整均匀，合闸后接触面应压紧，刀片与静触头中心线应在同一平面，且刀片不应摆动。

1－14　刀开关与隔离开关如何使用与维护？

答：（1）隔离开关。起隔离电压作用的刀开关，有明显的断开点，以保证检修电气设备时人员的安全。普通的刀开关不能带负荷操作，装有灭弧罩或在动触刀上装有可速断的辅助触刀的开关，可以切断不大于额定电流的负载。

常用隔离开关。

1) HD11、HS11系列，正面手柄操作，仅作隔离开关用。

2) HD12、HS12系列，用于正面两侧操作前面维修的开关柜中。

3) HD13、HS13系列，用于正面操作，后面维修的开关柜中。

4) HD14系列，用于动力配电箱中。

（2）刀开关使用注意事项。

1) 操作隔离开关前，应先检查断路器是否在断开状态。

2) 操作单极开关，拉开时应先拉开中相，再拉两边相，闭合时顺序相反。

3) 停电操作时，断路器断开后，先拉负荷侧隔离开关，后拉电源隔离开关，送电时顺序相反。

4) 一旦发生带负荷断开或闭合隔离开关时，应按以下规定处理：

a. 错拉开关在刀口发生电弧时，应急速合上；如已拉开，则不得再合上，并及时上报。

b. 错合开关时，无论是否造成事故，均不得再拉开，并采取相应措施。

（3）刀开关的维修。

1) 检查负荷电流是否超过刀开关的额定值。

2) 检查刀开关导电部分有无动/静触头接触不良、发热、动/静触头有烧损及导线（体）连接情况，遇有以上情况时，应及时修复。

3) 检查绝缘连杆、底座等绝缘部件有无烧伤和放电现象。

4) 检查开关操作机构各部件是否完好、动作灵活，断开、合闸时三相是否同期、准确到位。

1－15　低压刀开关有哪些主要参数？

答：（1）额定绝缘电压，即最大额定工作电压。

（2）额定工作电流。

（3）额定工作制，分为 8h 工作制、不间断工作制两种。

（4）使用类别。根据操作负载的性质和操作的频率分类。按操作频率分为 A 类和 B 类，A 类为正常使用的；B 类为操作次数不多的，如只用作隔离开关的；按操作负载性质分类，有操作空载电路、通断电阻性电路、操作电动机负载等。

（5）额定通断能力。有通断能力的开关电器额定通断最大允许电流。

（6）额定短时耐受电流。

（7）有短路接通能力电器的短路接通能力。

（8）额定（限制）短路电流。

（9）操作性能：根据不同的使用类别，在额定工作电流条件下的操作循环次数。

1-16　什么是负荷开关？负荷开关的分类有哪些？

答：负荷开关是介于断路器和隔离开关之间的一种开关电器，具有简单的灭弧装置，能切断额定负荷电流和一定的过载电流，但不能切断短路电流。

负荷开关是一种带有专用灭弧触头、灭弧装置和弹簧断路装置的分合开关。从结构上看，负荷开关与隔离开关相似（在断开状态时都有可见的断开点），但它可用来开闭电路，这一点又与断路器类似。然而，断路器可以控制任何电路，而负荷开关只能闭合负荷电流，或者断开过负荷电流，所以只用于切断和接通正常情况下的电路，而不能用于断开短路故障电流。但是，要求它的结构能通过短路时间的故障电流而不致损坏。由于负荷开关的灭弧装置和触头是按照切断和接通负荷电流设计的，所以负荷开关在多数情况下，应与熔断器配合使用，由后者来担任切断短路故障电流的任务。负荷开关的闭合频率和操作寿命往往高于断路器。

负荷开关的优点是价格较低，多用于 10kV 以下的配电线路，其灭弧方式有空气、压缩空气、SF_6 和真空灭弧等。随着科学技术的不断发展，负荷开关的种类和质量都有所增加和提高。

按照使用电压可分为高压负荷开关和低压负荷开关；按照开关的形式可以分为开启式负荷开关和封闭式负荷开关。

1-17　负荷开关如何维护？

答：（1）负荷开关导电部件的维修项目内容与刀开关相应部分相同。

（2）检查负荷开关操动机构的部件是否完好，闭锁装置是否完好。

（3）检查外壳内、底座有无熔丝熔断后造成的金属粉尘，应清扫干净，以免降低外壳和底座的绝缘性能。

（4）金属外壳应有可靠的保护接地装置，防止发生触电事故。

（5）检查熔断器额定电流是否与开关额定电流相匹配。

1-18　什么是开启式负荷开关和封闭式负荷开关？各适用于哪些场合？

答：（1）低压系统应用的负荷开关是在刀开关的基础上增加一些辅助部件，如外壳、快速操动机构、灭弧室和电流保护装置（熔断器）组成。因此，可以断开、闭合额定电流内的工作电流。熔断器可以控制过负荷及在电路发生短路时起保护作用。

（2）负荷开关可分为开启式负荷开关和封闭式负荷开关。

1）开启式负荷开关（俗称胶盖开关、胶盖闸刀）主要用于额定电压在 380V 以下，电流在 60A 以下的交流电路，作一般电灯、电热类等回路的控制开关、不频繁地带负荷操作和短路保护用。

2）封闭式负荷开关（又称铁壳开关，现有 HH10、HH11 系列，其他型号均已淘汰）用于额定电压在 500V 以下，额定电流 200A 以下的电气装置和配电设备中，作不频繁地操作和短路保护。也可作异步电动机的不频繁直接起动及分断用。封闭式负荷开关还具有外壳门机械闭锁功能，开关在合闸状态时，外壳门不能打开。

封闭式负荷开关主要由刀开关、熔断器和钢板外壳构成。铁壳开关是一种封闭式负荷开关，主要用于多灰尘的场所，适宜小功率电动机的起动和分断。它的操动机构装有机械联锁，在盖子打开时，使受柄不能合闸，或者受柄在合闸位置上盖子打不开，从而保证了操作的安全；同时，由于操作机构采用了弹簧储能式，加快了开关的通断速度，使电能快速通断，而与手柄的操作速度无关。

1-19　开启式负荷开关和封闭式负荷开关有何区别？

答：开启或封闭，是指负荷开关是否用罩封闭起来，如果没有封闭，熔断器和刀闸外露，就是开启式负荷开关，需要装设在专用的柜子内，以免操作人员误接触发生事故。

而封闭式负荷开关用金属或电工绝缘材料制成外壳封闭起来，这种负荷开关不用再装在柜子内，可以外露，不会发生人身伤亡事故。

特点及应用：结构简单，价格低廉，没有专门的灭弧装置，不宜用于频繁地分、合电路。常用做照明电路的电源开关、控制 5.5kW 及以下异步电动机的起动和停止。

1-20　开启式负荷开关的结构由哪几部分组成？

答：开启式负荷开关又称为瓷底胶盖开关，简称闸刀开关。适用于照明、电热设备及小容量电动机控制线路中，供手动不频繁地接通和分断电路，并起短路保护作用。

低压开启式负荷开关由隔离开关和熔断器组成，如图 1-1 所示。

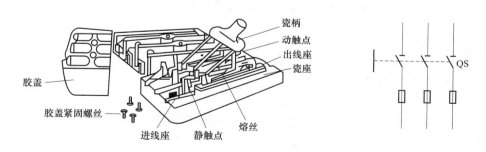

图 1-1　低压开启式负荷开关

HK1 型：其胶盖分上、下两部分，下盖扣罩熔体，并以铰链方式固定于瓷质底座上，以便更换熔体。上盖部分为隔离开关本体，它与熔体一起固定在同一瓷质底座上。

HK2 型：结构与 HK1 型相近，但下盖部分是以螺钉固定在瓷质底座上，用以罩住熔体部分。

上述两种型号，两极的为 250V 级，三极的为 500V 级。容量为 15、30、60、75A 几个等级。

HK1－p 型：结构上没有熔断部分，即只有上盖的隔离开关部分，它只有 15A 的一个等级。

TSW 型：这种型号的开关，在可动触刀上装有可靠的机械联锁，开关合上时，不能打开下盖，以确保安全。下盖与底座间采取铰链方式，便于更换熔体，熔断部分为爪形体，相间隔离效果好，短路时不易发生相间弧光闪络，提高了保护性能。最大容量为 100A 等级。

1－21 怎样选用开启式负荷开关？

答：（1）用于照明或者电热负载时，负荷开关的额定电流等于或大于被控制电路中的各负载额定电流之和，选用额定电压 220V 或 250V。

（2）用于控制电动机的直接起动和停止时，选用额定电压 380V 或 500V，额定电流不小于电动机额定电流 3 倍的三极开关。开启式负荷开关的额定电流一般为电动机额定电流的 3 倍。而且要将开启式负荷开关接熔断器处用铜导线连接，并在开关出线座后面单独装设熔断器，作为电动机的短路保护。

1－22 断路器与负荷开关有何区别？

答：负荷开关是可以带负荷分断的，有自灭弧功能，可以形成明显断开点；大部分断路器不具有隔离功能，也有少数断路器具有隔离功能。

负荷开关有过载保护功能。负荷开关和熔断器的组合电器能自动跳闸，具备断路器的部分功能。而断路器可具有短路保护、过载保护、漏电保护等功能。

负荷开关和断路器的区别还在于它们的开断容量不同，断路器的开断容量可以在制造过程中做得很高，但是负荷开关的开断容量是有限的。负荷开关一般是加熔断器保护，只有速断和过电流。断路器主要依靠加电流互感器配合二次设备来保护。

负荷开关主要用在开闭所和容量不大的配电变压器（<800kVA）；断路器主要用在经常开断负荷的电动机和大容量的变压器以及变电站里。

断路器一般用在低压照明电路中，动力部分，可以起到自动切断电路的作用，但是有可能因为断路器的内部故障等原因而没有断开回路，此时如果检修下端设备就有可能触电，这一点，需要在检修时特别注意。

1－23 封闭式负荷开关的结构有什么特点？怎样选用封闭式负荷开关？

答：封闭式负荷开关又称铁壳开关，主要用于手动不频繁地接通和断开带负载的电路，也可用于控制 15kW 以下的交流电动机不频繁地直接起动和停止。

铁壳开关的操作机构特点：由刀开关、熔断器、速断弹簧和外壳等组成，并且安装在金属壳内，设有联锁装置，保证操作安全，其外观如图 1－2 所示；采用储能分/合闸方式，有利于迅速灭弧。这种开关的操作机构具有以下两个特点：①采用了弹簧储能分/合闸，有利于迅速熄灭电弧，从而提高开关的通断能力；②设有联锁装置，以保证开关在合闸状态下开关盖不能开启，而当开关盖开启时又不能合闸，确保操作安全。适用于工作场所粉尘较大的场合。

封闭式负荷开关的选择。额定电流的选择：封闭式负荷开关（俗称铁壳开关）用于控制一般电热、照明电路时，开关的额定电流应不小于被控制电路中各个负载额定电流的总和。当用来控制电动机时，考虑到电动机的全压起动电流为其额定电流的 4～7 倍，故开关的额定电流应为电动机额定电流的 3 倍，或根据以下参数来选择封闭式负荷开关可控制的电动机容量。开关额定电流有 15、20、30、60、100、200A；可控制的电动机容量有 2、2.8、4.5、10、14kW。

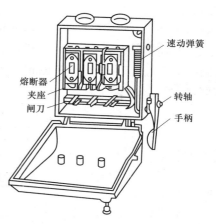

图 1-2 铁壳开关的外观

1-24 封闭式负荷开关应怎样安装使用？

答：在安装封闭式负荷开关时，应保证开关的金属外壳可靠接地或接零，防止因意外漏电而发生触点事故。接线时，应将电源线接在静触点的接线端上，负荷接在熔断器一端。

1-25 使用封闭式负荷开关有哪些注意事项？

答：（1）为了保证安全，开关外壳必须可靠接地。

（2）接线时，必须把接线压紧，以防烧坏开关内部绝缘部件，造成开关故障。

（3）为了安全，在封闭式负荷开关外壳上安装的机械连锁装置要可靠，打开外壳时，不能合闸，合闸后，壳盖不能打开。

（4）安装时，先预埋固定件，将木质配电板用紧固件固定在墙壁或柱子上，再将负荷开关固定在木质配电板上。

（5）负荷开关应垂直于地面安装，其安装高度以手动操作方便为宜，通常在 1.3～1.5m。

（6）负荷开关的电源线和输出线都必须经进线孔进出。进行接线时应在进出线孔处加装绝缘垫圈，以防开关外壳破坏电缆绝缘层。

（7）操作时，必须要侧面对开关进行拉闸和合闸。若更换熔丝，必须在拉闸停电后进行。

1-26 什么是熔断器？它有哪些用途？

答：当电流超过规定值时，以本身产生的热量使熔体熔断，断开电路的一种电器。

IEC127 标准将它定义为熔断体（fuse-link）。它是一种安装在电路中，保证电路安全运行的电器元件。熔断器其实就是一种短路保护器，广泛用于配电系统和控制系统中，主要进行短路保护或严重过载保护。

由于各种电气设备都具有一定的过载能力，允许在一定条件下较长时间运行；而当负载超过允许值时，就要求保护熔体在一定时间内熔断。还有一些设备起动电流很大，但起动时间很短，所以要求这些设备的保护特性要适应设备运行的需要，要求熔断器在电动机起动时不熔断，在短路电流作用下和超过允许过负荷电流时，能可靠熔断，起到保护作用。熔体额定电流选择偏大，负载在短路或长期过负荷时不能及时熔断；选择过小，可能在正常负载电流作用下就会熔断，影响正常运行，为保证设备正常运行，必须根据负载性质合理地选择熔体额定电流。

（1）照明电路：熔体额定电流≥被保护电路上所有照明电器工作电流之和。

（2）电动机：

1）单台直接起动电动机：熔体额定电流＝（1.5～2.5）×电动机额定电流。

2）多台直接起动电动机：总保护熔体额定电流＝（1.5～2.5）×各台电动机电流之和。

3）降压起动电动机：熔体额定电流＝（1.5～2）×电动机额定电流。

4）绕线转子电动机：熔体额定电流＝（1.2～1.5）×电动机额定电流。

（3）配电变压器低压侧：熔体额定电流＝（1.0～1.5）×变压器低压侧额定电流。

（4）并联电容器组：熔体额定电流＝（1.43～1.55）×电容器组额定电流。

（5）电焊机：熔体额定电流＝（1.5～2.5）×负荷电流。

（6）电子整流元件：熔体额定电流≥1.57×整流元件额定电流。

说明：熔体额定电流的数值范围是为了适应熔体的标准件额定值。

1-27　熔断器的型号意义是什么？

答：熔断器的型号意义如下：

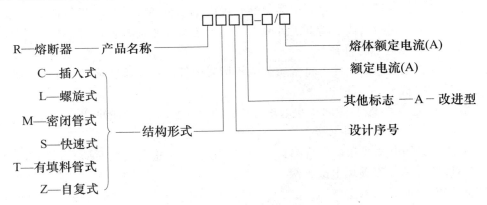

1-28　熔断器的基本结构由哪几部分组成？它是怎样工作的？

答：熔断器主要由熔体和熔座两部分组成。熔体由低熔点的金属材料（铅、锡、锌、银、铜及合金）制成丝状或片状，俗称熔丝。工作中，熔体串接于被保护电路，既是感测元件，又是执行元件；当电路发生短路或严重过载故障时，通过熔体的电流势必超过一定的额定值，使熔体发热，当达到熔点温度时，熔体某处自行熔断，从而分断故障电路，起到保护作用。熔座（或熔管）是由陶瓷、硬质纤维制成的管状外壳。熔座的作用主要是为了便于熔体的安装并作为熔体的外壳，在熔体熔断时兼有灭弧作用。

1-29　熔断器有哪些种类？分别适用于什么场合？

答：常用的熔断器有：

（1）瓷插式熔断器。它常用于 380V 及以下电压等级的线路末端，作为配电支线或电气设备的短路保护用。

结构：由瓷座（底）、瓷盖、动触头、静触头和熔体（丝）组成，如图 1-3 所示。

特点：结构简单，价格低廉，更换方便。该熔断器的分断能力较差。

适用场合：交流 50Hz，额定电压 380V 以下，额定电流 5～200A 的低压电路的末端或分支电路中。

（2）螺旋式熔断器。熔体上的上端盖有一熔断指示器，一旦熔体熔断，指示器马上弹出，可通过瓷帽上的玻璃孔观察到，它常用于机床电气控制设备中。螺旋式熔断器分断电流较大，可用于电压等级 500V 及其以下、电流等级 200A 以下的电路中作短路保护，如图 1-4 所示。

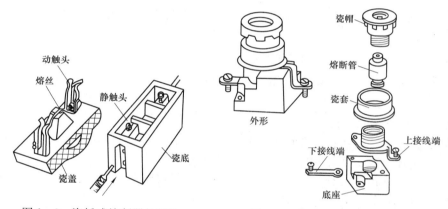

图 1-3　瓷插式熔断器的结构　　　　图 1-4　螺旋式熔断器的结构

（3）封闭式熔断器。封闭式熔断器分有填料封闭式熔断器和无填料封闭式熔断器两种，如图 1-5 和图 1-6 所示。

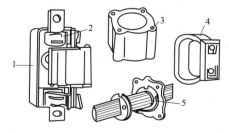

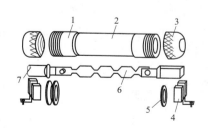

图 1-5　有填料封闭式熔断器　　　　图 1-6　无填料封闭式熔断器

1—瓷底座；2—弹簧片；3—管体；4—绝缘手柄；5—熔体　　1—铜圈；2—熔断管；3—管帽；4—插座；

　　　　　　　　　　　　　　　　　　　　　　　　　　　5—特殊垫圈；6—熔体；7—熔片

有填料封闭式熔断器一般用方形瓷管，内装石英砂及熔体，分断能力强，用于电压等级

500V 及以下、具有较大短路电流，电流等级 1kA 以下的电力输配电系统的保护电路中，常见型号为 RT0 系列。

无填料封闭式熔断器将熔体装入密闭式圆筒中，分断能力稍小，用于 500V 以下，600A 以下电力网或配电设备中，型号有 RM7、RM10 系列等。

（4）快速熔断器。它主要用于半导体整流元件或整流装置的短路保护。由于半导体元件的过载能力很低，只能在极短时间内承受较大的过载电流，因此要求短路保护具有快速熔断能力。快速熔断器的结构和有填料封闭式熔断器基本相同，但熔体材料和形状不同，它是以银片冲制的有 V 形深槽的变截面熔体。其特点是熔断时间短，动作快；常用型号有 RLS、RSO 系列。有时候也将其归类到封闭式熔断器里。

（5）自复熔断器。采用金属钠作熔体，在常温下具有高电导率。当电路发生短路故障时，短路电流产生高温使钠迅速汽化，汽态钠呈现高阻态，从而限制了短路电流。当短路电流消失后，温度下降，金属钠恢复到原来的良好导电性能。自复熔断器只能限制短路电流，不能真正分断电路。其优点是不必更换熔体，能重复使用。

1-30 如何选择熔断器？

答：一、熔断器的选择原则

（1）根据使用条件确定熔断器的类型。

（2）选择熔断器的规格时，应首先选定熔体的规格，然后再根据熔体去选择熔断器的规格。

（3）熔断器的保护特性应与被保护对象的过载特性有良好的配合。

（4）额定电压选择：熔断器额定电压应不小于线路的工作电压。熔断器的额定电压是由安装点的工作电压来决定的，它必须大于或等于工作电压。

如果线路的工作电压超过了熔断器的额定电压，可将两个熔断器串联使用。此时，必须确保安装点出现的短路电流至少达到额定电流的 10 倍以上。

（5）额定电流选择：熔断器的额定电流是由安装点电流有效值来决定的。安装点的电流有效值根据变流装置不同线路而定。如果熔断器电流等级不能满足线路要求，可以将两个相同规格熔断器并联使用，并联使用时熔断器电流不均匀分布差异约为 ±5%。熔断器额定电流必须大于或等于所装熔体的额定电流。在配电系统中，各级熔断器应相互匹配，一般上一级熔体的额定电流要比下一级熔体的额定电流大 2~3 倍。

（6）熔体额定电流的选择：具体选择方法可遵循以下四条原则：

1）保护一台电动机时，应对电动机起动冲击电流予以考虑，故熔体额定电流的要求为

$$I_{fN} \geqslant (1.5 \sim 2.5) I_N$$

式中　　I_{fN}——熔体额定电流；

　　　　I_N——电动机的额定电流。

2）保护多台电动机时，熔体应在出现尖峰电流时不致熔断，通常将容量最大电动机起动，其他电动机正常工作时出现的电流视为尖峰电流，故

$$I_{fN} \geqslant (1.5 \sim 2.5) I_{Nmax} + \sum I_N$$

3）电路上、下两级均设短路保护时，两级熔体额定电流的比值不小于 1.6：1，以使两级保护达到良好配合。

4）照明电路、电炉等阻性负载因没有冲击电流，可取

$$I_{fN} \geq I_e$$

式中　I_e——电路工作电流。

（7）对于保护电动机的熔断器，应注意电动机起动电流的影响，熔断器一般只作为电动机的短路保护，过载保护应采用热继电器。

二、熔断器类型的选择

熔断器主要根据负载的情况和电路短路电流的大小来选择类型。例如，对于容量较小的照明线路或电动机的保护，宜采用 RC1A 系列插入式熔断器或 RM10 系列无填料封闭式熔断器；对于短路电流较大的电路或有易燃气体的场合，宜采用具有高分断能力 RL 系列螺旋式熔断器或 RT（包括 NT）系列有填料封闭式熔断器；对于保护硅整流器件及晶闸管的场合，应采用快速熔断器。

1-31　熔断器的基本技术参数有哪些？

答：（1）额定电压。熔断器长期工作所能承受的电压。

（2）额定电流。保证熔断器长期工作的电流。熔体额定电流：在规定的条件下，长时间通过熔体而熔体不熔断的最大电流。

（3）断开过电压。熔断器在减弧过程中在线路中产生过电压，过高的过电压会使半导体器件产生反向击穿，为此可根据样本的图表查出熔断器断开过电压。断开过电压必须小于或者等于半导体器件允许的反向峰值电压。

（4）额定分断能力。熔断器的额定分断能力应大于线路可能出现的最大短路电流。

（5）时间—电流特性。也称安—秒特性或保护特性，由于熔断器对过载的反应很不灵敏，当电气设备发生轻度过载时，熔断器将持续很长时间才熔断，甚至不熔断。因此，除照明和电加热电路外，熔断器只能承担短路保护作用。

1-32　什么是螺旋式熔断器？其结构有何特点？

答：螺旋式熔断器是在熔断管装有石英砂，熔体埋于其中，熔体熔断时，电弧喷向石英砂及其缝隙，可迅速降温而熄灭。为了便于监视，熔断器一端装有色点，不同的颜色表示不同的熔体电流，熔体熔断时，色点跳出，示意熔体已熔断。螺旋式熔断器额定电流为 5～200A，主要用于短路电流大的分支电路或有易燃气体的场所。

螺旋式熔断器由瓷帽、熔断管、保护圈及底座四部分组成。熔断管内装有熔丝和石英砂，管的上盖有指示器，指示熔丝是否熔断。螺旋式熔断器的作用与插入式熔断器相同，用于电气设备的过载及短路保护。

熔断器由熔断体和支持件所组成，熔断体有明显的熔断指示、支持件绝缘底座选用具有耐温（超过 230℃）和阻燃性能的增强塑料制成，能安全、可靠地分断电路。（RL8D 系列螺旋式熔断器）RL8D 螺旋式熔断器适用于交流 50Hz、额定电压 380V、额定电流为 2～100A 的电路中作过载和短路保护之用。

1-33　什么是无填料密闭式熔断器？其结构有什么特点？

答：无填料封闭式熔断器的熔丝管是由纤维物制成的，使用的熔体为变截面的锌合金

片。熔体熔断时，纤维熔管的部分纤维物因受热而分解，产生高压气体，使电弧很快熄灭。无填料管式熔断器具有结构简单、保护性能好、使用方便等特点，一般均与刀开关组成熔断器刀开关组合使用。

1-34 什么是有填料封闭式熔断器？

答：有填料封闭式熔断器是一种有限流作用的熔断器。由填有石英砂的瓷熔管、触点和镀银铜栅状熔体组成。有填料封闭式熔断器均装在特别的底座上，如带隔离开关的底座或以熔断器为隔离开关的底座上，通过手动机构操作。填料封闭式熔断器的额定电流为50～1000A，主要用于短路电流大的电路或有易燃气体的场所。

1-35 有填料封闭式熔断器的结构有何特点？

答：（1）填充材料。在绝缘管中装入填料是加速灭弧、提高分断能力的有效措施。填料的特点：热容量大，在高温作用下不会分解出气体，不会增加管中的压力。填充材料可用石英砂和三氧化二铝砂；三氧化二铝砂的性能优于石英砂；石英砂便宜，应用较多。

（2）绝缘管的材料。绝缘管材料的特点：机械强度高，有良好的耐弧性能。绝缘管的材料：瓷管（滑石陶瓷或高频陶瓷）；在有填料熔断器中应用普遍。

1-36 什么是快速熔断器？

答：有填料封闭式快速熔断器是一种快速动作型熔断器，由熔断管、触点底座、动作指示器和熔体组成。熔体为银质窄截面或网状形式，熔体为一次性使用，不能自行更换。由于其具有快速动作性，一般作为半导体整流元件保护用。

1-37 熔断器在运行维护及更换时有哪些注意事项？

答：熔断器虽然使用简单廉价的保护装置，但其缺点也不容忽视。使用在三相回路的熔断器，若有一相熔断后，会造成系统单相运行。单相运行后会使电动机烧毁、设备功率降低，以致导线着火等。因此，使用中应通过信号仪表装置经常监视系统的运行，发现单相运行时可及时处理。熔体熔断后，应及时更换，更换时应注意以下几点：

（1）更换熔体时应断电，不许带电工作，以防发生触电事故。

（2）更换熔体前，必须检查分析熔体熔断原因，并排除故障。

（3）更换熔体前，应清除熔器壳体和触点之间的碳化导电薄层。

（4）更换熔体时，不应随意改变熔体的额定电流，更不允许用金属导线代替熔体使用。

（5）安装时，既要保证压紧接牢，又要避免压拉过紧而使熔断电流值改变，导致发生误熔断故障。

（6）熔丝不得使用两股或多股绞合使用。

熔断器使用注意事项：

（1）熔断器的保护特性应与被保护对象的过载特性相适应，考虑到可能出现的短路电流，选用相应分断能力的熔断器。

（2）熔断器的额定电压要适应线路电压等级，熔断器的额定电流要大于或等于熔体的额定电流。

（3）线路中各级熔断器熔体额定电流要相应配合，保持前一级熔体额定电流必须大于下一级熔体额定电流。

（4）熔断器的熔体要按要求使用相配合的熔体，不允许随意加大熔体或用其他导体代替熔体。

熔断器巡视检查：

（1）检查熔断器和熔体的额定值与被保护设备是否相配合。

（2）检查熔断器外观有无损伤、变形，瓷绝缘部分有无闪烁放电痕迹。

（3）检查熔断器各接触点是否完好，接触紧密，有无过热现象。

（4）熔断器的熔断信号指示器是否正常。

熔断器使用维修：

（1）熔体熔断时，要认真分析熔断的原因，可能的原因有：

1）短路故障或过载运行而正常熔断。

2）熔体使用时间过久，熔体因受氧化或运行中温度高，使熔体特性变化而误断。

3）熔体安装时有机械损伤，使其截面积变小而在运行中引起误断。

（2）拆换熔体时，要求做到：

1）安装新熔体前，要找出熔体熔断原因，未确定熔断原因，不要拆换熔体试送。

2）更换新熔体时，要检查熔体的额定值是否与被保护设备相匹配。

3）更换新熔体时，要检查熔断管内部烧伤情况，如有严重烧伤，应同时更换熔管。瓷熔管损坏时，不允许用其他材质管代替。填料式熔断器更换熔体时，要注意填充填料。

（3）熔断器应与配电装置同时进行维修工作：

1）清扫灰尘，检查接触点接触情况。

2）检查熔断器外观（取下熔断器管）有无损伤、变形，瓷件有无放电闪烁痕迹。

3）检查熔断器，熔体与被保护电路或设备是否匹配，如有问题应及时调查。

4）注意检查在 TN 接地系统中的 N 线，设备的接地保护线上，不允许使用熔断器。

5）维护检查熔断器时，要按安全规程要求，切断电源，不允许带电摘取熔断器管。

1-38 熔断器的日常检查项目有哪些？

答：（1）检查熔断器和熔体的额定值与被保护设备是否相配合。

（2）检查熔断器外观有无损伤、变形，瓷绝缘部分有无闪烁放电痕迹。

（3）检查熔断器各接触点是否完好，接触是否紧密，有无过热现象。

（4）熔断器的熔断信号指示器是否正常。

1-39 熔断器是怎样工作的？

答：众所周知，当电流流过导体时，因导体存在一定的电阻，所以导体将会发热，且发热量遵循

$$Q = 0.24 I^2 RT$$

式中　Q——发热量；

　I——流过导体的电流；

　R——导体的电阻；

　T——电流流过导体的时间。

依此公式不难看出熔断器的简单工作原理。当制作熔断器的材料及其形状确定后，其电阻 R 就相对确定了（若不考虑熔断器的电阻温度系数）。当电流流过熔断器时，它就会发热，随着时间的增加其发热量也在增加。电流与电阻的大小确定了产生热量的速度，熔断器的构造与其安装的状况确定了热量耗散的速度。若产生热量的速度小于热量耗散的速度时，熔断器是不会熔断的；若产生热量的速度等于热量耗散的速度时，在相当长的时间内它也不会熔断；若产生热量的速度大于热量耗散的速度时，那么产生的热量就会越来越多，又因为它有一定的比热及质量，其热量的增加就表现在温度的升高上，当温度升高到熔断器的熔点以上时熔断器就发生了熔断。这就是熔断器的工作原理。从这个原理中应该知道，在设计制造熔断器时必须认真研究所选材料的物理特性，并确保它们有一致的几何尺寸。这些因素对熔断器能否正常工作起了至关重要的作用。同样，在使用时，一定要正确地安装。

1-40 安装熔断器时有哪些注意事项？

答：（1）熔断器及熔丝的容量应符合设计要求，并核对所保护电气设备的容量。使之与熔体容量相匹配；对后备保护、限流、自复、半导体器件等专用功能的熔断器，严禁替代。

（2）熔断器安装位置及相互之间的距离，应便于更换熔体。

（3）有熔断指示器的熔断器，其指示器应装在便于观察的一侧。

（4）磁质熔断器在金属板上安装时，其底座应垫软绝缘衬垫。

（5）安装具有几种规格的熔断器时，应在底座旁标明规格。

（6）带有接线标志的熔断器，电源线应按标志进行接线。

（7）安装 RL 型（螺旋式）熔断器时，其底座严禁松动，电源应接在熔芯引出的端子上，RM 型及 RT0 型熔断器应垂直安装于配电柜或配电箱内。

1-41 什么是低压断路器？

答：低压断路器（又称自动开关）是一种不仅可以接通和分断正常负荷电流和过负荷电流，还可以接通和分断短路电流的开关电器。低压断路器在电路中除起控制作用外，还具有一定的保护功能，如过负荷、短路、欠电压和漏电保护等。低压断路器的分类方式很多，按使用类别分，有选择型（保护装置参数可调）和非选择型（保护装置参数不可调），按灭弧介质分，有空气式和真空式（目前国产多为空气式）。低压断路器容量范围很大，最小为4A，而最大可达 5000A。低压断路器广泛应用于低压配电系统各级馈出线，各种机械设备的电源控制和用电终端的控制和保护。

低压断路器分为万能式断路器和塑料外壳式断路器两大类，目前我国万能式断路器主要有 DW15、DW16、DW17（ME）、DW45 等系列，塑壳断路器主要有 DZ10、DZ20、CM1、TM30 等系列。

1-42 低压断路器的结构和工作原理是什么？

答：一、低压断路器的结构

由脱扣器、触头系统、灭弧装置、传动机构、基架和外壳等部分组成。

1. 脱扣器

脱扣器是低压断路器中用来接收信号的元件。若线路中出现不正常情况或由操作人员或继电保护装置发出信号时，脱扣器会根据信号的情况通过传递元件使触头动作掉闸切断电路。低压断路器的脱扣器一般有过电流脱扣器、热脱扣器、失电压脱扣器、分励脱扣器等几种。

2. 触头系统

低压断路器的主触头在正常情况下可以接通分断负荷电流，在故障情况下还必须可靠分断故障电流。主触头有单断口指式触头、双断口桥式触头、插入式触头等几种形式。主触头的动、静触头的接触处焊有银基合金触点，其接触电阻小，可以长时间通过较大的负荷电流。在容量较大的低压断路器中，还常将指式触头做成两挡或三挡，形成主触头、副触头和弧触头并联的形式。

3. 灭弧装置

低压断路器中的灭弧装置一般为栅片式灭罩，灭弧室的绝缘壁一般用钢板纸压制或用陶土烧制。

二、工作原理

当遇到短路故障时，大电流（一般10～12倍）产生的磁场克服反力弹簧，脱扣器拉动操作机构动作，开关瞬时跳闸。当遇到过载故障时，电流变大，发热量加剧，双金属片变形到一定程度推动机构动作（电流越大，动作时间越短）。

目前，已经有很多企业在生产电子型的，也就是带电子脱扣器的断路器，它使用互感器采集各相电流大小，与设定值比较，当电流异常时微处理器发出信号，使电子脱扣器带动操动机构动作。

低压断路器的主触点是靠手动操作或电动合闸的。主触点闭合后，自由脱扣机构将主触点锁在合闸位置上。过电流脱扣器的线圈和热脱扣器的热元件与主电路串联，欠电压脱扣器的线圈和电源并联。当电路发生短路或严重过载时，过电流脱扣器的衔铁吸合，使自由脱扣机构动作，主触点断开主电路。当电路过载时，热脱扣器的热元件发热使双金属片上弯曲，推动自由脱扣机构动作。当电路欠电压时，欠电压脱扣器的衔铁释放。也使自由脱扣机构动作。分励脱扣器则作为远距离控制用，在正常工作时，其线圈是断电的，在需要距离控制时，按下"起动"按钮，使线圈通电，衔铁带动自由脱扣机构动作，使主触点断开。

1－43　一般低压断路器的选用原则有哪些？

答： 一般低压断路器的选用原则如下：

（1）低压断路器的额定电压不小于线路的额定电压。

（2）低压断路器的额定电流不小于线路的计算负载电流。

（3）低压断路器的极限通断能力不小于线路中最大的短路电流。

（4）线路末端单相对地短路电流÷低压断路器瞬时（或短延时）脱扣整定电流不小于1.25。

（5）脱扣器的额定电流不小于线路的计算电流。

（6）欠压脱扣器的额定电压等于线路的额定电压。

1－44　低压断路器如何维护与检修？

答： 低压断路器维护检修的注意事项有：

（1）要保证低压断路器外装灭弧室与相邻电器的导电部分和接地部分之间的安全距离，

杜绝漏装断路器的隔弧板现象发生。只有严格按规程要求装上隔弧板后方可投入运行，以防止切断电路时产生电弧，引起相间短路。

（2）要定期检查低压断路器的信号指示与电路分、合闸状态是否相符，检查其与母线或出线连接点有无过热现象。检查时要及时彻底清除低压断路器表面上的尘垢，以免影响操作和绝缘性能。停电后，要取下灭弧罩，检查灭弧栅片的完整性，清除表面的烟痕和金属粉末。外壳应完整无损，若有损坏，应及时更换。

（3）要仔细检查低压断路器动、静触头，发现触头表面有毛刺和金属颗粒时应及时清理修整，以保证其接触良好。若触头银钨合金表面烧损并超过 1mm 时，应及时更换新的断路器。

（4）要认真检查低压断路器触头压力有无因过热而失效，适时调节三相触头的位置和压力，使其保持三相同时闭合，保障接触面完整、接触压力一致，并用手缓慢分、合闸，检查辅助触点的动断、动合工作状态是否符合规程要求。同时，清擦其表面，对损坏的触头应及时更换。

（5）要全面检查低压断路器脱扣器的衔接和弹簧活动是否正常，动作应无卡阻，电磁铁工作极面应清洁平滑，无锈蚀、毛刺和污垢；查看热元件的各部位有无损坏，其间隙是否符合规程要求。若有不正常情况，应进行清理或调整。还要对机构各摩擦部位定期加润滑油，确保其正确动作，可靠运行。

1-45　怎样选用配电用断路器？

答： 配电用断路器是指在低压电网中专门用于分配电能的断路器，包括电源总断路器和负载支路断路器。在选用这一类断路器时，需特别注意下列选用原则：

（1）断路器的长延时动作电流整定值≤导线容许载流量。对于采用电线电缆的情况，可取电线电缆容许载流量的 80%。

（2）3 倍长延时动作电流整定值的可返回时间≥线路中最大起动电流的电动机的起动时间。

（3）短延时动作电流整定值 I_1 为

$$I_1 = 1.1 \times (I_{jx} + 1.35k I_{ed})$$

式中　I_{jx}——线路计算负载电流，A；

　　　k——电动机的起动电流倍数；

　　　I_{ed}——电动机额定电流，A。

（4）瞬时电流整定值 I_2 为

$$I_2 = 1.1 \times (I_{jx} + k_1 k I_{edm})$$

式中　k_1——电动机起动电流的冲击系数，一般取 $k_1 = 1.7 \sim 2$；

　　　I_{edm}——最大的一台电动机的额定电流。

（5）短延时的时间阶段，按配电系统的分段而定。一般时间阶段为 2～3 级。每级之间的短延时时差为 0.1～0.2s，视断路器短延时机构的动作精度而定，其可返回时间应保证各级的选择性动作。选定短延时阶梯后，最好按被保护对象的热稳定性能加以校核。

1-46　怎样选用电动机保护用断路器？

答： 使用断路器来保护电动机，必须注意电动机的两个特点：①具有一定的过载能力；②起动电流通常是额定电流的几倍（可逆运行或反接制动时可达十几倍）。

保证电动机可靠运行和顺利起动，选择断路器时应遵循以下原则：

（1）按电动机额定电流来确定断路器长延时动作电流整定值。

（2）断路器 6 倍长延时动作电流整定值可返回时间要长于电动机实际起动时间。

（3）断路器瞬时动作电流整定值：笼型电动机应为 8～15 倍脱扣器额定电流；绕线转子电动机应为 3～6 倍脱扣器额定电流。

当然，需要频繁起动电动机，断相运行概率不高有断相保护装置，采用熔断器与磁力起动器结合的方式来控制和保护也是比较合适的，这种保护方式便于远距离控制。

1-47　低压断路器的主要技术参数有哪些？

答：低压断路器的主要技术参数：

1. 额定电压

（1）额定工作电压。断路器的额定工作电压是指与能断能力及使用类别相关的电压值。对多相电路是指间的电压值。

（2）额定绝缘电压。断路器的额定绝缘电压是指设计断路器的电压值，电气间隙和爬电距离应参照这些值而定。除非型号产品技术文件另有规定，额定绝缘电压是断路器的最大额定工作电压。在任何情况下，最大额定工作电压不超过绝缘电压。

2. 额定电流

（1）断路器壳架等级额定电流用尺寸和结构相同的框架或塑料外壳中能装入的最大脱扣器额定电流表示。

（2）断路器的额定电流。断路器的额定电流就是额定持续电流。也就是脱扣器能长期通过的电流。对带可调式脱扣器的断路器是可长期通过的最大电流。

例如：DZ10-100/330 型低压断路器壳架额定电流为 100A，脱扣器额定电流等级有 15、20、25、30、40、50、60、80、100A 共九种。其中，最大的额定电流 100A 与壳架等级额定电流一致。

3. 额定短路分断能力

断路器在规定条件下所能分断的最大短路电流值。

4. 保护特性

（1）过电流保护特性：断路器的动作时间 t 与过电流脱扣器的动作电流 I 的关系曲线，即 $t=f(I)$ 曲线。

（2）欠电压保护特性：当主电路电压低于规定值时，断路器应能瞬时或经短延时动作，将电路分断。

（3）漏电保护特性：当电路漏电电流超过规定值时，断路器应在规定时间内动作，分断电路。

1-48　什么是直流断路器？

答：直流断路器是用于直流系统运行方式转换或故障切除的断路器。用来对直流配电系统的设施和电气进行过载、短路保护之用，可广泛用于电力、邮电、交通、工矿企业等行业。

1-49　直流断路器应怎样选用？

答：选择断路器保护直流电路：

（1）根据直流回路的正常负荷电流初步选择相应规格型号的断路器，这与交流回路的选择没有任何区别。

（2）根据直流电源的额定电压、接地方式（A、B、C 型）和计算所得短路电流值，最终确定断路器的级数和接线方式。具体确定方法如下：

对于 A 型（负极接地）系统：根据电源电压和计算所得需要分断的短路电流从而确定正极所需串联的极数，考虑到负极的绝缘隔离需另外增加 1 极接于断路器的负极。

对于 B 型（中心点接地）系统：将电源电压乘以二分之一得到正、负极上分别施加的电压，以此电压和需要分断的短路电流从而确定正负极均需串接的断路器极数。

对于 C 型（正负极均不接地）系统：以电源电压和需要分断的短路电流确定所需断路器的极数（要求至少两极加入分断，若查得极数为 1P 则改为 2P），将所得极数均匀分配在正负极分别串接。

1-50　直流断路器和交流断路器的区别是什么？

答：（1）直流断路器和交流断路器的主要差别在于去灭弧能力。

因为交流每个周期都有过零点，在过零点容易熄弧，而直流的二次侧电流加热者，则因互感器无法使用于直流电路而不能使用。

如果过载长延时脱扣器是采用全电磁式（液压式，即油杯式），则延时脱扣特性要变化，最小动作电流要变大 110%～140%，因此，交流全电磁式脱扣器不能用于直流电路（如要用，则要重新设计）。

热动—电磁型交流断路器的短路保护是采用系统的，它用于经滤波后的整流电路（直流），需将原交流的整定电流值乘以 1.3 的系数。全电磁型的短路保护与热动电磁型相同。

（2）断路器的附件，如分励脱扣器、欠电压脱扣器、电动操作机构等；分励、欠电压均为电压线圈，只要电压值一致，用于交流系统的，不需做任何改变就可用于直流系统。辅助、报警触头，交/直流通用。电动操动机构用于直流时要重新设计。

（3）由于直流电流不像交流有过零点的特性，直流短路电流（甚至倍数不大的故障电流）的开断；电弧的熄灭都有困难，因此接线应采用二极或三极串联的办法，增加断口，使各断口承担一部分电弧能量。

1-51　断路器与上下级电器保护特性应怎样配合？

答：在配电系统中，并非只有断路器还存在许多别的电器，需考虑断路器与上下级保护电器特性的配合。最好将各个电器的保护特性绘于坐标上，以比较其特性的配合情况。其配合须考虑以下条件：

（1）断路器的长延时特性低于被保护对象（如电线、电缆、电动机、变压器等）的允许过载特性。

（2）低压侧主开关短延时脱扣器与高压侧过电流保护断电器的配合级差为 0.4～0.7s，视高压侧保护继电器的型式而定。

（3）低压侧主开关过电流脱扣器保护特性低于高压熔断侧的熔化特性。

（4）断路器与熔断器配合时，如果在安装点的预期短路电流小于断路器的额定分断能力，可采用熔断器作后备保护。线路短路时，熔断器的分断时间比断路器短，可确保断路器的安全。特性上的交接点，可选择在断路器额定短路的分断能力 80％处。

（5）上级断路器短延时整定电流不小于 1.2 倍下级断路器短延时或瞬时（若一级无短延时）整定电流。

（6）上级断路器的保护特性和下级断路器的保护特性不能交叉。在级联保护方式时，可以交叉，但交点短路电流应为下级断路器的 80％。

（7）在具有短延时和瞬时动作的情况下，上级断路器瞬时整定电流不大于下级断路器的延时通断能力，并不小于 1.1 倍下级断路器进线处的短路电流。

1-52　安装低压断路器时应注意哪些事项？

答： 低压断路器是机电类设备的重要保护装置。本文就其安装的技术要求介绍如下：

（1）安装前首先应进行自检。检查该断路器的规格是否符合要求，机构的运作是否灵活、可靠；同时应测量断路器的绝缘电阻，其阻值不得小于 10MΩ，否则应进行干燥处理。

（2）安装时的注意事项。

1）必需按照规定的方向（如垂直）安装，否则会影响脱扣器动作的准确度及通断能力。

2）安装要平稳，否则塑料式断路器会影响脱扣动作，而抽屉式断路器可能影响二次回路连接的可靠性。

3）安装时应按规定在灭弧罩上部留有一定的飞弧空间，以免产生飞弧。对于塑料式断路器，进线端的母片应包 200mm 长的绝缘物，有时还应在进线端的各相间加装隔弧板。

4）电源进线应接在灭弧室一侧的接线端（上母线）上，接至负载的出线应接在脱扣器一侧的接线端（下母线）上，并选择合适的连接导线截面，以免影响过电流脱扣器的保护特性。

5）若安装塑料式断路器，其操动机构在出厂时已调试好，拆开盖子时操动机构不得随意调整。

6）带插入式端子的塑料式断路器，应装在右金属箱内（只有操作手柄外露），以免操作人员触及接线端子而发生事故。

7）凡没有接地螺钉的断路器，均应可靠接地。

1-53　使用低压断路器时有哪些注意事项？

答：一、交流断路器用于直流电路

交流断路器可以派生为直流电路的保护，但必须注意三点改变：

（1）过载和短路保护。

1）过载长延时保护。采用热动式（双金属元件）作过载长延时保护时，其动作源为 I^2R，交流的电流有效值与直流的平均值相等，因此不需要任何改制即可使用。但对大电流规格，采取电流互感器的二次侧电流加热的，则因互感器无法使用直流电路而不能使用。

如果过载长延时脱扣器是采用全电磁式（液压式，即油杯式），则延时脱扣特性要变化，最小动作电流要变大110%～140%，因此，交流全电磁式脱扣器不能用于直流电路（如要用，则需重新设计）。

2）短路保护。热动—电磁型交流断路器的短路保护是采用磁铁系统的，它用于经滤波后的整流电路（直流），需将原交流的整定电流值乘以1.3的系数。全电磁型短路保护与热动电磁型相同。

（2）断路器的附件，如分励脱扣器、欠电压脱扣器、电动操动机构等；分励、欠电压均为电压线圈，只要电压值一致，则用于交流系统的，不需做任何改变就可用于直流系统。辅助、报警触头，交/直流通用。电动操动机构用于直流时要重新设计。

（3）由于直流电流不像交流有过零点的特性，直流的短路电流（甚至倍数不大的故障电流）的开断；电弧的熄灭都有困难，因此接线应采用二极或三极串联的办法，增加断口，使各断口承担一部分电弧能量。

二、欠电压脱扣器

如果线路电压降低到额定电压的70%（称为崩溃电压），将使电动机无法起动，照明器具暗淡无光，电阻炉发热不足；而运行中的电动机，当其工作电压降低至50%左右（称为临界电压），就要发生堵转（拖不动负载，电动机停转），电动机的电流急剧上涨，达$6I_N$，时间略长，电动机将被烧毁。为了避免上述情况的产生，就要求在断路器上装设欠电压脱扣器。欠电压脱扣器的动作电压整定在（70%～35%）额定电压。欠电压脱扣器有瞬动式和延时式（有1、3、5s…）两种。延时式欠电压脱扣器使用于主干线或重要支路，而瞬动式则常用于一般支路。对于供电质量较差的地区，电压本身波动较大，接近欠电压脱扣器动作电压上限值，这种情况不适宜使用欠电压脱扣器。

三、安装方式

断路器的基本安装方式是垂直安装。但试验表明，热动式长延时脱扣器横装时，虽然散热条件有些不同，但其动作值变化不大，作为短路保护的电磁铁，尽管反作用与重力有一些关系，横装时的误差也不过5%～10%，因此，采用热动-电磁式脱扣器的塑壳断路器也可以横装或水平安装。但脱扣器如是全电磁式（油杯脱扣器），横装时动作值误差高达20%～30%，鉴于此，装油杯脱扣器的塑壳式断路器只能垂直安装。万能式（框架式）断路器只能垂直安装，这与其手柄操作方向有关，与弹簧的储能操作有关，且电磁铁释放、闭合装置、欠电压脱扣器等与重力关系比塑壳式的要大，另外，很多万能式断路器还有抽屉式安装，它们无法横过来或水平操作。对此，所有的万能式断路器都规定要垂直安装，且要求与垂直面的倾斜角不大于5°。

四、上下进线

如果导电连接（软联结），脱扣器与动、静触头，灭弧室，出弧口等不在一个平面，如DZ5-20、TL-100C、TL-225B以及DW15-1600、2500、4000和DW45等型号的断路器，它们既可上进线（断路器的ON上端接电源线，OFF下端接负载），也可下进线（ON上端接负载，OFF下端接电源）。但是，大多数塑壳式断路器（如HSM1、DZ20、TO、TG、H系列等）只能上进线而不能下进线，DW15-630也是仅能上进线。其原因：在短路电流被分断时，上进线的动触头上没有暂态恢复电压的作用，分断条件较好。下接线时，因动触杆的前面（上进线时是后面）有软联结、双金属、发热元件等，动触头上有恢复电压，分断条件就严酷，燃弧时间要长，有可能导致相间击穿短路。由于动触头多半是利用一公共轴联动，其后紧连接着软联结和脱扣器，如果它们之间由于短路断开产生电离气体或导电尘埃而使其绝缘下降，就容易造成相间短路。只能上进线的断路器，倘因安装条件限制，必须下进线，则要降低短路分断能力，一般降 20%～30%，预期短路电流大的多降，小的少降。

五、成套装置

断路器经常安装于成套装置中，如配电柜、分电屏等，当这些柜、屏通电后，其内的各种电器产品（如刀开关、接触器、断路器等）和接线铜排都要发热，以致柜体内的环境温度可达 50～60℃。断路器的动作特性、温升试验和环境温度都有关系，例如 HSM1、TO、TC、CM1 系列整定温度都是＋40℃，环境温度高于＋40℃，断路器要早动作，而环境温度低于＋40℃，过载电流下也可能不会动作，因此，断路器制造厂的样本和说明书都提供了温度补偿曲线（或不同温度下的整定电流值）。不采用热动式过载长延时的脱扣器（如电子脱扣器或智能化脱扣器），则电子元件的工作点会随着温度的升高发生飘移。

1-54　检修低压断路器时有哪些注意事项？

答：低压断路器是配电网络中的一种重要电力设施。对低压断路器定期进行全面维护检修，是使用者正常用电的必要举措，同时也可以为检修人员降低工作量。维护、检修低压断路器应注意以下事项。

（1）要保证低压断路器外装灭弧室与相邻电器的导电部分和接地部分之间有安全距离，杜绝漏装断路器的隔弧板。只有严格按规程要求装上隔弧板后，低压断路器方可投入运行。否则，在切断电路时很容易产生电弧，引起相间短路。

（2）要定期检查低压断路器的信号指示与电路分、合闸状态是否相符，检查其与母线或出线连接点有无过热现象。检查时要及时彻底清除低压断路器表面上的尘垢，以免影响操作和绝缘性能。停电后，要取下灭弧罩，检查灭弧栅片的完整性，清除表面的烟痕和金属粉末。外壳应完整无损，若有损坏，应及时更换。

（3）要仔细检查低压断路器动、静触头，发现触头表面有毛刺和金属颗粒时应及时清理修整，以保证其接触良好。若触头银钨合金表面烧损超过 1mm 时，应及时更换断路器。

（4）要认真检查低压断路器触头压力有无因过热而失效，适时调节三相触头的位置和压力，使其保持三相同时闭合，保障接触面完整、接触压力一致。用手缓慢分、合闸，检查辅助触点的断、合工作状态是否符合规程要求。

（5）要全面检查低压断路器脱扣器的衔接和弹簧活动是否正常，动作应无卡阻，电磁铁工作极面应清洁平滑，无锈蚀、毛刺和污垢；查看热元件的各部位有无损坏，其间隙是否符合规程要求。若有不正常情况，应进行清理或调整。还要对各摩擦部位定期加润滑油，确保其正确动作，可靠运行。

1-55　万能式断路器的运行检查项目有哪些？

答：1. 运行中检查

（1）负荷电流是否符合断路器的额定值。

（2）过载的整定值与负载电流是否配合。

（3）连接线的接触处有无过热现象。

（4）灭弧栅有无破损和松动现象。

（5）灭弧栅内是否有因触点接触不良而发生放电响声。

（6）辅助触点有无烧蚀现象。

（7）信号指示与电路分、合状态是否相符。

（8）失压脱扣线圈有无过热现象和异常声音。

（9）磁铁上的短路环绝缘连杆有无损伤现象。

（10）传动机构中连杆部位开口销子和弹簧是否完好。

（11）电动机和电磁铁合闸机构是否处于正常状态。

2. 使用维护事项

（1）在使用前应将电磁铁工作极面的锈油抹净。

（2）机构的摩擦部分应定期涂以润滑油。

（3）断路器在分断短路电流后，应检查触点（必须将电源断开），并将断路器上的烟痕抹净，在检查触点时应注意：

1）如果在触点接触面上有小的金属粒时，应用锉刀将其清除并保持触点原有形状不变。

2）如果触点的厚度小于 1mm（银钨合金的厚度），必须更换和进行调整，并保持压力符合要求。

3）清理灭弧室两壁烟痕，如灭弧片烧坏严重，应予以更换，甚至更换整个灭弧室。

（4）在触点检查及调整完毕后，应对断路器的其他部分进行检查：

1）检查传动机构动作的灵活性。

2）检查断路器的自由脱扣装置（传动机构与触点之间的联系装置），当自由脱扣机构扣上时，传动机构应带动触点系统一起动作，使触点闭合。当脱扣后，使传动机构与触点系统解脱联系。

3）检查各种脱扣器装置，如过电流脱扣器、欠电压脱扣器、分励脱扣器等。

1-56　塑料外壳式断路器的运行检查项目有哪些?

答： 1. 运行中检查

（1）检查负荷电流是否符合断路器的额定值。

（2）信号指示与电路分、合状态是否相符。

（3）过载热元件的容量与过负荷额定值是否相符。

（4）连接线的接触处有无过热现象。

（5）操作手柄和绝缘外壳有无破损现象。

（6）内部有无放电响声。

（7）电动合闸机构润滑是否良好，机件有无破损情况。

2. 使用维护事项

（1）断开断路器时，必须将手柄拉向"分"字处，闭合时将手柄推向"合"字处。若将自动脱扣的断路器重新闭合，应先将手柄拉向"分"字处，使断路器再脱扣，然后将手柄推向"合"字处，即断路器闭合。

（2）装在断路器中的电磁脱扣器用于调整牵引杆与双金属片间距离的调节螺钉不得任意调整，以免影响脱扣器动作而发生事故。

（3）当断路器电磁脱扣器的整定电流与使用场所设备电流不相符时，应检验设备，重新调整后，断路器才能投入使用。

（4）断路器在正常情况下应定期维护，转动部分不灵活，可适当加滴润滑油。

（5）断路器断开短路电流后，应立即进行以下检查：

1）上下触点是否良好，螺钉、螺母是否拧紧，绝缘部分是否清洁，发现有金属粒子残渣时应清除干净。

2）灭弧室的栅片间是否短路，若被金属粒子短路，应用锉刀将其清除，以免再次遇到短路时，影响断路器正常分断。

3）电磁脱扣器的衔铁，是否可靠地支撑在铁心上，若衔铁滑出支点，应重新放入，并检查是否灵活。

4）当开关螺钉松动，造成分合不灵活，应打开进行检查维护。

（6）过载脱扣整定电流值可进行调节，热脱扣器出厂整定后不可改动。

（7）断路器因过载脱扣后，经 1～3min 冷却后，可重新闭合合闸按钮继续工作。

1-57　什么是断路器越级跳闸？断路器越级跳闸应如何检查处理？

答：断路器的"拒跳"对系统安全运行威胁很大，一旦某一单元发生故障时，断路器拒动，将会造成上一级断路器跳闸，称为越级跳闸。

断路器越级跳闸的危害：越级跳闸将扩大事故停电范围，甚至有时会导致整个供电系统瘫痪，造成大面积停电的恶性事故。因此，"拒跳"比"拒合"带来的危害性更大。

对断路器越级跳闸故障的处理方法如下。

（1）根据事故现象，可判别是否属断路器"拒跳"事故。"拒跳"故障的特征如下。回路光字牌亮，信号掉牌显示保护动作，但该回路红灯仍亮，上一级的后备保护如主变压器复合电压过电流、断路器失灵保护等动作。在个别情况下后备保护不能及时动作，元件会有短时电流表指示值剧增，电压表指示值降低，功率表指针晃动，主变压器发出沉重"嗡嗡"异常响声，而相应断路器仍处在合闸位置。

（2）确定断路器故障后，应立即手动拉闸。

1）当尚未判明故障断路器之前，主变压器发生异常强烈响动，且电流表显示数值满额，应先拉开电源总断路器，以防烧坏主变压器。

2）当上级后备保护动作造成停电时，若查明有分路保护动作，但断路器未跳闸，应拉开拒动的断路器，恢复上级电源断路器；若查明各分路保护均未动作（也可能为保护拒掉牌），则应检查停电范围内设备有无故障，若无故障应拉开所有分路断路器，合上电源断路器后，逐一试送各分路断路器。当送到某一分路时电源断路器又再跳闸，则可判明该断路器为故障（拒跳）断路器。这时应隔离，同时恢复其他回路供电。

3）在检查拒跳断路器后，属于可迅速排除的一般电气故障（如控制电源电压过低，或控制回路熔断器接触不良，熔丝熔断等）外，对一时难以处理的电气或机械性故障，应进行检修处理。

（3）断路器越级跳闸后，应首先检查保护及断路器的动作情况。如果是保护动作，断路器拒绝跳闸造成越级，则应在拉开拒跳断路器两侧的隔离开关后，将其他非故障线路送电。

如果是因为保护未动作造成越级，则应将各线路断路器断开，再逐条线路试送电，发现故障线路后，将该线路停电，拉开断路器两侧的隔离开关，再将其他非故障线路送电。最后再查找断路器拒绝跳闸或保护拒动的原因。

1）检查跳闸的原因并进行处理。

2）检查断路器触头有没有烧损，如果是轻微损伤则进行修复，损伤较大的应考虑更换部分部件。

1-58　断路器有哪些常见故障？怎样排除？

答：（1）手动操作低压断路器，触头不能闭合。

1）失电压脱扣器无电压或线圈损坏。如电压正常，则更换线圈。

2）储能弹簧变形，导致闭合力减小，应更换储能弹簧。

3）机构不能复位再扣。调整再扣接触面，以达到规定值。

4）反作用弹簧力过大，要重新调整弹簧压力。

（2）电动操作开关，触头不能闭合。

1）操作电压不符，重新调整电源电压。

2）电源容量不够，要增加操作电源容量。

3）电磁拉杆行程不够，应重新调整或更换拉杆。

4）电动机操作定位开关失灵，应重新调整定位开关。

（3）分励脱扣器不能使断路器分断。

1）线圈损坏，更换线圈。

2）电源电压低，对电源电压进行检查测量，并进行处理。

3）分励脱扣器再扣接触面过大，应重新调整。

（4）失电压脱扣器不能使断路器分断。

1）反作用弹簧反力变小，重新调整弹簧压力。

2）脱扣机构卡住或犯卡，找到原因并进行消除。

（5）断路器闭合工作一段时间后，自动分断。

1）电流整定值不准确，重新调整热脱扣器或者电磁脱扣器的整定值。

2）热元件变形或半导体电路元件参数改变，调整或更换元件。

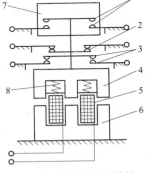

图 1-7　接触器的结构

1—主触点；2—动断辅助触点；

3—动合辅助触点；4—动铁心；

5—电磁线圈；6—静铁心；

7—灭弧罩；8—弹簧

1-59　什么是接触器？其结构组成和工作原理是怎样的？

答：接触器（contactor）是指工业电中利用线圈流过电流产生磁场，使触头闭合，以达到控制负载的电器。

接触器由电磁系统（铁心、静铁心、电磁线圈）、触头系统（动合触头和动断触头）和灭弧装置组成，如图 1-7 所示。其图形符号、文字符号如图 1-8 所示。

工作原理：原理是当接触器的电磁线圈通电后，会产生很强的磁场，使静铁心产生电磁吸力吸引衔铁，并带动触头动作：动断触头断开；动合触头闭合，两者是联动的。当线圈断电时，电磁吸力消失，衔铁在释放弹簧的作用下释放，使触头复原：动断触头闭合；动合触头断开。

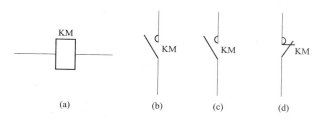

图 1-8 接触器的图形符号、文字符号

(a) 线圈；(b) 主触头；(c) 动合辅助触头；(d) 动断辅助触头

1-60 接触器有哪些种类？

答：通用接触器可大致分为以下两类：

(1) 交流接触器。主要有电磁机构、触头系统、灭弧装置等组成。常用的国产型号有 CJ10、CJ12、CJ12B 等拍合式接触器。近年来，典型的接触器结构分为双断点直动式（LC1-D/F×）和单断路转动式（LC1-B×）。甘肃天水长控厂开发的 CJ35 接触器，同法国施耐德的 LC1-F 系列接触器一样，它们的接触器抛弃了传统的拍合式接触器的样式，体积更小，维护更简便，使用寿命更长，更换更加方便，受到用户的好评。图 1-9 为传统的交流接触器。

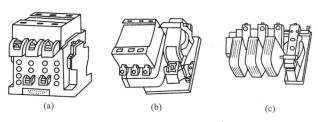

图 1-9 交流接触器

(a) CJ10-40；(b) CJ10-60；(c) CJ12

(2) 直流接触器。一般用于控制直流电器设备，线圈中通以直流电，直流接触器的动作原理和结构基本上与交流接触器是相同的。但直流分断时感性负载存储的磁场能量瞬时释放，断点处产生的高能电弧，因此通常采用灭弧能力比较强的磁吹灭弧装置。其外形如图 1-10 所示。

图 1-10 直流接触器

中/大容量直流接触器常采用单断点平面布置整体结构，其特点是分断时电弧距离长，灭弧罩内含灭弧栅。小容量直流接触器采用双断点立体布置结构。

用途：远距离通断直流电路或控制直流电动机的频繁起停。

结构：电磁机构、触头系统和灭弧装置。

工作原理：与交流接触器基本相同。

其他用处较多的接触器还有如下两种。

真空接触器：真空接触器（LC1－V×）其组成部分与一般空气式接触器相似，不同的是真空接触器的触头密封在真空灭弧室中。其特点是接通/分断电流大，额定操作电压较高。

半导体式接触器：主要产品如双向晶闸管，其特点是无可动部分、寿命长、动作快，不受爆炸、粉尘、有害气体影响，耐冲击震动。

1－61 接触器的工作原理大致是怎样的？

答：一般的交流接触器利用主接点来开闭电路，用辅助接点来导通控制回路。

主接点一般是动合接点，而辅助接点常有两对动合接点和动断接点，小型的接触器也经常作为中间继电器配合主电路使用。交流接触器的接点，由银钨合金制成，具有良好的导电性和耐高温烧蚀性。交流接触器动作的动力源于交流通过带铁心线圈产生的磁场，电磁铁心由两个「山」字形的硅钢片叠成，其中一个固定铁心，套有线圈，工作电压可多种选择。为了使磁力稳定，铁心的吸合面加上短路环。交流接触器在失电后，依靠弹簧复位。另一半是活动铁心，构造和固定铁心一样，用以带动主接点和辅助接点的闭合断开。

20A 以上的接触器加有灭弧罩，利用电路断开时产生的电磁力，快速拉断电弧，保护接点。接触器具可高频率操作，做为电源开启与切断控制时，最高操作频率可达 1200 次/h。接触器的使用寿命很长，机械寿命通常为数百万次至一千万次，电寿命一般则为数十万次至数百万次。

1－62 选用接触器的基本原则有哪些？

答：（1）根据电路中负载电流的种类选择接触器的类型。

（2）接触器的额定工作电压应等于负载回路的额定电压。

（3）接触器吸合线圈的额定电压应与所控制电路的额定电压等级相同。

（4）接触器的额定电流应大于被控电路的额定电流。

（5）选用的接触器的主触头数目应满足被控线路的要求。

（6）接触器的动作频率应满足电路工作的动作频率。

1－63 接触器的基本技术参数有哪些？

答：接触器的基本技术参数包括：额定电压、额定电流、通断能力、动作值、吸引线圈额定电压、操作频率和使用寿命、负载类型等参数。用一个实例来介绍接触器型号参数的含义：

例如：CJ10Z－40/3

为交流接触器，设计序号 10，重任务型，额定电流 40A，主触点为 3 极。

CJ12T－250/3 为改型后的交流接触器，设计序号 12，额定电流 250A，3 个主触点。

接触器的负载类型分为以下几种：

AC-1类接触器是用来控制无感或微感电路的；AC-2类接触器是用来控制绕线转子异步电动机的起动和分断的；AC-3和AC-4接触器可用于频繁控制异步电动机的起动和分断。

这是一个通过接触器控制电动机起动的实例，如图1-11所示。

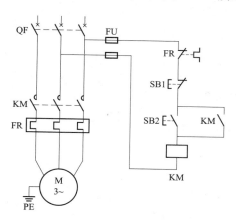

图1-11 通过接触器控制电动机起动

1-64 怎样选用交流接触器？

答：1. 选择接触器的类型

接触器的类型应根据负载电流的类型和负载的轻重来选择，即是交流负载，还是直流负载；是轻负载、一般负载，还是重负载。

（1）按接触器的控制对象、操作次数及使用类别选择相应类别的接触器。

（2）按使用位置处线路的额定电压选择。

（3）按负载容量选择接触器主触头的额定电流。

（4）对于吸引线圈的电压等级和电流种类，应考虑控制电源的要求。

（5）对于辅助接点的容量选择，要按联锁回路的需求数量及所连接触头电流的大小考虑。

（6）对于接触器的接通与断开能力问题，选用时应注意一些使用类别中的负载，如电容器、钨丝灯等照明器，其接通时电流数值大，通断时间也较长，选用时应留有余量。

（7）对于接触器的电寿命及机械寿命问题，由已知每小时平均操作次数和机器的使用寿命年限，计算需要的电寿命，若不能满足要求则应降容使用。

（8）选用时应考虑环境温度、湿度，使用场所的振动、尘埃、化学腐蚀等，应按相应环境选用不同类型的接触器。

（9）对于照明装置适用接触器，还应考虑照明器的类型、起动电流大小、起动时间长短及长期工作电流，接触器的电流选择应不大于用电设备（线路）额定电流的90%。对于钨丝灯及有电容补偿的照明装置，应考虑其接通的电流值。

2. 主触头的额定电流

主触头的额定电流可根据经验公式计算：I_N主触头$\geqslant$1～1.4P_N电动机额定电流如果接

触器控制的电动机起动、制动或反转频繁，一般将接触器主触头的额定电流降一级使用。

3. 主触头的额定电压

接触器铭牌上所标电压系指主触头能承受的额定电压，并非吸引线圈的电压，使用时接触器主触头的额定电压应不小于负载的额定电压。

4. 操作频率的选择

操作频率就是指接触器每小时通断的次数。当通断电流较大及通断频率过高时，会引起触头严重过热，甚至熔焊。操作频率若超过规定数值，应选用额定电流大一级的接触器。

5. 线圈额定电压的选择

线圈额定电压不一定等于主触头的额定电压，一般选用 380V 或 220V 的电压，另外还有 24、36V 或 110V 电压的线圈可以选用，用户可根据现场情况进行选择。

1-65 如何对交流接触器进行检查和维护？

答：1. 运行中检查项目

(1) 通过的负荷电流是否在接触器额定值之内。

(2) 接触器的分合信号指示是否与电路状态相符。

(3) 运行声音是否正常，有无因接触不良而发出放电声。

(4) 电磁线圈有无过热现象，电磁铁的短路环有无异常。

(5) 灭弧罩有无松动和损伤情况。

(6) 辅助触点有无烧损情况。

(7) 传动部分有无损伤。

(8) 周围运行环境有无不利的运行因素，如振动过大、通风不良、粉尘过多等。

2. 维护

在电气设备进行维护工作时，应一并对接触器进行维护工作。

(1) 外部维护。

1) 清扫外部灰尘。

2) 检查各紧固件是否松动，特别是导体连接部分，防止接触松动而发热。

3) 触点系统维护。

a. 检查动、静触点位置是否对正，三相是否同时闭合，有问题应及时进行更换。

b. 检查触点磨损程度，磨损深度不得超过 1mm，触点有烧损，开焊脱落时，须及时更换；轻微烧损时，一般不影响使用。清理触点时不允许使用砂纸，应使用整形锉。

c. 测量相间绝缘电阻，阻值不低于 10MΩ。

d. 检查辅助触点动作是否灵活，触点行程应符合规定值，检查触点有无松动脱落，发现问题时，应及时修理或更换。

(2) 铁心部分维护。

1) 清扫灰尘，特别是运动部件及铁心吸合接触面间。

2) 检查铁心的紧固情况，铁心松散会引起运行噪声加大。

3) 铁心短路环有脱落或断裂要及时更换铁心。

(3) 电磁线圈维护。

1) 测量线圈绝缘电阻。

2）线圈绝缘物有无变色、老化现象，线圈表面温度不应超过 65℃。

3）检查线圈引线连接，如有开焊、烧损应及时修复。

（4）灭弧罩部分维护。

1）检查灭弧罩是否破损。

2）灭弧罩位置有无松脱和位置变化。

3）清除灭弧罩缝隙内的金属颗粒及杂物。

1-66　接触器的工作制是如何划分的？

答： 根据 GB 14048.4—2010《低压开关设备和控制设备　第 4-1 部分：接触器和电动机起动器机电式接触器和电动机起动器（含电动机保护器）》规定，交流接触器可按工作时间分为以下四类工作制。

1. 8h 工作制

这是基本的工作制。接触器的约定发热电流参数就是按此工作制确定的，一般情况下各种系列规格的接触器均适用于 8h 工作制。此类工作制的接触器在闭合情况下其主触头通过额定电流时能达到热平衡，但在 8h 后应分断。

2. 不间断工作制

这类工作制就是长期工作制，就是主触头保持闭合承载一稳定电流持续时间超过 8h（数周甚至数年）也不分断电流的工作制。接触器长期处于工作状态不变的情况下容易使触头氧化和积累灰尘，这些因素会导致散热条件劣化，相与相、相对地绝缘性能降低，容易发生爬电现象甚至短路。当工况要求接触器工作于此类工作制时，交流接触器必须降容使用或特殊设计，宜选用灰尘不易聚集、爬电间距较大的型号，多尘和腐蚀性气体的环境应特别重视这个问题。

3. 短时工作制

处于这类工作制下的接触器主触头保持闭合的时间不足以使接触器达到热平衡，有载时段被空载时段隔开，而空载时段足以使接触器温度恢复到初态温度（即冷却介质温度）。短时工作制的接触器触头通电时间标准值为 3、10、30、60min 和 90min。

4. 断续周期工作制

断续周期工作制也就是反复短时工作制，是指接触器闭合和断开的时间都太短，不足以使接触器达到热平衡的工作制。显然影响此类接触器时间寿命的主要因素是操作的累计次数。描述断续周期工作制的主要参数是通电持续率和操作频率，通电持续率标准值为 15%、25%、40%、60% 四种，操作频率则分为 7 级（1、3、12、120、300、600、1200），每级的数字即表示该接触器额定的每小时操作频率数。通常操作频率 100 次/h 以上的设备属于重任务设备，典型的设备有升降设备、轧机设备、离心机，炼焦行业的焦炉四大车也是重任务断续周期工作制。操作频率超过 600 次/h 的设备属于特重任务设备。

不同的工作制对交流接触器提出了完全不同的要求，选用时考虑的侧重面自然不同。"8h 工作制"和"短时工作制"设备选用接触器时受限制的条件较少，只需考虑接触器额定电流大于实际的工作电流即可，设备重要时适当放一点余量。"不间断工作制"设备选用接触器时首先要考虑防尘防爬电防过热能力，不宜选用结构紧凑的接触器（必要时用断路器替用）。为防止过热，接触器容量应放大 20% 以上，大型化工生产装置的电气设备大多属于这种情况。属于重任务和特重任务的"断续周期工作制"设备选用接触器时首先要考虑触头的电寿命和动作机构的机械寿命，应选用天水长控 CJ35、施耐德 LCI-F、西门子 3TB 等系列接触器（特别适用于绕线转子电动机），由于降容使用可大大提高接触器的电寿命，可以简便地将电动机的起动电流作为所选接触器的额定电流，以提高生产装置的安全可靠性。

1-67　直流接触器的工作原理是怎样的？

答：当接触器线圈通电后，线圈电流产生磁场，使静铁心产生电磁吸力吸引动铁心，并带动触点动作：动断触点断开，动合触点闭合，两者是联动的。当线圈断电时，电磁吸力消失，衔铁在释放弹簧的作用下释放，使触点复原：动合触点断开，动断触点闭合，与交流接触器工作原理相同。不同之处在于交流接触器的吸引线圈由交流电源供电，直流接触器的吸引线圈由直流电源供电。另外，由于通入直流接触器线圈是直流电，直流电没有瞬时值，在任意时刻有效值都是相等的，没有过零点，因此直流接触器衔铁上不用加装防止过零点电压较低产生的吸合力较小，造成接触器震动声音大等现象的短路环。

1-68　交流接触器与直流接触器有哪些不同？

答：（1）交流接触器在应急时可以代用直流接触器，吸合时间不能超过 2h（因为交流线圈散热比直流差，这是由它们的结构不同决定的），真的要长时间使用，最好在交流线圈中串联一个电阻，反过来直流却不能代用交流接触器。

（2）交流接触器的线圈匝数少，直流接触器的线圈匝数多，从线圈的体积可以区分了对于主电路电流过大（$I_e > 250A$）的情况下，接触器采用串联双绕组线圈。

（3）直流继电器的线圈的电抗大，电流小。如果说接上交流电是不会损坏的，时合时放。可是交流继电器的线圈的电抗小，电流就大了，如果说接上直流电就会损坏线圈。

（4）交流接触器在铁心上有短路环，直流接触器从原理上应无。

（5）交流接触器采用栅片灭弧装置，而直流接触器则采用磁吹灭弧装置。

（6）交流接触器的铁心会产生涡流和磁滞损耗，而直流接触器没有铁心损耗。因而交流接触器的铁心由相互绝缘的硅钢片叠装而成，且常做成 E 形；直流接触器的铁心则是由整块软钢制成的，且大多数做成 U 形。

（7）交流接触器的起动电流大，其操作频率最高约 600 次/h，直流接触器的操作频率最多能达到 1200 次/h。

1-69　怎样选择接触器？

答：（1）根据类型选择：交流负载采用交流接触器；直流负载采用直流接触器；当直流负载比较小时，也可选用交流接触器，但触头的额定电流应大些。

（2）主触头额定电压的选择：接触器主触头的额定电压应大于或等于负载回路的额定电压。

（3）主触头额定电流的选择：接触器主触头的额定电流应等于电阻性负载的工作电流。若是电感性负载，则主触头的额定电流应大于电动机等电感性负载的额定电流。

（4）吸引线圈电压的选择。

交流线圈：36、110、127、220、380V；直流线圈：24、48、110、220、440V。

一般交流负载用交流线圈，直流负载用直流线圈，但交流负载频繁动作时，可采用直流线圈的接触器。

（5）触头数量及触头类型的选择：通常接触器的触头数量应满足控制支路的要求，触头类型应满足控制线路的功能要求。

1-70　什么是继电器？它有哪些用途？

答：继电器是一种当输入量（电、磁、声、光、热）的变化达到一定值时，输出量将发生跳跃式变化的自动控制器件。

继电器是一种电子控制器件，它具有控制系统（又称输入回路）和被控制系统（又称输出回路），通常应用于自动控制电路中，它实际上是用较小的电流去控制较大电流的一种"自动开关"。故在电路中起着自动调节、安全保护、转换电路等作用。

1-71　继电器有哪些类型？

答：一、按继电器的工作原理或结构特征分类

（1）电磁继电器：利用输入电路内点路在电磁铁铁心与衔铁间产生的吸力作用而工作的一种电气继电器。

1）直流电磁继电器：输入电路中的控制电流为直流的电磁继电器。

2）交流电磁继电器：输入电路中的控制电流为交流的电磁继电器。

磁保持继电器：利用永久磁铁或具有很高剩磁特性的铁心，是电磁继电器的衔铁在其线圈断点后仍能保持在线圈通电时的位置上的继电器。

（2）热敏干簧继电器的工作原理和特性。热敏干簧继电器是一种利用热敏磁性材料检测和控制温度的新型热敏开关。它由感温磁环、恒磁环、干簧管、导热安装片、塑料衬底及其他一些附件组成。热敏干簧继电器不用线圈励磁，而由恒磁环产生的磁力驱动开关动作。恒磁环能否向干簧管提供磁力是由感温磁环的温控特性决定的。

（3）固态继电器（SSR）的工作原理和特性。固态继电器是一种两个接线端为输入端，另两个接线端为输出端的四端器件，中间采用隔离器件实现输入输出的电隔离。

固态继电器按负载电源类型可分为交流型和直流型。按开关型式可分为动合型和动断型。按隔离型式可分为混合型、变压器隔离型和光电隔离型，以光电隔离型为最多。

（4）温度继电器：当外界温度达到给定值时而动作的继电器。

（5）舌簧继电器：利用密封在管内，具有触电簧片和衔铁磁路双重作用的舌簧的动作来开、闭或转换线路的继电器。

1）干簧继电器：舌簧管内的介质为真空，空气或某种惰性气体，即具有干式触点的舌簧继电器。

2）湿簧继电器：舌簧片和触电均密封在管内，并通过管底水银槽中水银的毛细作用，而使水银膜湿润触点的舌簧继电器。

3）剩簧继电器：由剩簧管或有干簧关于一个或多个剩磁零件组成的自保持干簧继电器。

（6）时间继电器：当加上或除去输入信号时，输出部分需延时或限时到规定的时间才闭合或断开其被控线路的继电器。

1）电磁时间继电器：当线圈加上信号后，通过减缓电磁铁的磁场变化而后延时的时间继电器。

2）电子时间继电器：由分立元件组成的电子延时线路所构成的时间继电器，或由固体延时线路构成的时间继电器。

3）混合式时间继电器：由电子或固体延时线路和电磁继电器组合构成的时间继电器。

（7）高频继电器：用于切换高频、射频线路而具有最小损耗的继电器。

（8）极化继电器：有极化磁场与控制电流通过控制线圈所产生的磁场综合作用而动作的继电器。继电器的动作方向取决于控制线圈中流过的电流方向。

1）二位置极化继电器：继电器线圈通电时，衔铁按线圈电流方向被吸向左边或右边的位置，线圈断电后，衔铁不返回。

2）二位置偏倚计划继电器：继电器线圈断电时，衔铁恒靠在一边；线圈通电时，衔铁被吸向另一边。

3）三位置极化继电器：继电器线圈通电时，衔铁按线圈电流方向被吸向左边或右边的位置；线圈断电后，总是返回到中间位置。

（9）其他类型的继电器：如光继电器、声继电器、热继电器、仪表式继电器、霍尔效应继电器、差动继电器等。

二、按继电器的负载分类

（1）微功率继电器：当触点开路电压为直流 28V 时，触点额定负载电流（阻性）为 0.1～0.2A 的继电器。

（2）弱功率继电器：当触点开路电压为直流 28V 时，触点额定负载电流（阻性）为 0.5～1A 的继电器。

（3）中功率继电器：当触点开路电压为直流 28V 时，触点额定负载电流（阻性）为 2～5A 的继电器。

（4）大功率继电器：当触点开路电压为直流 28V 时，触点额定负载电流（阻性）为 10A 以上的继电器。

三、按继电器的外形尺寸分类

（1）微型继电器：最长边尺寸不大于 10mm 的继电器。

（2）超小型微型继电器：最长边尺寸大于 10mm，但不大于 25mm 的继电器。

（3）小型微型继电器：最长边尺寸大于 25mm，但不大于 50mm 的继电器。

注：对于密封或封闭式继电器，外形尺寸为继电器本体三个相互垂直方向的最大尺寸，不包括安装件、引出端、压筋、压边、翻边和密封焊点的尺寸。

四、按继电器的防护特征分类

（1）密封式继电器：采用焊接或其他方法，将触点和线圈等密封在罩子内，与周围介质相隔离，其泄漏率较低的继电器。

（2）封闭式继电器：用罩壳将触点和线圈等密封（非密封）加以防护的继电器。

（3）敞开式继电器：不用防护罩来保护触点和线圈等的继电器。

1-72 继电器有哪些主要技术参数？

答：继电器的主要技术参数有

（1）额定工作电压：是指继电器正常工作时线圈所需要的电压。根据继电器的型号不同，可以是交流电压，也可以是直流电压。

（2）直流电阻：是指继电器中线圈的直流电阻，可以通过万用表测量。

（3）吸合电流：是指继电器能够产生吸合动作的最小电流。在正常使用时，给定的电流必须略大于吸合电流，这样继电器才能稳定地工作。而对于线圈所加的工作电压，一般不要超过额定工作电压的 1.5 倍，否则会产生较大的电流而把线圈烧毁。

（4）释放电流：是指继电器产生释放动作的最大电流。当继电器吸合状态的电流减小到一定程度时，继电器就会恢复到未通电的释放状态。这时的电流远远小于吸合电流。

（5）触点切换电压和电流：是指继电器允许加载的电压和电流。它决定了继电器能控制电压和电流的大小，使用时不能超过此值，否则很容易损坏继电器的触点。

1－73 什么是继电器的继电特性？

答： 继电器的输入信号 x 从零连续增加达到衔铁开始吸合时的动作值 x_x，继电器的输出信号立刻从 $y=0$ 跳跃到 $y=y_m$，即动合触点从断到通。一旦触点闭合，输入量 x 继续增大，输出信号 y 将不再起变化。当输入量 x 从某一大于 x_x 值下降到 x_f，继电器开始释放，动合触点断开。把继电器的这种特性称为继电特性，也称为继电器的输入—输出特性。

释放值 x_f 与动作值 x_x 的比值称为反馈系数，即

$$K_f = x_f / x_x$$

触点上输出的控制功率 P_C 与线圈吸收的最小功率 P_0 之比称为继电器的控制系数，即

$$K_c = P_C / P_0$$

1－74 继电器有哪些选用常识？

答： 在通信设备、自动装置、家用电器、汽车电子装置等凡是需要电路转换功能的地方，都可以选用继电器。由于应用领域很广，不同用户对继电器的要求千差万别。为满足各种不同应用领域的使用要求，各继电器生产厂家开发了许多不同型号、不同规格、不同使用性能的继电器；随着科学技术的发展，新结构、高性能、高可靠的继电器不断地涌现。面对品种规格繁多的继电器产品，如何合理选择、正确使用，将直接影响到整机的性能和可靠性。

那么如何合理选用继电器呢？首先要深入分析、研究整机的使用条件、技术要求，按照价值工程原理，合理地提出入选继电器产品必须达到的技术性能。

可以从以下几方面逐项开展分析、研究：外形及安装方式、安装尺寸；输入参量；输出参量；环境条件；安全要求；可靠性要求。

（1）继电器的外形、安装方式。继电器的外形、安装方式、安装尺寸品种很多，用户必须按整机的具体要求，提出具体的安装面积，允许继电器的高度、安装方式、安装尺寸。这是选择继电器首先要考虑的问题。

（2）直流输入参量。这类继电器应用很广，分几种情况加以讨论。选择直流继电器，突出问题是灵敏度 L（线圈额定功耗）问题，L 与输出功率大小、外形尺寸、环境条件（环境温度、振动、冲击）有关，确定继电器灵敏度应十分谨慎，不可片面强调灵敏度，而牺牲其他性能。当对灵敏度要求不高时，可采用一般灵敏度的直流继电器；当灵敏度要求较高，输出功率为强电，环境条件苛刻，可用固态继电器、中等灵敏度的继电器；当要求高灵敏度

（如 0.2W 以下），可采用混合继电器、极化继电器。但混合继电器的价格较高，体积较大；极化继电器环境适应性较差，负载能力不高。当输入电压持续时间较长，如几小时、几天、几个月、建议采用磁保持继电器。有几个好处：节省输入电能；降低继电器的温升；提高环境的适应性。但要求输入量为脉冲，有极性要求，输入线路复杂化。如磁卡电能表用继电器、卫星电源控制用继电器，继电器触点在一种导通状态下可连续工作几十个小时、几个月，采用磁保持很合算。在电能消耗严加控制的场合下，经常采用磁保持继电器。当输入参量频率达 10Hz 及以上，要求继电器快速动作时，应选用舌簧继电器、极化继电器或固态继电器。舌簧继电器动作频率可达 50 次/秒，价格低廉，但触点负载能力低，一般只能达 50mA、28V DC；极化继电器、固态继电器、切换速度可达 100 次/秒，工作可靠，但价格高、体积较大。

（3）环境影响。

1）温度变化影响：继电器线圈电阻随温度的变化而变化，对继电器吸动、释放电压的影响是明显的。温度上升到极限高温时，释放电压趋于最大值，吸动电压相应升高；温度降到极限低温时，释放电压趋于最小值，吸动电压会有所降低。极限高温下的不吸动或吸合不可靠；极低温度下不释放或释放迟缓，将导致继电器失效。对电流型继电器，因吸动安匝，释放安匝不受线圈电阻变化的影响，故不随继电器温度的变化而变化。必须指出，有些用户选用电流型继电器，而不是用恒流源作为继电器的激励源，实际上用的是电压源。在这种情况下，必须考虑温度对线圈电阻的影响。当提高环境温度，要求漆包线及绝缘材料的耐温等级相应提高时，继电器的成本将大幅度上升。

2）交流噪声。继电器工作时，会发出交流噪声。初始要求小于 45dB，实际使用中，由于磁极间出现沙尘等污物、机械参数的变化，交流噪声会有所增大。

3）吸动电压。交流继电器的吸动电压一般小于 80％ VH（额定工作电压以下同）；允许最高吸动电压小于 90％ VH。用供电电压直接激励的继电器，当供电电压波动幅度大于 10％，将导致继电器失效，电压过低，吸动不可靠，会出现似吸非吸而失效；电压过高，温升上升，继电器绝缘受损而失效。当供电电压大于 10％时（如农村电网电压波动大）。合同中应提出，将吸动电压酌情降低；选择较高耐温等级的漆包线、绝缘材料。

1-75 其他常用继电器的选用原则有哪些？

答：一、步进继电器的选用

1. 选择步进继电器电磁线圈的工作电压

步进继电器按电磁线圈的工作电压可分为 12、24、36、48、…、240V（交流电压或直流电压）等多种规格。只有根据应用电路正确选择电磁线圈的工作电压，才能保证步进继电器正常工作。

2. 选择触点的带负载能力

步进继电器按触点的电流容量可分为 10、16、20、32A 等多种规格，应根据负载电流来合理选择触点的电流容量。

对于电阻性负载，应选用触点电流高于负载电流 1 倍的步进继电器。

对于电感性负载，应选用触点电流高于负载电流 2 倍的步进继电器。

二、固态继电器的选用

1. 选用固态继电器的类型

首先应根据受控电路电源类型来正确选择固态继电器的电源类型，以保证应用电路及固态继电器正常工作。

若受控电路的电源为交流电压，则应选用交流固态继电器（AG－SSR）。若受控电路的电源为直流电压，则应选用直流固态继电器（DC－SSR）。

若选用了交流固态继电器，还应根据应用电路的结构选择有源式交流固态继电器或无源式交流固态继电器。

2. 选择固态继电器的带负载能力

应根据受控电路的电源电压和电流来选择固态继电器的输出电压和输出电流。一般交流固态继电器的输出电压为 20～380V AC，电流为 1～10A；直流固态继电器的输出电压为 4～55V，电流为 0.5～10A。若受控电路的电流较小，可选用小功率固态继电器。反之，则应选用大功率固态继电器。

选用的继电器应有一定的功率余量，其输出电压与输出电流应高于受控电路电源电压与电流的 1 倍。若受控电路为电感性负载，则继电器输出电压与输出电流应高于受控电路电源电压与电流的 2 倍以上。

三、磁保持湿簧式继电器的选用

1. 选择湿簧管的触点形式

湿簧式继电器中湿簧管的触点为转换式组合触点，有"先断后合"型和"先合后断"型两种形式。使用时应根据应用电路的要求选用合适的类型。

2. 选择电磁线圈的工作电压

小型磁保持湿簧式继电器电磁线圈的工作电压（直流脉冲电压）有±6、±9、±12V 和±24V 等。选择合适的工作电压，才能保证继电器及应用电路的正常工作。

四、干簧式继电器的选用

1. 选择干簧式继电器的触点形式

干簧式继电器的触点有：动合型（只有 1 组动合触点）、动断型（只有 1 组动断触点）和转换型（动合触点和动断触点各 1 组）。应根据应用电路的具体要求选择合适的触点形式。

2. 选择干簧管触点的电压形式及电流容量

根据应用电路的受控电源选择干簧管触点两端的电压与电流，确定它的触点电压（交流电压或直流电压，以及电压值）和触点电流（指触点闭合时，所允许通过触点的最大电流）。

1－76 电磁继电器的工作原理和特性是怎样的？

答：电磁继电器一般由电磁铁、衔铁、弹簧片、触点等组成，其工作电路由低压控制电路和高压工作电路两部分构成。电磁继电器还可以实现远距离控制和自动化控制，只要在线圈两端加上一定的电压，线圈中就会流过一定的电流，从而产生电磁效应，衔铁就会在电磁力吸引的作用下克服返回弹簧的拉力吸向铁心，从而带动衔铁的动触点与静触点（动合触点）吸合。当线圈断电后，电磁的吸力也随之消失，衔铁就会在弹簧的反作用力返回原来的位置，使动触点与原来的静触点（动断触点）释放。这样吸合、释放，从而达到了在电路中导通、切断的目的。对于继电器的"动合、动断"触点，可以这样来区分：继电器线圈未通电时处于断开状态的静触点，称为动合触点；处于接通状态的静触点称为动断触点。电磁继电器的工作原理如图 1-12 所示，实物图如图 1-13 所示。

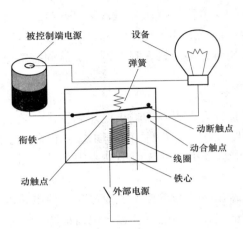

图 1-12 电磁继电器工作原理示意图

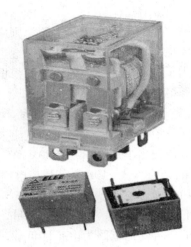

图 1-13 电磁继电器实物图

1-77 继电器与接触器有哪些主要区别？

答：继电器：继电器是一种根据电器量或非电器量的变化接通或断开控制电路的自动切换电器。用于控制电路，电流小，没有灭弧装置，主要用于二次回路的只能通过小电流（几安到十几安），实现各种控制功能，继电器的触点较多，种类也很多，有时间继电器，交流继电器，电磁式继电器等。

接触器：接触器是用于远距离频繁的接通与断开交/直流主电路及大容量控制电路的一种自动切换电器。其主要控制对象是电动机，用于主电路，电流大，有灭弧装置，一般只能在电压作用下动作；主要用于电路的一次回路，可以通过较大的电流（可达几百到一千多安），有交流接触器和直流接触器。

其实继电器和接触器的内部原理基本一样，主要是触点容量不同，继电器触点容量较小，触头只能通过小电流，主要用于控制；接触器容量大，触头可以通过大电流，用于主回路较多。

继电器的触点容量满足不了要求时，也可以用接触器代替。当接触器的辅助触点不够用时可加继电器作辅助触点来实现各种控制。

1-78 电磁式继电器的选用原则有哪些？

答：（1）选择线圈电源电压：选用电磁式继电器时，首先应选择继电器线圈电源电压是交流还是直流。继电器的额定工作电压一般应小于或等于其控制电路的工作电压。

（2）选择线圈的额定工作电流：用晶体管或集成电路驱动的直流电磁继电器，其线圈额定工作电流（一般为吸合电流的 2 倍）应在驱动电路的输出电流范围之内。

（3）选择接点类型及接点负荷：同一种型号的继电器通常有多种接点形式可供选用（电

磁继电器有单组接点、双组接点、多组接点及动合式接点、动断式接点等），应选用适合应用电路的接点类型。所选继电器的接点负荷应高于其接点所控制电路的最高电压和最大电流，否则会烧毁继电器的接点。

（4）选择合适的体积：继电器体积的大小通常与继电器接点负荷的大小有关，选用多大体积的继电器，还应根据应用电路的要求而定。

1-79 电磁式继电器的一般选用步骤有哪些？

答： 作为选用继电器的第一步，是确定其应用分类，由此初选一种在给定条件下曾经有过成功应用的继电器类型，然后按下列步骤使所选用继电器最适合于规定的应用。

一、按照输入的信号确定继电器的种类

不同作用原理或结构特征的继电器，其要求输入的信号的性质是不同的。例如：热继电器是利用热效应而动作的继电器；声继电器是利用声效应而动作；而电磁继电器则是由控制电流通过线圈产生的电磁吸力而实现触点开、闭。这就要求用户首先要按输入信号的性质选择继电器的种类。例如反应电压、电流或功率信号时，选用电压、电流或功率继电器；反应脉冲信号或有极性要求时，应选用脉冲、极化继电器等。

在这里，简要地介绍一下电压和电流继电器的区别。从工作原理来说，二者均属于电磁继电器，没有任何区别。但从继电器的设计来说，二者是有区别的。电流继电器磁路系统按 $IW=C$ 来考虑，即在继电器动作过程中由于衔铁的动作而导致线圈电感发生变化时，也不会影响到回路的电流值。该电流是由回路中其他电路元件较大的阻抗决定的，电流继电器线圈阻抗对整个回路阻抗的影响可忽略不计。因此，一般电流继电器线圈导线匝数少，电感和电阻均较小，因而线圈电流较大。供给电流继电器线圈的是恒定的电流值。电压继电器线圈输入的信号是相对恒定的电压值，一般是电源电压直接加在线圈上或通过网络分配给它以恒定的电压值。因此，回路电流主要取决于线圈阻抗，一般不涉及其他回路元件。为了尽量减小它对其他支路的分流作用，一般导线细，匝数多，电感和电阻都较大，线圈电流不大。

选用电流或电压继电器时，要有相对的电路条件。电流继电器要求恒流源电路条件，即回路有较大阻抗与之串联，它本身阻抗对回路电流影响很小。电压继电器要求提供恒定的电压。电流继电器当作电压继电器用，因其线圈电阻小，很容易烧坏线圈，甚至造成电源短路。如将电压继电器当电流继电器使用，线圈串接在线路里时，由于其大的阻抗会明显地改变原来回路参数，会因线圈得不到足够的电流而继电器不动作。

注意，交流继电器线圈通常承受过电压的能力比直流继电器差。在直流继电器线圈中，外加电压的增加所引起电流增加的速率较低。这是因为线圈的温升引起线圈电阻的上升。然而在交流继电器中，外加电压的增加引起电流的增加，同样引起线圈电阻增加，这将造成导磁零件进一步饱和，使感抗及阻抗大幅度下降。结果是线圈电流增加速率要比外加电压增加的速率快，因此，由于外加过电压造成的过热比直流继电器容易发生。

二、按使用环境条件选择继电器的型号

环境适应性是继电器可靠性的指标之一。使用环境和工作条件的差异，对继电器性能有很大的影响。下面就介绍环境温度的变化对继电器性能造成的影响。

（1）环境温度的升高加速了绝缘的老化，绝缘性能下降，缩短使用寿命。

（2）对于反应温度变化的温度继电器、热继电器等，环境温度的变化直接影响保护特性的变化。

（3）对电磁继电器来说，温度的升高，某些绝缘材料的热变形使产品结构参数和动作参数发生变化。温度升高，线圈温升相应增高，不但漆层老化加剧，对电压继电器来说，还直接影响到吸合、释放参数的变化。电流继电器，温度升高，功耗增大，也影响绝缘和触点切换特性。

（4）温度升高加速某些零件的氧化过程。对触点来说，不但其材料本身氧化，而且加剧表面膜电阻的形成，直接影响接触可靠性，特别在低电平下；温度升高，熄弧困难，切换能力下降，触点腐蚀加剧。额定负荷时，易形成触点粘结，中等电流时易析出碳化物，降低接触可靠性。

（5）在低温下，镀层材料，如金镀层冷粘作用加剧，小电流负载或低电平下会形成冷粘故障。对一些非密封或密封性不好的继电器，低温下可能触点间形成冰霜，直接影响触点的导通。对于钎焊锡封继电器，在低温下，锡的脆裂会影响产品的气密性。

1-80　什么是电流继电器？

答：电流继电器（current relay），输入量（激励量）是电流并当其达到规定的电流值时做出相应动作的一种继电器。电流升至整定值或大于整定值时，继电器就动作，动合触点闭合，动断触点断开。当电流降低到 0.8 倍整定值时，继电器就返回，动合触点断开，动断触点闭合。

电流继电器的主要技术参数如下。

一、额定工作电压

是指继电器正常工作时线圈所需要的电压。根据继电器的型号不同，可以是交流电压，也可以是直流电压。

二、直流电阻

是指继电器中线圈的直流电阻，可以通过万能表测量。

三、吸合电流

是指继电器能够产生吸合动作的最小电流。在正常使用时，给定的电流必须略大于吸合电流，这样继电器才能稳定地工作。而对于线圈所加的工作电压，一般不要超过额定工作电压的 1.5 倍，否则会产生较大的电流而把线圈烧毁。

四、释放电流

是指继电器产生释放动作的最大电流。当继电器吸合状态的电流减小到一定程度时，继电器就会恢复到未通电的释放状态。这时的电流远远小于吸合电流。

五、触点切换电压和电流

是指继电器允许加载的电压和电流。它决定了继电器能控制电压和电流的大小，使用时不能超过此值，否则很容易损坏继电器的触点。

1-81　什么是电压继电器？

答：电压继电器（voltage relay），输入量（激励量）是电压并当其达到规定的电压值时做出相应动作的一种继电器。

（1）继电器系电磁式，瞬时动作，磁系统有两个线圈，线圈出头接在底座端子上，用户可以根据需要串/并联，因而可使继电器整定范围变化一倍。

（2）继电器铭牌的刻度值及额定值是线圈并联时的（以 V 为单位）。转动刻度盘上的指针、以改变游丝的反作用力矩，从而可以改变继电器的动作值。

（3）继电器的动作：对于过电压继电器，电压升至整定值或大于整定值时，继电器就动作，动合触点闭合，动断触点断开。当电压降低到 0.8 倍整定值时，继电器就返回，动合触点断开，动断触点闭合，对于低电压继电器，当电压降低到整定电压时，继电器就动作，动合触点断开，动断触点闭合。

1-82 什么是中间继电器？它有什么用途？

答： 中间继电器（intermediate relay），又称为辅助继电器，用于增加控制电路中的信号数量或信号强度的一种继电器。

中间继电器：用于继电保护与自动控制系统中，以增加触点的数量及容量。它用于在控制电路中传递中间信号。中间继电器的结构和原理与交流接触器基本相同，与接触器的主要区别在于：接触器的主触头可以通过大电流，而中间继电器的触头只能通过小电流。所以，它只能用于控制电路中。它一般是没有主触点的，因为过载能力比较小。所以它用的全部都是辅助触头，数量比较多。一般是直流电源供电。少数使用交流供电。

1-83 什么是时间继电器？它有什么用途？

答： 时间继电器（time relay），当加入（或去掉）输入的动作信号后，其输出电路需经过规定的准确时间才产生跳跃式变化（或触头动作）的一种继电器。时间继电器是一种利用电磁原理或机械原理实现延时控制的控制电器。它的种类很多，有空气阻尼型、电动型、电子型和其他型等。

早期在交流电路中常采用空气阻尼型时间继电器，它是利用空气通过小孔节流的原理来获得延时动作的。它由电磁系统、延时机构和触点三部分组成。凡是继电器感测元件得到动作信号后，其执行元件（触头）要延迟一段时间才动作的继电器称为时间继电器。

目前，最常用的为大规模集成电路形成的时间继电器，它是利用阻容原理来实现延时动作。在交流电路中往往采用变压器来降压，集成电路做为核心器件，其输出采用小型电磁继电器，使得产品的性能及可靠性比早期的空气阻尼型时间继电器要好得多，产品的定时精度及可控性也提高很多。

随着单片机的普及，目前各厂家相继采用单片机为时间继电器的核心器件，而且产品的可控性及定时精度完全可以由软件来调整，所以未来的时间继电器将会完全由单片机来取代。

1-84 时间继电器有哪些类型及特点？

答：（1）空气阻尼式时间继电器又称为气囊式时间继电器，它是根据空气压缩产生的阻力来进行延时的，其结构简单，价格低，延时范围大（0.4～180s），但延时精度低。

（2）电磁式时间继电器延时时间短（0.3～1.6s），但结构比较简单，通常用在断电延时场合和直流电路中。

（3）电动式时间继电器的原理与钟表类似，它是由内部电动机带动减速齿轮转动而获得延时的。这种继电器延时精度高，延时范围广（0.4～72h），但结构比较复杂，价格高。

（4）晶体管式时间继电器又称为电子式时间继电器，它是利用延时电路来进行延时的。这种继电器精度高，体积小。

时间继电器可分为通电延时型和断电延时型两种类型。

以空气阻尼式时间继电器为例，来说明时间继电器的工作原理。

空气阻尼型时间继电器的延时范围大（有 0.4～60s 和 0.4～180s 两种），其结构简单，但准确度较低。

当线圈通电时，衔铁及托板被铁心吸引而瞬时下移，使瞬时动作触点接通或断开。但是活塞杆和杠杆不能同时跟着衔铁一起下落，因为活塞杆的上端连着气室中的橡皮膜，当活塞杆在释放弹簧的作用下开始向下运动时，橡皮膜随之向下凹，上面空气室的空气变得稀薄而使活塞杆受到阻尼作用而缓慢下降。经过一定的时间，活塞杆下降到一定位置，便通过杠杆推动延时触点动作，使动断触点断开，动合触点闭合。从线圈通电到延时触点完成动作，这段时间就是继电器的延时时间。延时时间的长短可以用螺钉调节空气室进气孔的大小来改变。吸引线圈断电后，继电器依靠恢复弹簧的作用而复原。空气经出气孔被迅速排出。

1-85　空气阻尼式时间继电器的结构由哪几部分组成？它是怎样工作的？

答：空气阻尼式时间继电器主要由底板、空气室、双断点行程开关、操作电磁铁等部分组成，继电器接点的动作由电磁机构和空气室中的气动机构驱动。

空气阻尼式时间继电器又称为气囊式时间继电器，它是根据空气压缩产生的阻力来进行延时的，其结构简单，价格低，延时范围大（0.4～180s），但延时精度低。

工作原理：空气阻尼型时间继电器的延时范围大（有 0.4～60s 和 0.4～180s 两种），其结构简单，但准确度较低。

当线圈通电时，衔铁及托板被铁心吸引而瞬时下移，使瞬时动作触点接通或断开。但是活塞杆和杠杆不能同时跟着衔铁一起下落，因为活塞杆的上端连着气室中的橡皮膜，当活塞杆在释放弹簧的作用下开始向下运动时，橡皮膜随之向下凹，上面空气室的空气变得稀薄而使活塞杆受到阻尼作用而缓慢下降。经过一定的时间，活塞杆下降到一定位置，便通过杠杆推动延时触点动作，使动断触点断开，动合触点闭合。从线圈通电到延时触点完成动作，这段时间就是继电器的延时时间，延时时间的长短可以用螺钉调节空气室进气孔的大小来改变。吸引线圈断电后，继电器依靠恢复弹簧的作用而复原，空气经出气孔被迅速排出。

1-86　什么是晶体管时间继电器？它有哪些类型？

答：晶体管式时间继电器又称为电子式时间继电器，是一种当电器或机械给出输入信号时，利用延时电路来进行延时在预定的时间后输出电气关闭或电气接通信号的继电器，这种继电器精度高，体积小。

时间继电器的常用功能有：

A：通电延时（on-delay operation）；

F：断电延时（off-delay operation）；

Y：星-三角延时（star-delta operation）；

C：带瞬动输出的通电延时（with inst. contact on-delay operation）；

G：间隔延时（interval-delay operation）；

R：往复延时（on-off repetitive delay operation）；

K：信号断开延时（off-signal delay operation）。

时间继电器的电源端子间一般能承受 1500V 的外来浪涌电压，如果浪涌电压超过此值时，须使用浪涌吸收装置，以防止时间继电器击穿烧毁。

当时间继电器重复工作时，本次电源关断到下次电源接通的时间（休止时间）必须大于复位时间，否则，未完全复位的时间继电器在下一次工作时就会产生延时时间偏移、瞬动或不动作。

断电延时型时间继电器的电源接通时间必须大于 0.5s，以便有充足的能量储备而保证在断开电源后按预设时间接通或分断负载。

时间继电器的电源回路一般情况下是高阻抗的，因此，切断电源后的漏电流要尽可能小（半导体或用 RC 并接的触点来开关时间继电器），以免有感应电压而假关断引起误动作（对于断电延时型而言，会产生断电后延时时间到断继电器不释放现象）。一般情况下电源端子的残留电压应小于额定电压的 20%，对断电延时型而言应小于额定电压的 7%。

1-87　什么是热继电器？它的工作原理是怎样的？

答：热继电器（thermal relay），利用输入电流所产生的热效应能够做出相应动作的一种继电器。

热继电器由发热元件、双金属片、触点及一套传动和调整机构组成。发热元件是一段阻值不大的电阻丝，串接在被保护电动机的主电路中。双金属片由两种不同热膨胀系数的金属片辗压而成。图 1-14 所示的双金属片，下层一片的热膨胀系数大，上层的小。当电动机过载时，通过发热元件的电流超过整定电流，双金属片受热向上弯曲脱离扣板，使动断触点断开。由于动断触点接在电动机的控制电路中，它的断开会使得与其相接的接触器线圈断电，从而接触器主触点断开，电动机的主电路断电，实现了过载保护。

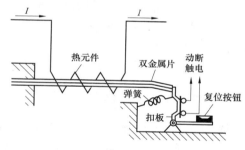

图 1-14　热继电器原理图

热继电器动作后，双金属片经过一段时间冷却，按下"复位"按钮即可复位。

热继电器的种类很多，常用的有 JR0、JR16、JR16B、JRS 和 T 系列。

热继电器实物图如图 1-15 所示。

图 1-15　热继电器实物图

1-88　热继电器的主要技术参数有哪些？如何选择？

答：一、主要技术参数

额定电压：热继电器能够正常工作的最高电压值，一般为交流 220、380、600V。

额定电流：是指通过热继电器的电流，具体电流值要根据所带负载进行选择，选择的原则为负载额定电流值的 1.5～2.5 倍。

额定频率：一般而言，其额定频率按照 45～60Hz 设计。

整定电流范围：整定电流的范围由本身的特性来决定。它描述的是在一定的电流条件下热继电器的动作时间和电流的平方成正比。

二、选择方法

热继电器主要用于保护电动机的过载，因此选用时必须了解电动机的情况，如工作环境、起动电流、负载性质、工作制、允许过载能力等。

（1）原则上应使热继电器的安秒特性尽可能接近，甚至重合电动机的过载特性，或者在电动机的过载特性之下，同时在电动机短时过载和起动的瞬间，热继电器应不受影响（不动作）。

（2）当热继电器用于保护长期工作制或间断长期工作制的电动机时，一般按电动机的额定电流来选用。例如，热继电器的整定值可等于 0.95～1.05 倍的电动机的额定电流，或者取热继电器整定电流的中值等于电动机的额定电流，然后进行调整。

（3）当热继电器用于保护反复短时工作制的电动机时，热继电器仅有一定范围的适应性。如果短时间内操作次数很多，就要选用带速饱和电流互感器的热继电器。

（4）对于正/反转和通断频繁的特殊工作制电动机，不宜采用热继电器作为过载保护装置，而应使用安装在电动机内部绕组上的温度继电器或热敏电阻来保护。

1-89　什么是热继电器的整定电流？

答： 热继电器的整定电流就是热继电器里面的双金属片可以发热变形到足以推动里面脱扣机构的电流，比电动机额定运行电流略大。

整定电流的范围：整定电流的范围由其本身的特性来决定。它描述的是在一定的电流条件下，热继电器的动作时间和电流的平方成正比。

1-90　为什么热继电器一般只能用于过载保护而不能用于短路保护？

答： 热继电器是当通过的电流大于设定电流时，其内部的双金属片发热变形大，使辅助触点动作进行保护。由于热继电器动作是有延时的，双金属片发热变形需要经过一段时间，几秒到几十秒甚至几分钟，而短路则是瞬间电流就变得很大，而双金属片又不能及时动作，所以热继电器起不到短路保护的作用。因此短路保护一般用自动空气开关、熔断器。

1-91　怎样安装和使用热继电器？

答： 热继器安装的方向、使用环境和所用连接线都会影响动作性能，安装时应引起注意。

（1）热继电器的安装方向。热继电器的安装方向很容易被人忽视。热继电器是电流通过发热元件发热，推动双金属片动作。热量的传递有对流、辐射和传导三种方式。其中对流具有方向性，热量自下向上传输。在安放时，如果发热元件在双金属片的下方，双金属片就热得快，动作时间短；如果发热元件在双金属片的旁边，双金属片热得较慢，热继电器的动作时间长。当热继电器与其他电器装在一起时，应装在电器下方且远离其他电器 50mm 以上，以免受其他电器发热的影响。热继电器的安装方向应按产品说明书的规定进行，以确保热继电器在使用时的动作性能相一致。

（2）使用环境。主要指环境温度，它对热继电器动作的快慢影响较大。热继电器周围介质的温度，应和电动机周围介质的温度相同，否则会破坏已调整好的配合情况。例如，当电动机安装在高温处、而热继电器安装在温度较低处时，热继电器的动作将会滞后（或动作电流大）；反之，其动作将会提前（或动作电流小）。

对没有温度补偿的热继电器，应在热继电器和电动机两者环境温度差异不大的地方使用。对有温度补偿的热继电器，可用于热继电器与电动机两者环境温度有一定差异的地方，但应尽可能减少因环境温度变化带来的影响。

（3）连接线。热继电器的连接线除导电外，还起导热作用。如果连接线太细，则连接线产生的热量会传到双金属片，加上发热元件沿导线向外散热少，从而缩短了热继电器的脱扣动作时间；反之，如果采用的连接线过粗，则会延长热继电器的脱扣动作时间。所以连接导线截面不可太细或太粗，应尽量采用说明书规定的或相近的截面积。

1-92　热继电器如何调整？如何与交流接触器配合？

答：一、热继电器的调整

投入使用前，必须对热继电器的整定电流进行调整，以保证热继电器的整定电流与被保护电动机的额定电流匹配。例如，对于一台 10kW、380V 的电动机，额定电流 19.9A，可使用 JR20-25 型热继电器，发热元件整定电流为 17～21～25A，先按一般情况整定在 21A，若发现经常提前动作，而电动机温升不高，可将整定电流改至 25A 继续观察；若在 21A 时，电动机温升高，而热继电器滞后动作，则可改在 17A 观察，以得到最佳的配合。

二、热继电器与交流接触器配合使用

对电动机进行过载保护。在选用时应注意如下几个问题：

（1）一般较轻载或长期运行的星形连接的小功率电动机，可选用双极型热继电器；三角形连接的电动机，应选用带缺相保护的三极型热继电器。

（2）热继电器的额定电流应大于电动机的额定电流。

（3）热继电器发热元件的额定电流应略大于电动机的额定电流。

1-93　怎样对热继电器进行检修？

答： 热继电器的动作太快、太慢或不动作原因及处理方法：

（1）热继电器的额定电流值，与被保护设备的额定电流值不符。这时应按照被保护设备的容量来更换热继电器，而不按开关容量选用热继电器。

（2）热继电器调整部件上的固定支钉松动，不在原来整定点上。应将支钉铆紧，重新调整试验。

（3）热继电器通过了巨大的短路电流，使双金属片产生永久变形，应重新调整试验。

（4）热继电器使用日久，积尘锈蚀或动作机构卡住、磨损、胶木零件变形等，应清除热继电器上的灰尘和污垢，重新校验。

（5）如在安装时，将热继电器可调整部件碰坏，或没有对准刻度。应修理坏的部件，重新调整，对准刻度。

（6）热继电器与外界连接线的接线螺钉未拧紧，或连接线的截面积不符合规定，或热继电器盖子未盖好，应将螺钉拧紧，换上合适的连接线，盖好盖子。

（7）热继电器安装方向不符合规定或热继电器周围温度与被保护设备的周围温度相差太大。按两地温度差配置适当的热继电器。

1-94 热继电器的常见故障有哪些？怎样排除？

答：热继电器的常见故障及处理方法见表 1-1。

表 1-1　　　　　　　　　　　　　热继电器的常见故障及处理方法

故障现象	可能的原因	处理方法
热元件烧断	1）负载短路电流过大。 2）操作频率高	1）排除故障更换热继电器。 2）更换合适参数的热继电器
热继电器不动作	1）热继电器的额定电流值选用不合适。 2）整定值偏大。 3）动作触头接触不良。 4）热元件烧断或脱焊。 5）动作机构卡住。 6）导板脱出	1）按保护容量合理选用。 2）合理调整整定值。 3）消除触头接触不良因素。 4）更换热继电器。 5）清除卡住因素。 6）重新放入并调试
热继电器动作不稳定，时快时慢	1）热继电器内部机构某些部件松动。 2）在检修中弯折了双金属片。 3）通电电流波动太大，或接线螺丝松动	1）将这些部件加以紧固。 2）用两倍电流预试几次或将双金属片拆下来热处理以去除内应力。 3）检查电源电压或拧紧接线螺钉
热继电器动作太快	1）整定值偏小。 2）电动机起动时间过长。 3）连接导线太细。 4）操作频率过高。 5）使用场合有强烈冲击和振动。 6）可逆转换频繁。 7）安装热继电器处与电动机处环境温度差太大	1）合理调整整定值。 2）按起动时间要求，选择具有合适的可返回时间的热继电器或在起动过程中将热继电器短接。 3）选用标准导线。 4）更换合适的型号。 5）选用带防振动冲击的或采取防振动措施。 6）改用其他保护措施。 7）按两地温差情况配置适当的热继电器
主电路不通	1）热元件烧断。 2）接线螺钉松动或脱落	1）更换热继电器或热元件。 2）紧固接线螺钉
按制电路不通	1）触头烧坏或动触头片弹性消失。 2）可调整式旋钮转到不合适的位置。 3）热继电器动作后未复位	1）更换触头或簧片。 2）调整旋钮或螺钉。 3）按动"复位"按钮

1－95　什么是磁力起动器？其使用范围有哪些？

磁力起动器又叫电磁开关，它是远距离直接控制并保护笼型电动机的最简单的成套电气设备。

答： 大于 0.5kW 小于 11kW 的电动机起动应该使用磁力起动器，另外，磁力起动器属于全压直接起动，在电网容量和负载两方面都允许全压直接起动的情况下使用。

1－96　磁力起动器的工作原理是什么？

答： 磁力起动器由钢质冲压外壳、钢质底板、交流接触器、热继电器和相应配线构成，使用时应配用起动停止按钮开关，并正确连接手控信号电缆。当按下"起动"按钮时，磁力起动器内装的交流接触器线圈得电，衔铁带动触点组闭合，接通用电器（一般为电动机）电源，同时通过辅助触点自锁。按下"停止"按钮时，内部交流接触器线圈失电，触点断开，切断用电器电源并解锁。

根据不同的控制需要，磁力起动器也可灵活接线，使其实现点动、换相等功能。内装的热继电器提供所控制电动机的过载保护，热继电器的整定电流应符合电动机功率需要。

1－97　什么是软起动器？

答： 软起动器（见图 1－16）是一种集电机软起动、软停车、轻载节能和多种保护功能于一体的新颖电机控制装置，国外称为 Soft Starter。软起动器采用三相反并联晶闸管作为调压器，将其接入电源和电动机定子之间。这种电路如三相全控桥式整流电路。使用软起动器起动电动机时，晶闸管的输出电压逐渐增加，电动机逐渐加速，直到晶闸管全导通，电动机工作在额定电压的机械特性上，实现平滑起动，降低起动电流，避免起动过电流跳闸。待电动机达到额定转数时，起动过程结束，软起动器自动用旁路接触器取代已完成任务的晶闸管，为电动机正常运转提供额定电压，以降低晶闸管的热损耗，延长软起动器的使用寿命，提高其工作效率，又使电网避免了谐波污染。软起动器同时还提供软停车功能，软停车与软起动过程相反，电压逐渐降低，转数逐渐下降到零，避免自由停车引起的转矩冲击。

图 1－16　软起动器实物

1－98　软起动与传统减压起动方式有何不同？

答： （1）无冲击电流。软起动器在起动电动机时，通过逐渐增大晶闸管导通角，使电动机起动电流从中性线性上升至设定值。对电动机无冲击，提高了供电可靠性，平稳起动，减少对负载机械的冲击转矩，延长机器使用寿命。

（2）有软停车功能，即平滑减速，逐渐停机，它可以克服瞬间断电停机的弊病，减轻对重载机械的冲击，避免高程供水系统的水锤效应，减少设备损坏。

（3）起动参数可调，根据负载情况及电网继电保护特性选择，可自由地无级调整至最佳的起动电流。

1-99 什么是自耦减压起动器？

答： 自耦减压起动器又称补偿器，是一种减压起动设备，常用来起动额定电压为 220/380V 的三相笼型感应电动机（又称异步电动机）。自耦变压器降压起动是指电动机起动时利用自耦变压器来降低加在电动机定子绕组上的起动电压，待电动机起动后，再使电动机与自耦变压器脱离，从而在全压下正常运行。

自耦减压起动器采用抽头式自耦变压器作减压起动，既能适应不同负载的起动需要，又能得到比星—三角形起动时更大的起动扭矩，并附有热继电器和失电压脱扣器，具有完善的过载和失电压保护功能，自耦减压起动的最大优点是起动转矩较大，当其绕组抽头在 80% 处时，起动转矩可达直接起动时的 64%，并且可以通过抽头调节起动转矩，应用非常广泛。

1-100 自耦减压起动器有哪些常见故障？怎样排除？

答： 自耦变压器降压起动的常见故障：

一、常见故障、原因及处理方法

1. 按起动按钮电动机不能起动

可能原因：①主回路无电；②控制线路熔丝断；③控制按钮触点接触不良；④热继电器动作。

处理方法：①查熔断器是否熔断；②更换熔断器；③修复触点；④手动复位。

2. 松开按钮，自锁不起作用

可能原因：①接触器动合辅助触点坏；②控制线路断路。

处理方法：①断开电源，使接触器手动闭合，用万能表检查接触器动合触点是否接通；②接好自锁线路。

3. 不能进入全压运行

可能原因：①时间继电器线圈烧坏；②延时动合触点不能闭合；③进行切换的接触器动合触点不能自锁；④运行接触器线圈烧坏；⑤进行切换的接触器主触头接触面不好。

处理方法：①更换时间继电器线圈；②修复触点；③调整好进行切换的接触器动合触点；④更换进行切换的接触器线圈；⑤修整好进行切换的接触器主触头接触面。

二、其他故障及处理方法

（1）带负荷起动时，电动机声音异常，转速低不能接近额定转速，接换到运行时有很大的冲击电流，这是为什么？

分析现象：电动机声音异常，转速低不能接近额定转速，说明电动机起动困难，怀疑是自耦变压器的抽头选择不合理，电动机绕组电压低，起动力矩小脱动的负载大所造成的。

处理：将自耦变压器的抽头改接在 80% 位置后，再试车故障排除。

（2）电动机由起动转换到运行时，仍有很大的冲击电流，甚至掉闸。

分析现象：这是电动机起动和运行的接换时间太短所造成的，时间太短电动机的起动电流还未下降转速为接近额定转速就切换到全压运行状态所至。

处理：调整时间继电器的整定时间，延长起动时间现象排除。

1-101 什么是主令电器？它有哪些类型？

答： 主令电器是在自动控制系统中发出指令或者信号的操纵电器，常用作接通、分断及转换控制电路。常用的主令电器类型有按钮、行程开关、万能转换开关、主令控制器等。

1-102　什么是按钮？有哪些种类？

答：按钮开关，是一种结构简单，应用十分广泛的主令电器。在电气自动控制电路中，用于手动发出控制信号以控制接触器、继电器、电磁起动器等。一般，红色按钮是用来使某一功能停止，而绿色按钮，则可开启某一项功能。按钮的形状通常是圆形或方形。

按钮开关的结构种类很多，可分为普通按钮式、蘑菇头式、自锁式、自复位式、旋柄式、带指示灯式、带灯符号式及钥匙式等，有单钮、双钮、三钮及不同组合形式，一般是采用积木式结构，由按钮帽、复位弹簧、桥式触头和外壳等组成，通常做成复合式，有一对动断触头和动合触头，有的产品可通过多个元件的串联增加触头对数。还有一种自持式按钮，按下后即可自动保持闭合位置，断电后才能打开。

为了标明各个按钮的作用，避免误操作，通常将按钮帽做成不同的颜色，以示区别，其颜色有红、绿、黑、黄、蓝、白等。如红色表示停止按钮，绿色表示起动按钮等。按钮开关的主要参数有型式及安装孔尺寸，触头数量及触头的电流容量，在产品说明书中都有详细说明。常用国产产品有 LAY3、LAY6、LA20、LA25、LA38、LA101、LA115 等系列。

按钮按照触点的不同，分为

（1）动合按钮——开关触点断开的按钮。

（2）动断按钮——开关触点接通的按钮。

（3）动合常闭按钮——开关触点既有接通，也有断开的按钮。

1-103　什么是行程开关？它有哪些类型？

答：行程开关又称限位开关或位置开关，是一种将机器信号转换为电气信号，以控制运动部件位置或行程的自动控制电器，是一种常用的小电流主令电器，用于控制机械设备的行程及限位保护。

在电气控制系统中，位置开关的作用是实现顺序控制、定位控制和位置状态的检测。在实际生产中，将行程开关安装在预先安排的位置，当装于生产机械运动部件上的模块撞击行程开关时，行程开关的触点动作，实现电路的切换。因此，行程开关是一种根据运动部件的行程位置而切换电路的电器，其作用原理与按钮类似。行程开关广泛用于各类机床和起重机械，用以控制其行程、进行终端限位保护。在电梯的控制电路中，还利用行程开关来控制开关轿门的速度、自动开关门的限位，轿厢的上、下限位保护。

行程开关按其结构可分为直动式、滚轮式、微动式和组合式。

行程开关按照输入信号的不同又可分为：以机械行程直接接触驱动，作为输入信号的行程开关和微动开关；以电磁信号（非接触式）作为输入动作信号的接近开关。

接近开关又称晶体管无触点位置开关，它具有定位精度高，操纵频率高，寿命长，防震，体积小等优点，目前在自动控制系统中已得到了广泛地应用。

机械行程的行程开关，是利用生产机械运动部件的碰撞使其触头动作来实现接通或分断控制电路，达到一定的控制目的。通常，这类开关用来限制机械运动的位置或行程，使运动机械按一定位置或行程自动停止、反向运动、变速运动或自动往返运动等。

1-104　什么是接近开关？它有哪些类型？

答：接近开关：接近开关又称晶体管无触点位置开关，它除可以完成行程控制和限位保护外，还是一种非接触型的检测装置，用作检测零件尺寸和测速等，也可用于变频计数器、变频脉冲发生器、液面控制和加工程序的自动衔接等。特点有工作可靠、寿命长、功耗低、复定位精度高、操作频率高以及适应恶劣的工作环境等，接近开关实物图如图1-17所示。

图 1-17　接近开关实物图

一、性能特点

在各类开关中，有一种对接近它物件有"感知"能力的元件——位移传感器。利用位移传感器对接近物体的敏感特性达到控制开关通或断的目的，这就是接近开关。

当有物体移向接近开关，并接近到一定距离时，位移传感器才有"感知"，开关才会动作。通常把这个距离称为检出距离。不同的接近开关检出距离也不同。

有时被检测验物体是按一定的时间间隔，一个接一个地移向接近开关，又一个一个地离开，这样不断地重复。不同的接近开关，对检测对象的响应能力是不同的。这种响应特性称为响应频率。

二、种类

因为位移传感器可以根据不同的原理和不同的方法做成，而不同的位移传感器对物体的感知方法也不同，所以常见的接近开关有以下几种：

1. 涡流式接近开关

这种开关有时也称为电感式接近开关。它是利用导电物体在接近这个能产生电磁场接近开关时，使物体内部产生涡流。这个涡流反作用到接近开关，使开关内部电路参数发生变化，由此识别出有无导电物体移近，进而控制开关的通或断。这种接近开关所能检测的物体必须是导电体。

2. 电容式接近开关

这种开关的测量通常是构成电容器的一个极板，而另一个极板是开关的外壳。这个外壳在测量过程中通常是接地或与设备的机壳相连接。当有物体移向接近开关时，不论它是否为导体，由于它的接近，总要使电容的介电常数发生变化，从而使电容量发生变化，使得和测量头相连的电路状态也随之发生变化，由此便可控制开关的接通或断开。这种接近开关检测的对象，不限于导体，可以绝缘的液体或粉状物等。

3. 霍尔接近开关

霍尔元件是一种磁敏元件。利用霍尔元件做成的开关称为霍尔开关。当磁性物件移近霍尔开关时，开关检测面上的霍尔元件因产生霍尔效应而使开关内部电路状态发生变化，由此识别附近有磁性物体存在，进而控制开关的通或断。这种接近开关的检测对象必须是磁性物体。

4. 光电式接近开关

利用光电效应做成的开关称为光电开关。将发光器件与光电器件按一定方向装在同一个检测头内。当有反光面（被检测物体）接近时，光电器件接收到反射光后便有信号输出，由此便可"感知"有物体接近。

5. 热释电式接近开关

用能感知温度变化的元件做成的开关称为热释电式接近开关。这种开关是将热释电器件安装在开关的检测面上，当有与环境温度不同的物体接近时，热释电器件的输出便发生变化，由此便可检测出有物体接近。

6. 其他型式的接近开关

当观察者或系统对波源的距离发生改变时，接近到的波的频率会发生偏移，这种现象称为多普勒效应。声纳和雷达就是利用这个效应的原理制成的。利用多普勒效应可制成超声波接近开关、微波接近开关等。当有物体移近时，接近开关接收到的反射信号会产生多普勒频移，由此可以识别出有无物体接近。

1-105 接近开关的主要用途和使用注意事项有哪些？

答：一、主要用途

接近开关在航空、航天技术以及工业生产中都有广泛的应用。在日常生活中，如宾馆、饭店、车库的自动门、自动热风机上都有应用。在安全防盗方面，如资料档案、财会、金融、博物馆、金库等重地，通常都装有由各种接近开关组成的防盗装置。在测量技术中，如长度、位置的测量；在控制技术中，如位移、速度、加速度的测量和控制，也都使用着大量的接近开关。

二、选用注意事项

在一般的工业生产场所，通常都选用涡流式接近开关和电容式接近开关。因为这两种接近开关对环境的要求条件较低。当被测对象是导电物体或可以固定在一块金属物上的物体时，一般都选用涡流式接近开关，因为其响应频率高、抗环境干扰性能好、应用范围广、价格较低。若所测对象是非金属（或金属）、液位高度、粉状物高度、塑料、烟草等，则应选用电容式接近开关。这种开关的响应频率低，但稳定性好。安装时应考虑环境因素的影响。若被测物为导磁材料或者为了区别和它在一同运动的物体而把磁钢埋在被测物体内时，应选用霍尔接近开关，其价格最低。

在环境条件比较好、无粉尘污染的场合，可采用光电接近开关。光电接近开关工作时对被测对象几乎无任何影响。因此，在要求较高的传真机上，在烟草机械上都被广泛地使用。

在防盗系统中，自动门通常使用热释电接近开关、超声波接近开关、微波接近开关。有时为了提高识别的可靠性，上述几种接近开关往往复合使用。

无论选用哪种接近开关，都应注意对工作电压、负载电流、响应频率、检测距离等各项指标的要求。

1-106　机械式行程开关有哪几种类型？

答：机械式行程开关按其结构可分为直动式、滚轮式、微动式和组合式。

一、直动式行程开关

动作原理同按钮类似，所不同的是：一个是手动，另一个则由运动部件的撞块碰撞。当外界运动部件上的撞块碰压按钮使其触头动作，当运动部件离开后，在弹簧作用下，其触头自动复位。

其结构原理如图 1-18 所示，其动作原理与按钮开关相同，但其触点的分合速度取决于生产机械的运行速度，不宜用于速度低于 0.4m/min 的场所。

二、滚轮式行程开关

当运动机械的挡铁（撞块）压到行程开关的滚轮上时，传动杠连同转轴一同转动，使凸轮推动撞块，当撞块碰压到一定位置时，推动微动开关快速动作。当滚轮上的挡铁移开后，复位弹簧就使行程开关复位。这种是单轮自动恢复式行程开关。而双轮旋转式行程开关不能自动复原，它是依靠运动机械反向移动时，挡铁碰撞另一滚轮将其复原。

其结构原理如图 1-19 所示，当被控机械上的撞块撞击带有滚轮的撞杆时，撞杆转向右边，带动凸轮转动，顶下推杆，使微动开关中的触点迅速动作。当运动机械返回时，在复位弹簧的作用下，各部分动作部件复位。

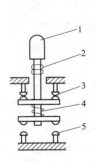

图 1-18　直动式行程开关的结构
1—推杆；2、4—弹簧；3—动断触点；5—动合触点

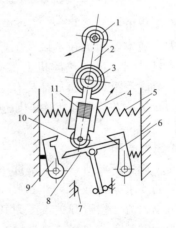

图 1-19　滚轮式行程开关的结构
1—滚轮；2—上转臂；3、5、11—弹簧；4—套架；
6—滑轮；7—压板；8、9—触点；10—横板

滚轮式行程开关又分为单滚轮自动复位和双滚轮（羊角式）非自动复位式，双滚轮行移开关具有两个稳态位置，有记忆作用，在某些情况下可以简化线路。

三、微动式行程开关

微动式行程开关的组成，以常用的有 LXW-11 系列产品为例，其结构原理如图 1-20 所示。

四、组合式行程开关

组合式行程开关一般由 3 个或 5 个元件组成，置于金属或塑料外壳内；有些规格采用单

个元件独立使用或置于金属或塑料外壳中，然后组合在一起，组合式开关结构紧凑，且均能自动复位。

适用于交流 50Hz，电压交流 380V 直流 220V 的控制电路中作控制运动机构之行程或变换其运动方向或速度之用。

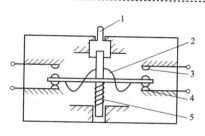

图 1-20　微动式行程开关
1—推杆；2—弹簧；3—压缩弹簧；
4—动断触点；5—动合触点

1-107　怎样选择行程开关？

答：行程开关（限位开关）的选型方法：

（1）根据用途选择开关的系列，即选用安全用开关还是限位开关。

安全用开关带接点（仅限动断接点）强制离开机构，防止由于意外过电流等因素造成接点无法断开，从而使电路的安全性提高。

（2）根据开关的安装位置和机械动作的要求，选择尺寸、位移、操作力、触头型式、保护级别、防爆等级。

即根据机械设备的空间选择合适外形尺寸的限位开关，并比对其位移和操作力及触头型式是否满足动作要求，再看开关的使用环境应采用什么样的保护级别和防爆等级。

（3）根据电路的要求，选择接点的型式。根据电路设计要求，选择开关的动断动合形式、接点数量、接点容量选择合适的开关。

1-108　什么是万能转换开关？

答：万能转换开关是一种多挡位、多段式、控制多回路的主令电器，当操作手柄转动时，带动开关内部的凸轮转动，从而使触点按规定顺序闭合或断开。

万能转换开关是由多组相同结构的触点组件叠装而成的多回路控制电器。它由操作机构、定位装置和触点等三部分组成。触点为双断点桥式结构，动触点设计成自动调整式以保证同短时的同步性。静触点装在触点座内。

1-109　万能转换开关的主要用途有哪些？

答：万能转换开关主要用于各种控制线路的转换、电压表、电流表的换相测量控制、配电装置线路的转换和遥控等。万能转换开关还可以用于直接控制小容量电动机的起动、调速和换向。

1-110　什么是剩余电流动作保护器？它有哪些功能？

答：剩余电流动作保护器又称漏电保护器，是一种新型的电气安全装置，其主要用途是：

（1）防止由于电气设备和电气线路漏电引起的触电事故。

（2）防止用电过程中的单相触电事故。

（3）及时切断电气设备运行中的单相接地故障，防止因漏电引起的电气火灾事故。

（4）随着人们生活水平的提高，家用电器的不断增加，在用电过程中，由于电气设备本身的缺陷、使用不当和安全技术措施不利而造成的人身触电和火灾事故，给人民的生命和财产带来了不应有的损失，而剩余电流动作保护器的出现，对预防各类事故的发生，及时切断电源，保护设备和人身安全，提供了可靠而有效的技术手段。

1-111 剩余电流动作保护器的主要技术参数有哪些？

答： 剩余电流动作保护器主要参数有：

(1) 额定电流值（I_n）：额定电流剩余电流动作保护器具有两种功能：①具有断路器的功能，能切断带负荷的电路；②具有漏电保护功能。该额定电流实质是指断路器的额定电流。

(2) 额定漏电动作电流（$I_{\triangle N}$）：标准规定电流型漏电保护装置的额定漏电动作电流分为6、10、（15）、30、（50）、（75）、100、（200）、300、500、1000、3000、5000、10 000、20 000mA（括号内不优先采用）。现以高灵敏度 30mA 为例进行说明，即剩余电流值达30mA 时，保护器即动作断开电源。30mA 即为额定动作电流。

(3) 额定不动作电流（$I_{\triangle(a)}$）：根据 GB 13955—2005 附录 B 中，推荐"额定漏电不动作电流的优选值为 $0.5I_{\triangle N}$"，也就是一般应选额定漏电动作电流的二分之一（若有说明则按说明），例如额定漏电动作电流 30mA 的漏电保护器，额定漏电不动作电流应为 15mA，也就是说，在电流达到 15mA 及以下时，剩余电流动作保护器不应动作。

(4) 额定漏电动作时间：是指从突然施加额定漏电动作电流起，到保护电路被切断为止的时间。例如：30mA×0.1S 的保护器，从电流值达到 30mA 起，到主触头分离止的时间不超过 0.1s。

(5) 泄漏电流：要知道所有的用电器具、电动机、导线等均与绝缘体有关，而绝缘体的定义：电阻率在 107～1012Ω·m 的材料称为绝缘体，它们只是不易让电流通过的，但仍有大小不同的微弱电流经绝缘层，通过金属外壳与大地形成回路，这就是通常所说的泄漏电流。这种微弱电流一般是在正常的泄漏值范围内，只不过其值的大小随制造工艺、所用材料不同而不等而已。

1-112 剩余电流动作保护器有哪些类型？

答： 剩余电流动作保护器有两种主要类型：

(1) 电磁式剩余电流动作保护器。主要由高导磁材料制造的零序电流互感器、漏电脱扣器和带有过载及短路保护的断路器组成。在被保护电路有漏电或人体触电时，只要漏电（或触电）电流达到漏电动作电流值，零序电流互感器的二次绕组就输出一个信号，并通过漏电脱扣器使断路器在 0.1s 内切断电源，从而起到漏电和触电保护作用。

(2) 电子式剩余电流动作保护器。主要由零序电流互感器、集成电路放大器、漏电脱扣器及带有过载和短路保护的断路器组成。被保护电路有漏电或人体触电时，只要漏电或触电电流达到漏电动作电流值，零序电流互感器的二次绕组就输出一个信号，经过集成电路放大器放大后，使漏电脱扣器动作驱动断路器脱扣切断电源，从而起到漏电和触电保护作用。

1-113 电子式剩余电流动作保护器的组成结构是怎样的？其工作原理是什么？

答： 剩余电流动作保护器主要由检测元件、中间放大环节、操作执行机构三部分组成。

（1）检测元件。由零序互感器组成，检测漏电电流，并发出信号。

（2）放大环节。将微弱的漏电信号放大，按装置不同（放大部件可采用机械装置或电子装置），分别构成电磁式保护器和电子式保护器。

（3）执行机构。收到信号后，主开关由闭合位置转换到断开位置，从而切断电源，是被保护电路脱离电网的跳闸部件。

剩余电流动作保护器结构如图 1-21 所示。

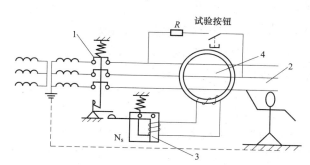

图 1-21 剩余电流动作保护器结构

1—开关装置；2—试验回路；3—电磁式漏电脱扣器；4—零序电流互感器

在了解触电保护器的主要原理前，有必要先了解什么是触电。触电是指电流通过人体而引起的伤害。当人手触摸电线并形成一个电流回路时，人身上就有电流通过；当电流的大小足够大时，就能够被人感觉到以至于形成危害。当触电已经发生时，就要求在最短的时间内切除电流，比如说，如果通过人的电流是 50mA 时，就要求在 1s 内切断电流；如果通过人体的电流是 500mA，那么时间就要求限制在 0.1s。

从图 1-21 中可以看到，漏电保护装置安装在电源线进户处，即用户端，图中把用电设备用一个电阻 R_L 替代，用 R_N 替代接触者的人体电阻。

图中的 TA 表示电流互感器，它是利用互感原理测量交流电流用的，所以称互感器，实际上是一个变压器。它的一次线圈是进户的交流线，把两根线当作一根线并起来构成一次线圈。二次线圈则接到舌簧继电器 SH 上。

舌簧继电器就是在舌簧管外面绕上线圈，当线圈通电时，电流产生的磁场使得舌簧管里面的簧片电极吸合来接通外电路。线圈断电后簧片释放，外电路断开。总而言之，这是一个小巧的继电器。

开关 DZ 不是普通的开关，它是一个带有弹簧的开关，当人克服弹簧力把它合上以后，要用特殊的钩子扣住它才能够保证处于通的状态；否则一松手就又断了。

舌簧继电器的簧片电极接在脱扣线圈 TQ 电路里。脱扣线圈是个电磁铁的线圈，通过电流就产生吸引力，这个吸引力足以使上面说的钩子解脱，使得 DZ 立刻断开。因为 DZ 就串在用户总电线的相线上，所以脱了扣就断了电，触电的人就得救了。

不过，剩余电流动作保护器之所以可以保护人，首先它要"意识"到人触了电。那么剩余电流动作保护器是怎样知道人触电了呢？从图 1-21 中可以看出，如果没有触电，电源来的两根线里的电流肯定在任何时刻都是一样大的，方向相反。因此 TA 的一次线圈里的磁通完全消失，二次线圈没有输出。如果有人触电，相当于相线上有经过电阻，这样就能够连锁导致二次上有电流输出，这个输出就能够使得 SH 的触电吸合，从而使脱扣线圈得电，把钩子吸开，开关 DZ 断开，从而起到了保护的作用。

注意，一旦脱了扣，即使脱扣线圈 TQ 里的电流消失也不会自行把 DZ 重新接通。因为没人帮它合上是无法恢复供电的。触电者离开，经检查无隐患后想再用电，需把 DZ 合上使其重新扣住，便恢复了供电。

1－114　怎样正确选用剩余电流动作保护器？

答：一、合理选择剩余电流动作保护器的整定电流及时间

漏电保护可用作防止直接触电或间接触电事故的发生。在接地故障中所采用的漏电保护都是用作间接触电保护的，即防止人体触及故障设备的金属外壳。人体触电不发生心室纤维颤动的界限值为 30mA·s，因此设计漏电保护时，不仅要注意剩余电流动作保护器的动作电流，也要注意动作电流时间值小于 30mA·s。

二、系统的正常泄漏电流要小于剩余电流动作保护器的额定不动作电流

剩余电流动作保护器的额定不动作电流，由产品的样本给出。如列此数，可取漏电保护额定动作电流的一半。西电线路及电器设备的正常泄漏电流对剩余电流动作保护器的动作正确与否有很大的影响，若泄漏电流过大，会引起保护电器误动作，因此在设计中必须估算系统的泄漏电流，并使其小于剩余电流动作保护器的额定不动作电流。泄漏电流的计算非常复杂，又没有实测的数据，设计中只能参考有关的资料。

三、按照保护目的选用漏电开关

以触电保护为目的的剩余电流动作保护器，可装在小规模的干线上，对下面的线路和设备进行保护，也可以有选择地在分支上或针对单台设备装设剩余电流动作保护器，其正常的泄漏电流相对也小。剩余电流动作保护器的额定动作电流可以选得小些，但一般不必追求过小的动作电流，过小的动作电流容易产生频繁的动作。IEC 标准规定：剩余电流动作保护器的额定动作电流不大于 30mA。动作时间不超过 0.1s；如动作时间过长，30mA 的电流可使人有窒息的危险。

分支线上装高灵敏剩余电流动作保护器做触电保护，干线上装中灵敏或低灵敏延时型作为规定漏电火灾保护，两种办法同时采用相互配合，可以获得理想的保护效果，这时要注意前后两级动作选择性协调。

四、按照保护对象选用剩余电流动作保护器

人身触电事故绝大部分发生在用电设备上，用电设备是触电保护的重点，然而并不是所有的用电设备都必须装剩余电流动作保护器，应有选择地对那些危险较大的设备使用剩余电流动作保护器保护。如：

(1) 携带式用电设备，各种电动工具等。

(2) 潮湿多水或充满蒸汽环境内的用电设备。

(3) 住宅或公建中的插座回路。

(4) 游泳池水泵，水中照明线路。

(5) 洗衣机、空调机、冰箱、电动炊具等。

(6) 娱乐用的电气设备等。

1-115　安装剩余电流动作保护器时应注意哪些问题？

答：剩余电流动作保护器在安装过程中，除应遵守常规的电气设备安装规程外，还应注意以下几点：

（1）剩余电流动作保护器的安装应符合生产厂家产品说明书的要求。

（2）标有电源侧和负荷侧的剩余电流动作保护器不得接反。如果接反，会导致电子式剩余电流动作保护器的脱扣线圈无法随电源切断而断电，以致长时间通电而烧毁。

（3）安装剩余电流动作保护器不得拆除或放弃原有的安全防护措施，剩余电流动作保护器只能作为电气安全防护系统中的附加保护措施。

（4）安装剩余电流动作保护器时，必须严格区分中性线和保护线。使用三极四线式和四极四线式剩余电流动作保护器时，中性线应接入剩余电流动作保护器。经过剩余电流动作保护器的中性线不得作为保护线。

（5）工作中性线不得在剩余电流动作保护器负荷侧重复接地，否则剩余电流动作保护器不能正常工作。

（6）采用剩余电流动作保护器的支路，其工作中性线只能作为本回路的中性线，禁止与其他回路工作中性线相连，其他线路或设备也不能借用已采用剩余电流动作保护器后的线路或设备的工作中性线。

（7）安装完成后，要按照 GB 50303—2015《建筑电气工程施工质量验收规范》，即"动力和照明工程的剩余电流动作保护器应做模拟动作试验"的要求，对完工的剩余电流动作保护器进行试验，以保证其灵敏度和可靠性。试验时可操作试验按钮三次，带负荷分合三次，确认动作正确无误，方可正式投入使用。

剩余电流动作保护器的安全运行要靠一套行之有效的管理制度和措施来保证。除了做好定期维护外，还应定期对剩余电流动作保护器的动作特性（包括漏电动作值及动作时间、漏电不动作电流值等）进行试验，做好检测记录，并与安装初始时的数值相比较，判断其质量是否有变化。

在使用中要按照使用说明书的要求使用剩余电流动作保护器，并按规定每月检查一次，即操作剩余电流动作保护器的试验按钮，检查其是否能正常断开电源。在检查时应注意操作试验按钮的时间不能太长，一般以点动为宜，次数也不能太多，以免烧毁内部元件。

剩余电流动作保护器在使用中发生跳闸，经检查未发现开关动作原因时，允许试送电一次，如果再次跳闸，应查明原因，找出故障，不得连续强行送电。

剩余电流动作保护器一旦损坏不能使用时，应立即请专业电工进行检查或更换。如果剩余电流动作保护器发生误动作和拒动作，其原因一方面是由剩余电流动作保护器本身引起的，另一方面是来自线路的缘由，应认真地具体分析，不要私自拆卸和调整剩余电流动作保护器的内部器件。

1-116　引起剩余电流动作保护器误动作（拒动作）的原因有哪些？

答：一、电网确有接地时，剩余电流动作保护器正常动作

在这种正常动作中，因电网老化、气候环境变化、电网产生接地点引起的动作占绝大多数，而因人身触电引起的动作则是少数。可以想象，能够正常用电是人们的第一需求，为了防止发生概率极低的人身触电伤害而招致频繁的停电，影响人们的正常生产和生活，当然会造成麻烦。

二、电网本来没有发生接地，　而是剩余电流动作保护器在以下情况下可能产生误动作

（1）由于剩余电流动作保护器是信号触发动作的，那么在其他电磁干扰下也会产生信号触发剩余电流动作保护器动作，形成误动作。

（2）当电源开关合闸送电时，会产生冲击信号造成剩余电流动作保护器误动作。

（3）多分支漏电之和可以造成越级误动作。

（4）中性线重复接地可能造成串流误动作。

可见，由于剩余电流动作保护器在技术上就存在这些产生误动作的可能性，会使剩余电流动作保护器的频动问题更加严重，更加复杂。

从技术原理上分析，剩余电流动作保护器还存在可能产生拒动作的技术误区：

（1）当中性线产生重复接地时，会使剩余电流动作保护器产生分流拒动，而中性线重复接地点是很难找到的。

（2）当电源缺相，所缺相又正好是剩余电流动作保护器的工作电源时，会产生拒动作。

由以上分析可以看出，剩余电流动作保护器在实际使用中发生的频动、拒动问题，既有客观环境和管理的原因，也有剩余电流动作保护器本身技术上的误区。尤其是使用剩余电流动作保护器要求电网中性点必须接地，而剩余电流动作保护器的技术误区大多与电网中性点接地有关：

1）由于中性点接地，电网相线的支撑物常年承受相电压，因而支撑物被击穿，形成电网接地点，造成泄漏，引起剩余电流动作保护器频动。

2）由于中性点接地，当相线偶尔接地时，会立即产生很大的泄漏电流，不仅增大电能损耗，易引起火灾，更会加剧剩余电流动作保护器的频动。

3）由于中性点接地，当人身触电时，会立即产生很大的电击流，对人的生命威胁非常大，即使有剩余电流动作保护器也是先遭电击，再动作保护，如果动作迟缓或失灵，后果会更加严重。

4）由于中性点接地，电网对地分布电容接在回路中，会加大开关合闸时的对地冲击电流，造成误动。

5）由于中性点已经接地，中性线发生重复接地很难被发现，中性线重复接地会使剩余电流动作保护器发生分流拒动和串流误动。

这里还需特别指出两点：

（1）当发生人体单相触电事故时（这种事故在触电事故中概率最高），即在剩余电流动作保护器负载侧接触一根相线时它能起到很好的保护作用。如果人体对地绝缘，此时触及一根相线一根中性线时，剩余电流动作保护器就不能起到保护作用。

（2）由于剩余电流动作保护器的作用是防患于未然，电路工作正常时反映不出来它的重要性，往往不易引起大家的重视。有的人在剩余电流动作保护器动作时不是认真地找原因，而是将剩余电流动作保护器短接或拆除，这是极其危险的，也是绝对不允许的。

1-117　剩余电流动作保护器有哪些常见故障？

答：一、电磁式剩余电流动作保护器常见故障

（1）安装接线错误。如果因为安装或接线错误，使漏电流无法在零序电流互感器内反映出来，保护器就不能动作。

（2）保护器设计性能缺陷。一般的低压线路，都不同程度地存在着泄漏电流，只要泄漏电流的合成值未达到保护器的动作电流整定值，保护器就不会动作。

（3）定值整定不准确。剩余电流动作保护器动作电流的整定，要满足保证人身安全和电网稳定运行两个条件。如果保护定值选得过大，在发生人身触电事故或漏电时，保护器也不会动作。

（4）电气线路故障。零序电流互感器、继电器和交流接触器的线圈及连接线烧毁、断线、接头松动、氧化等。

（5）元器件故障。元件烧毁、损坏、参数改变、安装错误、触头烧蚀、双金属片发热失控等。

（6）机械故障。继电器、交流接触器电磁铁卡死、触头变形、传动机构失灵、变形等。

二、电子式剩余电流动作保护器常见故障

（1）三相四线电路中，因为中性线中的正常工作电流不经过零序电流互感器，所以只要起动单相负载，三极剩余电流动作保护器就会动作切断电源。

（2）剩余电流动作保护器负载侧的中性线接地，会使正常工作电流经接地点分流入地，造成剩余电流动作保护器误动作。

（3）剩余电流动作保护器负载侧的导线过长，有的紧贴地面，存在较大的对地电容，这样就存在着较大的对地电容电流，就有可能引起保护器动作。

（4）负载侧的中性线接地，在某种条件下，如发生漏电故障，漏电流一部分经过中性线接地点分流，电流差值变小。此值小于剩余电流动作保护器的额定漏电动作值也会导致拒动。

第二章

交 流 电 动 机

2-1　三相异步电动机的基本结构是怎样的？各组成部分分别起什么作用？

答：三相异步电动机的构造主要分为定子部分与转子部分两部分；其他部件还有：安装定子与转子的外壳、轴承、机座、风扇等。图 2-1 是一个三相笼型异步电动机结构图。

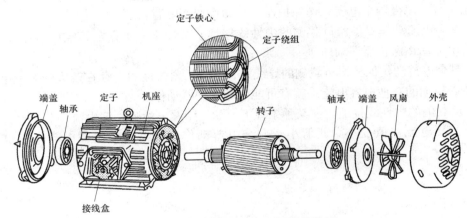

图 2-1　三相笼型异步电动机结构图

一、外壳

三相电动机外壳包括机座、端盖、轴承、接线盒等部件。

机座：铸铁或铸钢浇铸成型，其作用是保护和固定三相电动机的定子绕组。中、小型三相电动机的机座还有两个端盖支承着转子，它是三相电动机机械结构的重要组成部分。通常，机座的外表要求散热性能好，所以一般都铸有散热片。

端盖：用铸铁或铸钢浇铸成型，其作用是把转子固定在定子内腔中心，使转子能够在定子中均匀地旋转。

轴承：也是铸铁或铸钢浇铸成型的，其作用是固定转子，使转子不能轴向移动，另外起存放润滑油和保护轴承的作用。

接线盒：一般是用铸铁浇铸，其作用是保护和固定绕组的引出线端子。

二、定子部分

定子是电动机的固定部分，作用是用来产生旋转磁场。它主要由定子铁心、定子绕组组成（有些教材把机座也划分到定子部分）。

定子铁心：异步电动机定子铁心是电动机磁路的一部分，由 0.35～0.5mm 厚表面涂有绝缘漆的薄硅钢片叠压而成，如图2-2所示。由于硅钢片较薄而且片与片之间是绝缘的，减少了由交变磁通通过而引起的铁心涡流损耗。铁心内圆有均匀分布的槽口，用来嵌放定子绕组。

定子绕组：定子绕组是三相电动机的电路部分，三相电动机有三相绕组，通入三相对称电流时，就会产生旋转磁场。三相绕组由三个彼此独立的绕组组成，且每个绕组又由若干绕组连接而成。每个绕组即为一相，每个绕组在空间相差120°电角度，绕组由绝缘铜导线或绝缘铝导线绕制。中、小型三相电动机多采用圆漆包线，大、中型三相电动机的定子绕组则用较大截面的绝缘扁铜线或扁铝线绕制后，再按一定规律嵌入定子铁心槽内。定子三相绕组的六个出线端都引至接线盒上，首端分别标为U1、V1、W1，末端分别标为U2、V2、W2。这六个出线端在接线盒里的排列如图2-3所示，可以接成星形或三角形。

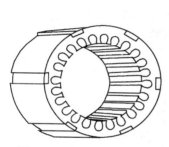

图2-2 定子铁心示意图

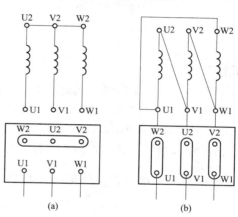

图2-3 定子绕组的联结
(a) 星形连接；(b) 三角形连接

三、转子部分

转子铁心：转子铁心是用0.5mm厚的硅钢片叠压而成，套在转轴上，作用和定子铁心相同，一方面作为电动机磁路的一部分，另一方面用来安放转子绕组。

转子绕组：异步电动机的转子绕组分为笼型与绕线转子两种，由此分为绕线转子异步电动机与笼型异步电动机。笼型用于中小功率（100kW以下）的电动机，它的结构简单，工作可靠，使用维护方便。绕线转子可以改善起动性能和调节转速，定子与转子之间的气隙大小，会影响电动机的性能，一般气隙厚度为0.2～1.5mm。

1. 绕线转子绕组

与定子绕组一样也是一个三相绕组，一般接成星形，三相引出线分别接到转轴上的三个与转轴绝缘的集电环上，通过电刷装置与外电路相连，这就有可能在转子电路中串接电阻或电动势以改善电动机的运行性能，如图2-4所示。

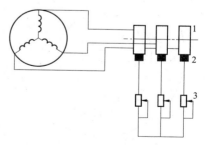

图2-4 绕线转子与外加电阻器的连接
1—集电环；2—电刷；3—电阻器

2. 笼型绕组

在转子铁心的每一个槽中插入一根铜条，在铜条两端各用一个铜环（称为端环）把导条连接起来，称为铜排转子，如图 2-5 所示。也可用铸铝的方法，把转子导条和端环风扇叶片用铝液一次浇铸而成，称为铸铝转子，如图 2-6 所示，100kW 以下的笼型异步电动机一般采用铸铝转子。

图 2-5 铜排转子

图 2-6 铸铝转子

四、其他部分

其他部分包括端盖、风扇等。端盖除了起防护作用外，在端盖上还装有轴承，用以支撑转子轴。风扇则用来通风冷却电动机。三相异步电动机的定子与转子之间的空气隙，一般为 0.2~1.5mm。气隙太大，电动机运行时的功率因数降低；气隙太小，使装配困难，运行不可靠，高次谐波磁场增强，从而使附加损耗增加以及使起动性能变差。

2-2 三相异步电动机的工作原理是什么？

答：在了解三相异步电动机的工作原理之前，我们首先应该知道，为什么称它为异步电动机？

电动机里旋转磁场的转速（也就是电动机的同步转速）不等于电动机转子的转速，因此称为异步电动机。

接下来就介绍异步电动机的工作原理。

三相交流电动机的旋转磁场：三相异步电动机转子之所以会旋转、实现能量转换，是因为转子气隙内有一个旋转磁场。图 2-7 为三相异步电动机转动原理示意图。

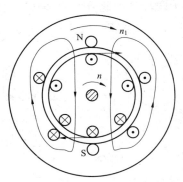
图 2-7 三相异步电动机转动原理示意图

当三相交流电通入定子绕组后，便形成了一个旋转磁场，这个旋转磁场的转速就是同步转速：$n_1 = 60p/f$（p 是定子的磁极对数；f 是电源频率），旋转磁场的磁力线被转子导体切割，根据电磁感应原理，定子旋转磁场以速度 n_1 切割转子导体感生电动势（发电机右手定则），转子导体就产生了感应电动势，由于转子绕组是闭合的，则转子导体有电流流过，使导体受电磁力作用形成，从而形成电磁转矩，推动转子以转速 n 顺 n_1 方向旋转（电动机左手定则），并从轴上输出一定大小的机械功率。

三相电动机的转子转速 n 始终不会加速到旋转磁场的转速 n_1，因为只有这样，转子绕组与旋转磁场之间才会有相对运动而切割磁力线，转子绕组导体中才能产生感应电动势和电流，从而产生电磁转矩，使转子按照旋转磁场的方向继续旋转。

由于我国电网频率 f 固定为 50Hz，极对数 p 只能为整数，所以同步速只有固定的几种可能，见表 2-1。

表 2-1　　　　　　　　　　　电动机极对数与转速换算

p	1	2	3	4	5	6
n（r/min）	3000	1500	1000	750	600	500

那么如何改变磁场的旋转方向呢？旋转磁场的旋转方向决定于通入定子绕组中的三相交流电源的相序。只要任意调换电动机定子两相绕组所接交流电源的相序，旋转磁场即反转。

2-3　三相异步电动机铭牌上的数据表示什么含义？

答： 下面就以绕线转子异步电动机的铭牌为例，介绍电动机铭牌的含义：

1. 型号

例：Y ① ② ③—④

Y：表示异步电动机

① 通常为英文字母。B 表示是防爆型；D 表示是多速型；G 表示辊道用电动机；H 表示船用电动机；M 表示木工用电动机；O 表示是封闭式电动机；Q 表示潜水用电动机；R 表示是绕线转子电动机；T 表示是调速电动机；Z 表示是冶金、起重用电动机；W 表示是户外用电动机。

② 表示机座长度。M 表示中号机座；L 表示长号机座；S 表示短号机座。

③ 表示铁心的长度号。有 1 号和 2 号两种。

④ 表示磁极对数，见表 2-1。

2. 额定功率（单位：kW）

额定功率表示电动机在额定工作状态下运行时，转子轴上额定输出的电功率。

3. 额定电压（单位：V）

额定电压是指在额定运行时，定子绕组所使用的规定的线电压。按照我国国家标准，电动机的电压等级可分为 220、380、3000、6000、10 000V 等。三相电动机要求所接的电源电压值的变动一般不应超过额定电压的 ±5%。

4. 接法

是指电动机定子绕组的连接方式。例如：电压 380V，接法△，表明电动机的额定电压为 380V，绕组应接成△。再如：电压为 380/220V，接法为丫/△，则表明电源线电压为 380V 时，应丫（星形）；电源电压为 220V 时，应接成△。

5. 额定电流（单位：A）

额定电流是指在额定工作状态下运行时，电源输入电动机绕组的线电流。若铭牌上标有两个电流值，则表明定子绕组在两种接法时的输入电流。

6. 额定频率（单位：Hz）

额定频率是指输入电动机定子绕组的交流电源的频率（即电网交流电的频率）。我国电网的频率为 50Hz。

7. 转子电压（单位：V）

转子电压是指绕线转子异步电动机的转子在停转，而且是在转子绕组在开路的情况下，对定子绕组施加额定电压时，在集电环上测得的感应电压。

8. 转子电流（单位：A）

转子电流是指绕线转子异步电动机在额定工作状态下，转子绕组出线端短接后，转子绕组中的电流。

9. 功率因数

是指电动机在额定工作状态下运行时，输入的有功功率与视在功率的比值。电动机在空载运行时，功率因数很低，一般约为 0.2，满载时，功率因数比较高，一般在 0.75～0.92。

10. 绝缘等级

是指电动机在按照规定方向运行时，电动机绕组允许的温度升高（即绕组的温度比周围空气温度高出的数值）。允许温度的高低取决于电动机所使用的绝缘材料。我国电动机的绝缘等级见表 2-2。

表 2-2 我国电动机的绝缘等级

绝缘等级	Y	A	E	B	F	H	C
绕组的极限温度（℃）	90	105	120	130	155	180	180 以上

11. 工作方式

电动机的工作方式分为连续、短时、断续三种。

连续运行是指电动机在符合以上各项规定数值时，可以连续不断地运行。

短时运行是指电动机只能在限定的时间内短时运行，有四种规定时间：10、30、60、90min，当达到规定时间后，必须停车，待电动机冷却后再运行。

断续运行是指电动机只能间歇工作，其标准负载持续率有四种：15%、28%、40%、60%，每个周期为 10min。例如：标明持续负载率为 15%，即该电动机在一个周期内工作的时间为 10min×15%＝1.5min，其余 8.5min 的时间为休息时间。

12. 额定转速（单位：r/min）

额定转速是指电动机在额定功率、额定电压、额定电流、额定频率的工作状态下，电动机每分钟的转速。

2-4 什么是转差率？

答：转差率就是定子旋转磁场转速与转子转速之差再除以定子旋转磁场转速（同步转速）

$$s=(n_0-n)/n_0 \tag{2-1}$$

式中　　n_0——同步转速；

　　　　n——电动机转速；

　　　　s——电动机的转差率。

转差率是异步电动机的一个基本参数，对分析和计算异步电动机的运行状态及其机械特性有着重要的意义。当异步电动机处于电动状态运行时，电磁转矩 T 和转速 n 同向。转子尚未转动时，$n=0$，$s=0$；当 $n=n_0$ 时，$s=1$，可知异步电动机处于电动状态时，转差率的变化范围总在 0 和 1 之间，即 $0<s<1$。

2-5 什么是三相异步电动机的机械特性？

答：三相异步电动机的机械特性是指在电动机定子电压、频率以及绕组参数一定的条件下，电动机电磁转矩与转速或转差率的关系，即 $n=f(T)$ 或 $s=f(T)$。

机械特性可用函数表示，也可用曲线表示，用函数表示时，有三种表达式：物理表达式、参数表达式和实用表达式。

一、物理表达式

$$T=C_{T1}\Phi_{m}I'_{2}\cos\varphi'_{2}$$

$$C_{T1}=\frac{pm_{1}N_{1}k_{w1}}{\sqrt{2}}$$

(2-2)

式中　C_{T1}——异步电动机的转矩系数；

$$I'_{2}=\frac{E'_{2}}{\sqrt{\left(\dfrac{R'_{2}}{s}\right)^{2}+X'^{2}_{2}}}$$

Φ_{m}——异步机每极磁通；

I'_{2}——转子电流折算值；

p——电动机的极对数；

m_{1}——转矩系数（由电动机决定）；

N_{1}——定子绕组每相的匝数；

k_{w1}——定子、转子的有效匝数比；

E'_{2}——转子绕组每相的感应电动势；

R'_{2}——转子绕组的阻值；

X'_{2}——转子漏电抗的折合值；

s——电动机的转差率。

$$\cos\varphi'_{2}=\frac{R'_{2}/s}{\sqrt{(R'_{2}/s)^{2}+X'^{2}_{2}}}=\frac{R'_{2}}{\sqrt{R_{2}'^{2}+s^{2}X_{2}'^{2}}}=\cos\varphi_{2}$$

$\cos\varphi'_{2}$——转子回路的功率因数。

物理表达式反映了不同转速时电磁转矩与主磁通以及转子电流有功分量之间的关系，一般用来定性分析在不同运行状态下的转矩大小和性质。如图 2-8 所示。

二、参数表达式

$$T=\frac{m_{1}}{\Omega_{s}}\frac{U_{\phi}^{2}\dfrac{R'_{2}}{s}}{\left(R_{1}+\dfrac{R'_{2}}{s}\right)^{2}+(X_{1}+X'_{2})^{2}}$$

式中　Ω_{s}——电动机的角速度；

R_{1}——定子绕组每相的阻值；

U_{ϕ}^{2}——电动机的定子相电压。

在电压、频率及绕组参数一定的条件下，电磁转矩 T 与转差率 s 之间的关系可用如图 2-9 所示的曲线表示。

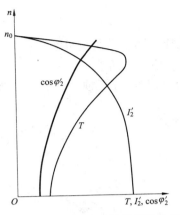

图 2-8　物理表达式机械特性曲线

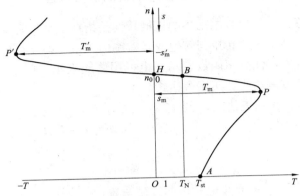

图 2-9　参数表达式机械特性曲线

三、实用表达式

$$T = \frac{2T_{\max}}{\dfrac{s}{s_{\mathrm{m}}} + \dfrac{s_{\mathrm{m}}}{s}}$$

2-6　什么是三相异步电动机的固有机械特性与人为机械特性?

答：一、固有机械特性

固有机械特性是指异步电动机工作在额定电压及额定频率下，电动机按规定的接线方法接线，定子及转子电路中不外接电阻（电抗或电容）时所获得的机械特性曲线。它有 4 个特殊点：

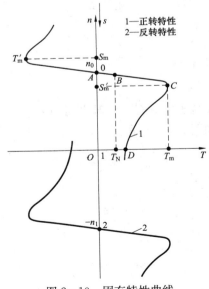

图 2-10　固有特性曲线

（1）同步转速点 A：电动机在没有任何负载情况下的空转，此时转速最大，此点即电动机的理想空载点。

（2）额定工作点 B：电动机在有负载情况下的正常运转，此时为电动机的额定工作点。

（3）起动点 D：电动机在刚起动的时刻，即没有转起来，所克服转子自重时的转矩，此点为电动机的起动工作点。

（4）最大转矩点 C：电动机在拖动负载最大转矩，速度也比较适中时，此点为电动机的临界工作点。在此时电压如果过低或有巨大冲击负载，就会造成电动机停机。其固有特性曲线如图 2-10 所示。

二、人为机械特性

异步电动机的人为机械特性是指人为改变电动机的电气参数而得到的机械特性，如图 2-11 所示。

1. 电压降低

电动机在运行时，如电压降低太多，会大大降低其过载能力与起动转矩，甚至电动机发生带不动负载或者根本不能起动的现象。此外就是起动后电动机也会被烧坏。

2. 定子电路接入电阻

此时最大转矩要比原来的大；转子电路串联电阻或改变定子电源频率，此时起动转矩要增大，最大转矩不变。转子电路串联对称电阻适用于绕线转子异步电动机的起动，也可用于调速。人为机械特性曲线如图 2-12 所示。

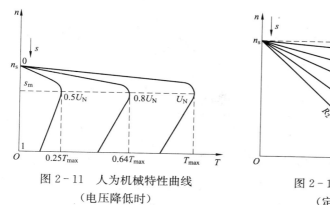

图 2-11　人为机械特性曲线
（电压降低时）

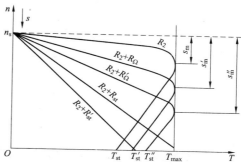

图 2-12　人为机械特性曲线
（定子电路接入电阻）

3. 定子电路串联对称电抗

定子电路串联对称电抗一般用于笼型异步电动机的降压起动，以限制电动机的起动电流。人为机械特性曲线如图 2-13 所示。

4. 定子电路串联对称电阻

与串联对称电抗时相同，定子串联对称电阻一般也用于笼型异步电动机的减压起动。人为机械特性曲线如图 2-14 所示。

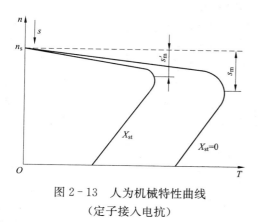

图 2-13　人为机械特性曲线
（定子接入电抗）

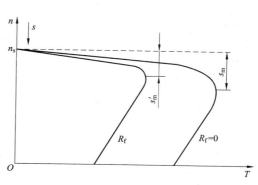

图 2-14　人为机械特性曲线
（定子接入对称电阻）

5. 转子电路接入并联阻抗

在起动初期，转子频率较大时，电抗器中的感抗分量较显著，转子电流大部分通过电阻；实际上就是由这个决定了电动机的起动性能。当转子加速，使得转子频率下降后，随之减小，大部分电流通过电抗器。起动完成后，转子频率很小，电阻被短路。由于转子电路参数可变，如果参数配合恰当，电动机在整个加速过程中产生几乎恒定的转矩。人为机械特性曲线如图 2-15 所示。

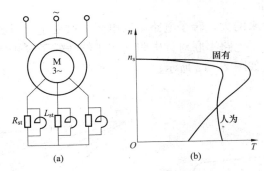

图 2-15　人为机械特性曲线（转子接入阻抗）

（a）接线图；（b）机械特性曲线

2-7　三相异步电动机的各种运转状态是怎样的？

答：一、电动运转状态

电动运转状态的特点是电动机转矩的方向与旋转的方向相同。机械特性如图 2-16 所示。

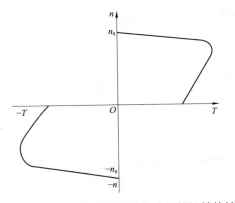

图 2-16　电动状态下异步电动机的机械特性

二、制动运转状态

异步电动机可工作于回馈制动、反接制动及能耗制动三种制动状态。其共同特点是电动机转矩与转速的方向相反，以实现制动。此时，电动机由轴上吸收机械能，并转换为电能。

（一）回馈制动状态

当异步电动机由于某种原因（例如位能负载的作用），使其转速高于同步速度时，转子感应电动势反向，转子电流的有功分量也改变了方向，其无功分量的方向则不变。此时异步电动机既回馈电能，又在轴上产生机械制动转矩，即在制动状态下工作，如图 2-17 所示，其机械特性如图 2-18 所示。

（二）反接制动状态

1. 转速反向反接制动

其电路图如图 2-19 所示。

此时的转差率

$$s = \frac{n_s - (-n)}{n_s} = \frac{n_s + n}{n_s} > 1$$

转子由定子输入的电功率即为电磁功率为正

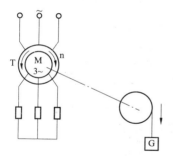

图 2-17　位能负载带动异步
电动机进入回馈制动状态

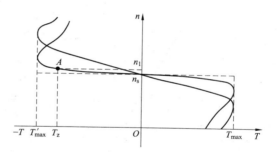

图 2-18　异步电动机回馈
制动时的机械特性

$$P_e = 3I_2^2 \frac{R_2 + R_f}{s}$$

转子轴上机械功率为负

$$P_2 = P_e(1-s)$$

转子电路的损耗为两者之和，因此能量损耗极大。其机械特性如图 2-20 所示。

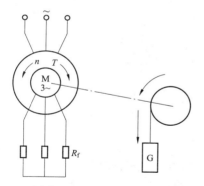

图 2-19　异步电动机转速反向反接制动电路图　　图 2-20　转速反向反接制动时的机械特性

2. 定子两相反接的反接制动

为了使电动机迅速停车或反向，可将定子两相反接，工作点由 A 转移到 B，此时转差率为

$$s = \frac{-n_s - n}{-n_s} = \frac{n_s + n}{n_s} > 1$$

在两相反接时，电动机的转矩为 $-T$，与负载转矩共同作用下，电动机转速很快下降，这相当于图 2-21 中机械特性的 BC 段。

在转速为零的 C 点，如不切断电源，电动机即反向加速，进入反向电动状态（对应于特性 CD 段），加速到 D 点时，电动机将稳定运转，实现了电动机的逆转过程。

（三）能耗制动状态

电动机能耗制动的电路图与机械特性如图 2-22 所示。

71

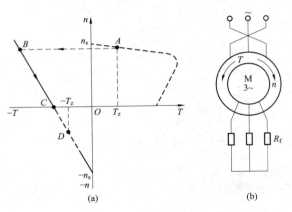

图 2-21　电动机定子两相反接的电路图与机械特性
（a）机械特性；（b）电路图

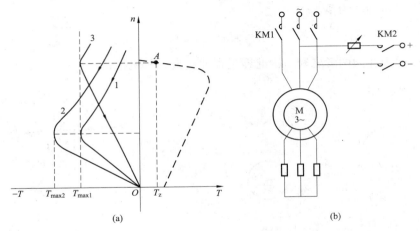

图 2-22　电动机能耗制动的电路图与机械特性
（a）机械特性；（b）电路图

当 KM1 断开，电动机脱离电网时，立即将 KM2 接通，则在定子两相绕组内通入直流电流，在定子内形成一固定磁场。当转子由于惯性而仍在旋转时，其导体即切割此磁场，在转子中产生感应电动势及转子电流。根据左手定则，可确定出转矩的方向与转速的方向相反，即为制动转矩。

2-8　什么是电动机的降压起动？全压起动有哪些危害？

答：降压起动就是将电网电压适当降低后加到电动机定子绕组上进行起动，待电动机起动后，再将绕组电压恢复到额定值。降压起动的目的是减小电动机的起动电流，从而减小电网供电的负荷。

三相异步电动机在起动时，起动电流是额定电流的 4～7 倍，对于大容量的电动机，直接起动时过大的起动电流不仅使电动机的绕组过热，使绝缘老化，减少寿命，甚至烧坏绕组，而且会造成电网电压明显下降，直接影响在同一电网工作的其他负载设备的正常工作。

2-9　三相异步电动机的起动方法有哪些？

答：一、转子回路串接电阻起动

绕线转子三相异步电动机可以在转子回路中串入电阻进行起动（这里同调速一起进行讨论），这样就减小了起动电流。一般采用起动变阻器起动，起动时全部电阻串入转子电路中，随着电动机转速逐渐加快，利用控制器逐级切除起动电阻，最后将全部起动电阻从转子电路中切除。串电阻起动和调速分为两种情况，如图 2-23 所示，图（a）为对称切除；图（b）为不对称切除。

图 2-24 是一个时间继电器自动控制的串电阻起动调速的线路。

电路组成分析：合上 QS，按下 SB1，KM 线圈得电，KM 触头闭合，绕线转子串联全部电阻起动，KT1 线圈得电，KT1 延时闭合触头闭合，KM1 线圈得电，KM1 触头闭合，切除电阻 R1，绕线转子串联 R2、R3 起动，KT2 线圈得电，KT2 延时闭合触头闭合，KM2 线圈得电，KM2 触头闭合，切除 R2，绕线转子串联 R3 起动，KT3 线圈得电，KT3 延时闭合触头闭合，KM3 线圈得电，KM3 触头闭合，绕线转子切除全部电阻运行。

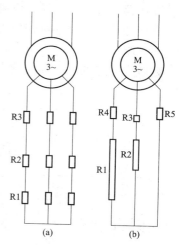

图 2-23　串电阻起动
（a）对称切除；（b）不对称切除

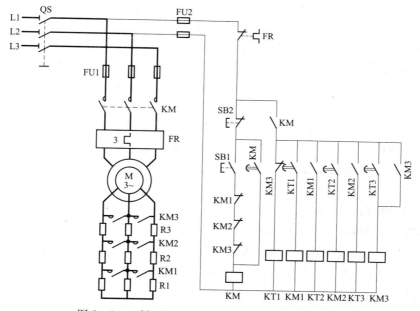

图 2-24　时间继电器自动控制的串电阻起动调速

二、转子回路串接频敏变阻器起动

频敏变阻器适用于容量 1.5～200kW，频率为 50Hz 的三相绕线转子异步电动机频繁操作情况下的起动及反接设备。它实质上是一个铁心损耗非常大的三相电抗器，由数片 E 型钢板叠成，具有铁心、线圈两部分，制成开启式，并采用星形接线。它是无接触点的电磁元件，相当于一个等值阻抗，在电动机起动过程中，阻抗能够随着转子电流频率的下降自动减小，只需一级变阻器就可以把电动机平稳地起动起来，采用频敏变阻器起动，具有起动平滑、操作简便、运行可靠、成本低廉等优点，因此在绕线转子异步电动机中应用较广，所以它是绕线转子异步电动机较为理想的一种起动设备。常用于中等容量的绕线转子异步电动机的起动控制。

频敏变阻器的电阻随线圈中所通过的电流频率而变。起动时，转差率 $s=1$，转子电流（即频敏电阻线圈通过的电流）频率最高，等于电源频率。因此，频敏变阻器的电阻最大，这就相当于起动时在转子回路中串接一个较大电阻，从而使起动电流减小。随着电动机转速的加快，转差率 s 逐渐减小，转子电流频率逐渐降低，频敏变阻器电阻也逐渐减小，最后把电动机的转子绕组短接，频敏变阻器从转子电路中切除，如图 2-25 所示。

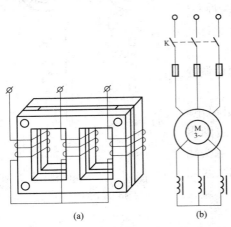

图 2-25 转子回路串接频敏变阻器起动
（a）频敏变阻器结构示意图；（b）起动线路图

三、直接起动

直接起动的优点是所需设备少，起动方式简单，成本低。电动机直接起动的电流是正常运行的 5 倍左右，理论上来说，只要向电动机提供电源的线路和变压器容量大于电动机容量的 5 倍以上的，都可以直接起动。这一要求对于小容量的电动机容易实现，所以小容量的电动机绝大部分都是直接起动的，不需要降压起动。对于大容量的电动机来说，一方面是提供电源的线路和变压器容量很难满足电动机直接起动的条件，另一方面强大的起动电流冲击电网和电动机，影响电动机的使用寿命，对电网不利，所以大容量的电动机和不能直接起动的电动机都要采用降压起动。

直接起动可以用胶木开关、铁壳开关、自动空气开关（断路器）等实现电动机的近距离操作、点动控制、速度控制、正/反转控制等，也可以用限位开关、交流接触器、时间继电器等实现电动机的远距离操作、点动控制、速度控制、正/反转控制、自/动控制等。

四、用自耦变压器降压起动

采用自耦变压器降压起动，电动机的起动电流及起动转矩与其端电压的平方成比例降低，相同起动电流的情况下能获得较大的起动转矩。如起动电压降至额定电压的 65%，其起动电流为全压起动电流的 42%，起动转矩为全压起动转矩的 42%。控制原理图如图 2-26 所示。

线路工作原理如下（合上电源开关）。

1. 降压起动

按下 SB2—KA 线圈得电—KA 自锁触头闭合自锁—KT 线圈得电—KM2 线圈得电（KM2 主触头闭合，KM2 连锁触头分断对 KM1 连锁）—电动机 M 接入 TM 降压起动。

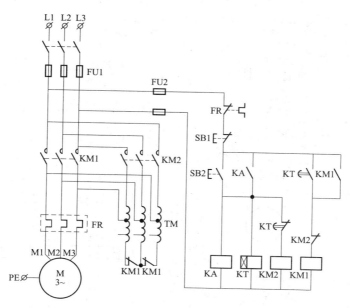

图 2-26 时间继电器控制的自耦变压器降压起动线路

2. 全压运转

当电动机转速上升到接近额定转速时，KT 延时结束—KT 动断触头先分断—KM2 线圈失电—KM2 动断辅助触头分断对 KM1 连锁—KT 动合触头后闭合—KM1 线圈得电—KM1 自锁触头闭合自锁—KM1 主触头闭合，电动机 M 接成△全压运行。

停止时按下 SB1 即可。

自耦变压器降压起动的优点是可以直接人工操作控制，也可以用交流接触器自动控制，经久耐用，维护成本低，适合所有的空载、轻载起动异步电动机，在生产实践中得到广泛应用。缺点是人工操作要配置比较贵的自耦变压器箱（自耦补偿器箱），自动控制要配置自耦变压器、交流接触器等起动设备和元件。

五、丫-△降压起动

定子绕组为△连接的电动机，起动时接成丫，速度接近额定转速时转为△运行，采用这种方式起动时，每相定子绕组降低到电源电压的 58%，起动电流为直接起动时的 33%，起动转矩为直接起动时的 33%。起动电流小，起动转矩小。

丫-△降压起动的优点是不需要添置起动设备，有起动开关或交流接触器等控制设备就可以实现，缺点是只能用于△连接的电动机，大型异步电动机不能重载起动，如图 2-27 所示。

电路送电：合上 QS，起动：按下 SB1，KMY 线圈得电，同时 KT 线圈得电，开始计时，KMY 主触头闭合，KMY 的动断点断开，互锁，KMY 的动合点闭合，KM 线圈得电，KM 主触头闭合，KM 的动合点闭合，自锁，电动机 M 接成 Y 形降压起动。

KT 计时时间到，KT 动断触头断开，KMY 线圈失电，KMY 主触头断开，KMY 的动合点断开，KMY 的动断触点闭合，KM△线圈得电，KM△主触头闭合，KM△动断触点断开，KT 线圈失电，KT 动断触头瞬时闭合，电动机 M 接成△形全压运行。

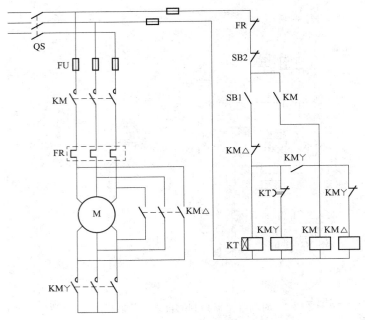

图 2-27 丫-△降压起动

六、软起动器

软起动器是一种集电动机软起动、软停车、轻载节能和多种保护功能于一体的新颖电动机控制装置，国外称为 Soft Starter。它的主要构成是串接于电源与被控电动机之间的三相反并联闸管交流调压器。运用不同的方法，改变晶闸管的触发角，就可调节晶闸管调压电路的输出电压。在整个起动过程中，软起动器的输出是一个平滑的升压过程，直到晶闸管全导通，电动机在额定电压下工作。

软起动器的优点是降低电压起动，起动电流小，适合所有的空载、轻载异步电动机使用。缺点是起动转矩小，不适用于重载起动的大型电动机。

七、变频器起动

通常，把电压和频率固定不变的交流电变换为电压或频率可变的交流电的装置称为变频器。该设备首先要把三相或单相交流电变换为直流电（DC）。然后再把直流电（DC）变换为三相或单相交流电（AC）。变频器同时改变输出频率与电压，也就是改变了电动机运行曲线上的 n_0，使电动机运行曲线平行下移。因此变频器可以使电动机以较小的起动电流获得较大的起动转矩，即变频器可以起动重载负荷。

变频器具有调压、调频、稳压、调速等基本功能，应用了现代的科学技术，价格高但性能良好，内部结构复杂但使用简单，所以不仅用于起动电动机，而且还广泛地应用到各个领域，各种各样的功率、外形、体积和用途等都有。随着技术的发展，成本的降低，变频器一定还会得到更广泛地应用。

2-10 三相异步电动机有哪些调速方法？

答： 异步电动机的转速公式

$$n = n_0(1-s) = \frac{60f_1}{p}(1-s) \qquad (2-3)$$

从式（2-3）中可以看出，如果想改变电动机的转速，就要改变电源的频率、电动机的转差率和磁极对数，由此可以得出，异步电动机的调速可以分为变极调速、变频调速、转差率调速三种，其中转差率调速又可以分为转子回路串电阻调速、改变定子电源调速、滑差调速、转子回路引入附加电动势调速等几种。

一、变极调速

变极调速，就是通过改变电动机定子绕组的接线，改变电动机的磁极对数，从而达到调速的目的。变极调速方法一般适于笼型异步电动机。因为笼型异步电动机转子绕组本身没有固定的极对数，能自动地与定子绕组相适应。变极调速的电动机往往称为多极电动机，其定子绕组的接线方式很多，其中常见的一种是角接/双星接，即△/丫丫，如图2-28所示。

为使电动机正常工作，定转子的极对数必须相等，笼型转子可以自动调节极对数，而绕线转子电动机不能。由定子绕组展开图可知：只要改变一相绕组中一半元件的电流方向即可改变磁极对数。当T1、T2、T3外接三相交流电源，而T4、T5、T6对外断开时，电动机的定子绕组接法为△，极对数为$2p$，当T4、T5、T6外接三相交流电源，而T1、T2、T3连接在一起时，电动机定子绕组的接法为丫-丫，极对数为p，从而实现调速，其控制电路如图2-29所示。

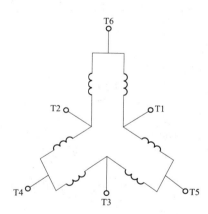

图2-28　变极调速定子接线图

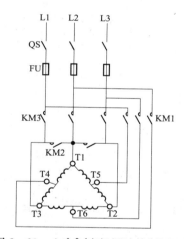

图2-29　△/丫丫变极调速控制原理图

二、变频调速

变频调速是改变电动机定子电源的频率，从而改变其同步转速n的调速方法。变频调速系统主要设备是提供变频电源的变频器，变频器可分成交流－直流－交流变频器和交流－交流变频器两大类，目前国内大都使用交－直－交变频器。其特点：

（1）效率高，调速过程中没有附加损耗。

（2）应用范围广，可用于笼型异步电动机。

（3）调速范围大，特性硬，精度高。

（4）技术复杂，造价高，维护检修困难。

（5）本方法适用于要求精度高、调速性能较好的场合。

变频调速是以变频器向交流电动机供电，并构成开环或闭环系统。变频器是把固定电压、固定频率的交流电变换为可调电压、可调频率的交流电的变换器，是异步电动机变频调速的控制装置。

三、改变转差率调速

改变转差率调速的方法主要有定子调压调速、转子电路串电阻调速和串级调速三种。下面分别进行介绍。

1. 定子调压调速（常用于笼型转子异步电动机）

定子调压对恒转矩负载而言，其调速范围很窄，实用价值不大，但对于通风机负载而言，其负载转矩 T_L 随转速的变化而变化，其调速范围很广，所以目前大多数的风扇采用此法。

但是这种调速方法在电动机转速较低时，转子电阻上的损耗较大，使电动机发热较严重，所以这种调速方法一般不宜在低速下长时间运行。

调压调速获取交流调压电源的方法：

（1）调压器调压［见图 2-30（a）］

（2）饱和电抗器调压：如图 2-30（b）所示，饱和电抗器 LS 是带有直流励磁绕组的交流电抗器。

$$I_L \updownarrow \rightarrow L_s \updownarrow \rightarrow X_L \updownarrow \rightarrow u_1 \updownarrow \rightarrow n \updownarrow$$

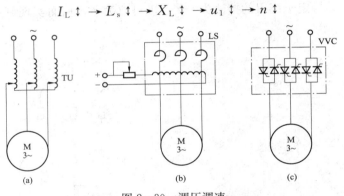

图 2-30 调压调速

（a）调压器调压示意图；（b）饱和电抗器调压示意图；（c）晶闸管调压示意图

（3）晶闸管交流调压器调压：如图 2-30（c）所示。单相调压电路如图 2-31 所示，其控制方法有以下两种。

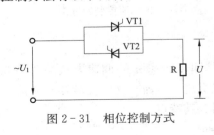

图 2-31 相位控制方式

1）相位控制方式（见图 2-31）。通过改变晶闸管的导通角来改变输出交流电压。特点：输出电压较为精确、快速性好；但有谐波污染。

2）开关控制方式。把晶闸管作为开关，将负载与电源完全接通几个半波，然后再完全断开几个半波。交流电压的大小靠改变通断时间比 t_0/t_p 来调节。特点：采用"过零"触发，谐波污染小；转速脉动较大。

2. 转子串接电阻调速（见前串接电阻起动）

该方法仅适用于绕线转子异步电动机，其机械特性如图 2-32 所示。图中曲线是一束电源电压不变，而转子电路所串电阻值不同的机械特性曲线。从图2-32中不难看出，当串入电阻越大时，稳定运行速度越慢，且稳定性也越差。

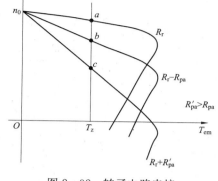

图2-32　转子电路串接
电阻调速的机械特性

转子串电阻调速的优点是方法简单，设备投资不高，工作可靠。但调速范围不大，稳定较差，平滑性也不是很好，调速的能耗比较大。在对调速性能要求不高的地方得到广泛应用，如运输、起重机械等。

3. 串级调速

串级调速就是在绕转子异步电动机的转子电路中引入一个附加电动势 E_f 来调节电动机的转速，这种方法仅适于绕线转子异步电动机。

由异步电动机的等值电路可以求得：

$$I'_2 = \frac{sE'_2}{\sqrt{R_2'^2 + (sX'_{\sigma2})^2}}$$

串级调速时：

$$I'_2 = \frac{sE'_2 \pm E_f}{\sqrt{R_2'^2 + (sX'_{\sigma2})^2}}$$

原理：当附加电动势的相位与转子电动势相位相反时，E_f 为负值，使串电动势后的转子电流 I'_{2f} 小于原来的电流 I'_2，则 $T_{em} < T_L$，$n\downarrow$，$s\uparrow$，$sE'_2\uparrow$，$I'_{2f}\uparrow$，$T_{em}\uparrow$，直到 $T_{em} = T_L$ 时，电动机在新的较低转速下稳定运行，实现降速的调速。

当附加电动势的相位与转子电动势相位相同时，E_f 为正值，使串电动势后的转子电流大于原来的电流，则 $T_{em} > T_L$，$n\uparrow$，$s\downarrow$，$sE'_2\downarrow$，$I'_{2f}\downarrow$，$T_{em}\downarrow$，直到 $T_{em} = T_L$ 时，电动机在新的较高转速下稳定运行，实现升速的调速。

2-11　三相异步电动机有哪些制动方法？各有什么特点？

答：三相异步电动机切除电源后依惯性总要转动一段时间才能停下来。而生产中起重机的吊钩或卷扬机的吊篮要求准确定位；万能铣床的主轴要求能迅速停下来。这些都需要对拖动的电动机进行制动，其方法有机械制动和电力制动两大类。

一、机械制动

电动机的制动方式主要有机械制动和电气制动，机械制动是通过机械装置来卡住电动机主轴，使其减速，如电磁抱闸、电磁离合器等电磁铁制动器。

二、电气制动

1. 反接制动

反接制动：是在电动机三相电源被切断后，立即通上与原相序相反的三相电源，以形成与原转向相反的电磁力矩，利用这个制动力矩使电动机迅速停止转动。这种制动方式必须在电动机转速降到接近零时切除电源，否则电动机仍有反向力矩可能会反向旋转，造成事故，如图2-33所示，这是最常用也是最简单的一种反接制动电路。

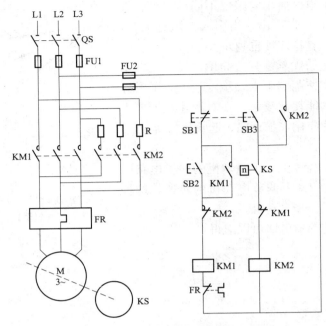

图 2-33 电动机的反接制动电路

2. 能耗制动

能耗制动是将运转的电动机脱离三相交流电源的同时，给定子绕组中的任意两个绕组加一直流电源，以产生一个静止磁场，利用转子感应电流与静止磁场的作用，产生反向电磁力矩而制动的。能耗制动时制动力矩大小与转速有关，转速越高，制动力矩越大，随转速的降低制动力矩也下降，当转速为零时，制动力矩消失。根据制动控制的原则，一般分为时间继电器控制与速度继电器控制两种形式。

（1）速度原则控制的能耗制动控制线路，如图 2-34 所示。

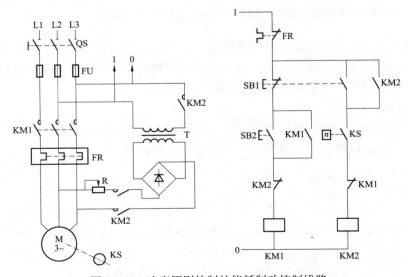

图 2-34 速度原则控制的能耗制动控制线路

图 2-34 中 KM1 为交流电源接触器、KM2 为直流电源接触器、KS 为信号继电器，T 为变压器。线路动作原理如下。

起动：

$$SB2——KM1——M^+（起动）n↑KS^+$$

$$——KM2（互锁）$$

能耗制动：

$$SB1——KM1——M^-$$

$$——KM2（解除互锁）$$

$$——KM2^+——M^+（串 R 制动）n↓KS^-——KM2——M^-（制动完毕）$$

（2）时间原则控制的能耗制动控制线路，如图 2-35 所示。

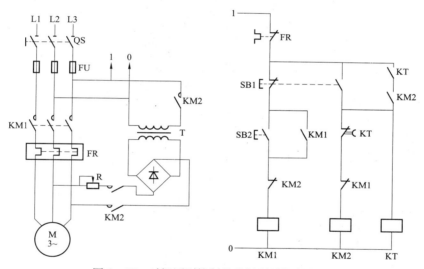

图 2-35　时间原则控制的能耗制动控制线路

图 2-35 中主电路在进行能耗制动时所需的直流电源由四个二极管组成单相桥式整流电路通过接触器 KM2 引入，交流电源与直流电源的切换是由 KM1、KM2 来完成的，制动时间由时间继电器 KT 决定。线路动作原理如下。

起动：

$$SB2——KM1^+——M^+（起动）$$

$$——KM2^-（互锁）$$

能耗制动：

$$SB1^±——KM1^-——M^-（自由停车）$$

$$——KM2^+——M^+（能耗制动）$$

$$——KT^+ \underline{\triangle t}KM2^-——M^-（制动结束）$$

能耗制动的优点是制动准确、平稳、能量消耗小，但需要整流设备。故常用于要求制动平稳、准确和起动频繁的容量较大的电动机。

3．再生回馈制动

再生回馈制动是在外加转矩的作用下，转子转速超过同步转速，电磁转矩改变方向成为制动转矩的运行状态。再生回馈制动与反接制动和能耗制动不同，再生回馈制动不能制动到停止状态。

2-12 三相异步电动机的正/反转控制是如何进行的？

答：电动机的正/反转控制电路如图2-36所示。

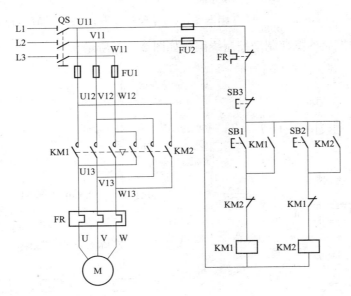

图2-36 电动机的正/反转控制电路

该电路由隔离开关 QS、KM1 正转接触器、KM2 反转接触器、SB1 正转按钮、SB2 反转按钮、SB3 停止按钮、熔断器 FU2、热继电器 FR 以及电动机 M 组成。正转接触器 KM1 的三对主触头把电动机按相序 U1、V1、W1 与电源相接；反转接触器 KM2 的三对主触头把电动机按相序 U1、W1、V1 与电源相接。因此，正转的工作原理：当按下正转起动按钮 SB1 后，电源相通过热继电器 FR 的动断接点、停止按钮 SB3 的动断接点、正转起动按钮 SB1 的动合接点、反转交流接触器 KM2 的动断辅助触头、正转交流接触器线圈 KM1，使正转接触器 KM1 带电而动作，其主触头闭合使电动机正向转动运行，并通过接触器 KM1 的动合辅助触头自保持运行。反转起动过程与上面相似，只是接触器 KM2 动作后，调换了两根电源线 U、W 相（即改变电源相序），从而达到反转目的。

何谓互锁？在一个接触器得电动作时，通过其动断辅助触头使另一个接触器不能得电动作的作用称为连锁（或互锁）。实现连锁作用的动断触头称为连锁触头（或互锁触头）。就是接触器 KM1 和 KM2 的主触头决不允许同时闭合，否则造成两相电源短路事故。为了保证一个接触器得电动作时，另一个接触器不能得电动作，以避免电源的相间短路，就在正转控制电路中串接了反转接触器 KM2 的动断辅助触头，而在反转控制电路中串接了正转接触器 KM1 的动断辅助触头。当接触器 KM1 得电动作时，串在反转控制电路中的 KM1 的动断触头分断，切断了反转控制电路，保证了 KM1 主触头闭合时，KM2 的主触头不能闭合。同样，当接触器 KM2 得电动作时，KM2 的动断触头分断，切断了正转控制电路，可靠地避免了两相电源短路事故的发生。

2-13 旋转磁场的转速与什么因素有关?

答：从电动机转速公式可以看出，旋转磁场的转速

$$n = 60f/P \tag{2-4}$$

式中　f——电源频率；

　　　P——磁场的磁极对数；

　　　n——转速，r/min。

根据此公式可知，电动机的转速与磁极数和使用电源的频率有关。一般情况下，电动机的实际转速滞后旋转磁场的转数，为此称三相电动机为异步电动机。

2-14 三相异步电动机有哪些类型?

答：（1）按三相异步电动机的转子结构形式分类，可分为笼型电动机和绕线转子电动机。

（2）按三相异步电动机的防护型式分类，可分为开启式（IP11）三相异步电动机、防护式三相异步电动机（IP22 及 IP23）、封闭式三相异步电动机（IP44）、防爆式三相异步电动机。

（3）按三相异步电动机的通风冷却方式，可分为自冷式三相异步电动机、自扇冷式三相异步电动机、他扇冷式三相异步电动机、管道通风式三相异步电动机。

（4）按三相异步电动机的安装结构形式，可分为卧式三相异步电动机、立式三相异步电动机、带底脚三相异步电动机、带凸缘三相异步电动机。

（5）按三相异步电动机的绝缘等级，可分为 Y 级、A 级、E 级、B 级、F 级、H 级、C 级三相异步电动机。

（6）按工作定额，可分为连续三相异步电动机、断续三相异步电动机、间歇三相异步电动机。

（7）按电动机尺寸大小分类，大型电动机：定子铁心外径 $D > 1000$mm 或机座中心高 $H > 630$mm；中型电动机：$D = 500 \sim 1000$mm 或 $H = 355 \sim 630$mm；大型电动机：$D = 120 \sim 500$mm 或 $H = 80 \sim 315$mm。

（8）按电动机运行工作制分类，有 S1；连续工作制；S2：短时工作制；S3～S8：周期性工作制。

2-15 常见的三相异步电动机的型号是怎样表示的? 其结构特点和应用场合是什么?

答：常见的三相异步电动机的产品型号、结构特点及应用场合见表 2-3。

表 2-3   **常用的三相异步电动机产品型号、结构特点及应用场合**

序号	名称	型号	机座号与功率范围	结构特点	应用场合
1	小型三相异步电动机（封闭式）	Y（IP44）（新型号） JO2（老型号）	H 80～355 0.75～315kW	外壳为封闭式，自扇冷却可防止灰尘、水滴浸入。Y为B级绝缘，JO2为E级绝缘	作一般用途的驱动源，既可用于驱动对起动性能、调速性能及转差率无特殊要求的机器和设备；也可用于灰尘较多、水土飞溅的场所，如金属切削机床、水泵、鼓风机、运输机械等
2	小型三相异步电动机（防护式）	Y（IP23）（新型号） J2.J（老型号）	H 160～315 11～250kW	外壳为防护式，能防止直径大于12mm的杂物或水滴与垂直线成60°角进入电动机	作一般用途的驱动源，既可用于驱动对起动性能、调速性能及转差率无特殊要求的机器和设备；也可用于灰尘较多、水土飞溅的场所，如金属切削机床、水泵、鼓风机、运输机械等，但多用于周围环境较干净、防护要求较低的场所和运行时间长、负载率较高的各种机械设备
3	高效率三相异步电动机	YX（IP44）	H 100～280 1.5～90kW	同Y系列（IP44），只是改变了电磁参数；使用高导磁低损耗硅钢片，以降低损耗、提高效率	用于驱动长期连续运行、负载率较高的设备、重载起动的场合，如起重设备、卷扬机、压缩机、泵类等
4	绕线转子三相异步电动机（封闭式）	YR（IP44）	H 132～280 4～75kW	转子为绕线型，可通过转子外接电阻获得大的起动转矩及在一定范围内分级调节电动机转速。转子为绕线转子的封闭式结构，能防止灰尘及水滴大量进入电动机内部	用于驱动起动转矩高而起动电流小及需要小范围调速的设备，可用周围灰尘多、水土飞溅、环境恶劣的场所
5	绕线转子三相异步电动机（防护式）	JRO2（IP23） JR2		转子为绕线转子的防护式结构，能防止水滴从与垂直方向成60°的范围内进入电动机内部	同YR（IP44），但必须在周围环境较干净、防护较低的场合使用
6	变频多速三相异步电动机	YD（IP44）（新型号） JDO2（老型号）	H 80～280 0.55～90kW	在Y基本系列上派生，利用多套定子绕组接法来达到电动机的变速	适合于万能、组合、专用切削机床及需多级调速的传动机构

序号	名称	型号	机座号与功率范围	结构特点	应用场合
7	高转差率三相异步电动机	YH（IP44）（新型号） JHO2（老型号）	H 80～280 0.55～90kW	在 Y 系列上派生，用转子深槽及高电阻率转子导体结构，堵转转矩大，转差率大，堵转电流小，机械特性软，能承受冲击负载	用于传动飞轮力矩较大及不均匀冲击负载，如锤击机、剪切机、冲压机、锻冶机等
8	电磁调速三相异步电动机	YCT JZT	H 112～335 0.55～90kW	由 Y 系列电动机与电磁离合器组合而成。为恒转矩无级调速电动机	用于恒转速无级调速场合，尤适用于风机、水泵等负载
9	低振动、低噪声三相异步电动机	Y2C（IP44）（新型号） JJO2（老型号）	JB/DQ3185－86	同 Y 系列（IP44）	用于驱动精密机床及需要低噪声、低振动的各种机械设备
10	电磁制动三相异步电动机	YEJ	H 80～225 0.55～45kW	在 Y 系列电动机一端加直流圆盘制动器组合而成，能快速停止，正确定位	适用于频繁起动、制动的一般机械，作为起重运输机械，升降工作机械及其他要求迅速、准确停车的主传动或辅助传动用；主要用于升降机械、运输、包装、建筑、食品、木工机械等
11	增安型三相异步电动机	YA（新型号） JAO2（老型号）	H 80～280 0.55～75kW	电动机符合防爆性环境等通用要求及爆炸性环境增安型要求。 1) 爆炸混合物自然极限温度不低于450℃时功率等级与机座号对应关系同 Y 系列（IP44）。 2) 爆炸混合物自然极限温度不低于200～300℃时功率等级与机座号对应关系比 Y 系列（IP44）降低一级	适用于有爆炸危险的场合，主要用于石油、化工、化肥、制药、轻纺等企业中具有二类爆炸危险的场所中的各种机械传动
12	隔爆型三相异步电动机	Y－B（IP54 或 IP55）（新型号） BJO2（老型号）	H 80～315 0.55～220kW	在 Y 基本系列上派生，按隔爆标准规定生产；电动机必须符合有关防爆特殊技术要求，主要零部件要符合隔爆要求	用于煤矿及有可燃性气体的工厂；用于煤矿井下固定设备的一般传动，作为工厂有最大实验安全间隙不小于ⅡB级，引燃温度不低于 T4 组的可燃性气体或蒸汽与空气形成的爆炸性混合物的设备传动

序号	名称	型号	机座号与功率范围	结构特点	应用场合
13	户外型三相异步电动机	Y-W（IP54 或 IP55）（新型号） JO2-W（老型号）	H 80～315 0.55～160kW	在 Y 基本系列上派生，采取加强结构密封和材料、工艺防腐措施	用于户外轻腐蚀环境的各种机械传动
14	防护型三相异步电动机	Y-F（新型号） JO2-F（老型号）			Y-F 用于有化学腐蚀介质的机械
15	户外防腐型三相异步电动机	Y-WF（新型号） JO2-WF（老型号）			Y-WF 用于户外有化学腐蚀的各种机械，用于石油、化工、化肥、制药、印染等企业用水泵、油泵、鼓风机、排风扇等机械设备上
16	船用三相异步电动机	Y-H（新型号） JO2-H（老型号）	H 80～315 0.55～220kW	在 Y 基本系列上派生，按船上使用特点制造	用于海洋、江河船舶上的各种机械，如泵、通风机、分离器、液压机械等
17	起重冶金用三相异步电动机	YZ YZR（新型号） JZ2 JZR2（老型号）	YZ 系列：H112～250，1.5～30kW；YZR 系列：H225～400；1.5～200kW	YZ 为笼型转子；YZR 为绕线转子，环境温度为 40℃ 时用 F 级绝缘，为 60℃ 时用 H 级绝缘，同步转速有 1000、750、600r/min 三种，工作制为 S3～S5	用于各种起重机械及冶金辅助设备的电力传动上
18	换向器三相异步电动机	JZS2 JZS	H 225～475 3/1～160/53.3kW	为恒转矩交流调速电动机，调速比通常为 3∶1。本系列电动机效率、功率因数较大，无级调速	用于印染、印刷、造纸、橡胶、制糖、制塑机械及试验设备机械中
19	力矩三相异步电动机	YLJ JLJ	H 63～180 输出转矩：IP21 2～200N·m IP44 0.3～25N·m	YLJ 系列电动机的机械特性是通过增加转子电阻来实现的。其中，IP44 防护结构加装离心鼓风机进行强迫通风	用于要求恒张力、恒线速度传动（卷绕特性）或恒转矩传动（导辊特性）的场合。主要用于造纸、电线电缆、印染、橡胶等部门作卷绕、开卷、堵转和调速等设备的动力

序号	名称	型号	机座号与功率范围	结构特点	应用场合
20	电梯用三相异步电动机	YTD JTD	H 200～250 0.67～22kW	笼型转子,定子绕组有两套,分别为6极和24极	用于交流客、货电梯及其他升降机械
21	激振三相异步电动机	YZ0（新型号） YJZ（老型号）	激振力各为 YJZ 1～100kN YZ0 1～100kN	通过安装在转轴两侧的偏心块在旋转时产生离心力做激振源	用于各类振动机械
22	夯实三相异步电动机	YZH	H 145～155 2.2～4kW	与可逆式电动振动实现夯实机配套使用	用于建筑行业及其他夯实作业上
23	辊道用三相异步电动机	YG（新型号） JG2（老型号）	H 112～225 堵转转矩: 16～800N·m	为IP54防护,采用H级绝缘	用于冶金工业的工作辊道驱动
24	制冷用耐氟里昂三相异步电动机	YSR（三相） YLRB（单相）	0.6～180kW	电动机绝缘材料及绝缘结构能保证在制冷机和冷冻机的混合物中安全、可靠地使用	供全封闭和半封闭制冷压缩机特殊配套用
25	交流变频调速三相异步电动机	YTP YVP	0.55～4.5kW 0.75～90kW	笼型转子带轴流风机低速时能输出恒转矩,调速效果好,节能效果明显	用于恒转矩调速和驱动风机、水泵等递减转矩场合
26	船用起重三相异步电动机	YZ-H	分单速、双速、三速等	机壳由钢板焊成,采用ZYZ型直流圆盘式电磁制动器	用于各类船舶作短时定额的甲板机械电力拖动,如锚机、绞盘机、绞车等
27	井用潜水三相异步电动机	YQS2（新型号） JQS（老型号）	进径 150～300mm, 3～185kW	充水式密封结构,即定子、转子、绕组、轴承均在水中长期工作。上、下端各装有水润滑径向滑动轴承,下端还装有水润滑止推轴承,以承受轴间力及防止轴向窜动。电动机各上口接合面以O形密封圈或密封胶密封。轴伸端装有防砂密封装置,与潜水泵组合,立式运行,电动机外径尺寸小,细长	与井用潜水泵配套组成井用潜水电泵,是农业灌溉、工矿企业供水和高原山区抽取地下水的先进动力设备;专用于驱动井下水泵,可潜入井下水中工作,汲取地下水

序号	名称	型号	机座号与功率范围	结构特点	应用场合
28	电动阀门用三相异步电动机	YDF（IP44）	JB 2195—2011	同 Y 系列（IP44）	用作驱动电动阀门、要求高起动转矩和最大转矩的场合
29	齿轮减速三相异步电动机	YCJ JTC	JB/T 6449—2010	由 Y 系列（IP44）电动机与齿轮减速器直接耦合而成	用作驱动低速、大转矩的设备，并只准使用联轴器或正齿轮联结
30	摆线针轮减速三相异步电动机	YXJ JXJ	JB 2982—1994（减速器标准）	由 Y 系列（IP44）电动机与摆线针轮减速机组合而成	
31	立式深井泵用三相异步电动机	YLB（IP44） JLB2/DM/JTM	JB/DQ3203—1986	在电动机一端装有单列向心推力轴承，能承受一定的轴向力；转子轴为空心轴；在电动机另一端装有防逆盘以防电动机逆向旋转	驱动立式深井泵
32	化工防腐蚀型三相异步电动机	Y－F（IP54 或 IP55）（新型号）		同 Y－W 系列	用于经常或不定期在一种或一种以上化学腐蚀性质环境中的各种机械传动
		J02－F（老型号）			

2－16 三相异步电动机接线盒内是怎样接线的？如何判别首尾端？

答：三相异步电动机内部三相绕组的 6 条引出线，首、尾必须要分清，否则在接线盒内无法正确接线。按规定 6 条引出线的首、尾分别用 U1、V1、W1、U2、V2、W2 标注标号（旧标号为 D1、D4、D2、D5、D3、D6）。其中，U1、U2 表示第一相绕组的首、尾端；V1、V2 表示第二相绕组的首、尾端；W1、W2 表示第三相绕组的首、尾端。不同字母表示不同相别，相同数字表示同为首或尾。检修电动机或者进行接线时，如果 6 条引线上标号完整，只有接线盒内接线板损坏，可按电动机铭牌上规定的接法更换接线板，正确接线即可。

电动机接线方法分为星形（Y）、三角形（△）两种连接方法，如图 2－37 所示。如果 6 条引线上的标号已被破坏或重绕电动机绕组后，就必须先确定 6 条引线的首、尾端进行标号，然后再按规定接到接线板上。

绕组头、尾确定的方法如下：

用万用表电阻挡测量确定每相绕组的两个线端，电阻值近似为零时，两表笔所接为一相绕组的两个端，依次分清三个绕组各自的首尾的两端。

1. 万用表法 1

（1）万用表置毫安（mA）挡，按图 2－38 接线。假设一端接线为头（U1、V1、W1），另一端接线为尾（U2、V2、W2）。

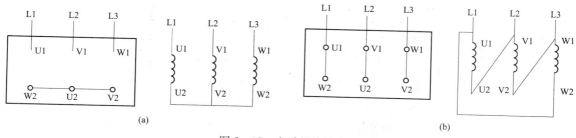

图 2-37　电动机接线方式

（a）星形；（b）三角形

（2）用手转动转子，如万用表指针不动，表明假设正确。如万用表指针摆动，表明假设错误，应对调其中一相绕组头、尾端后重试，直至万用表不摆动时，即可将连在一起的 3 个线头确定为头或尾。

2. 万用表法 2

（1）万用表置毫安（mA）挡，按图 2-39 接线。

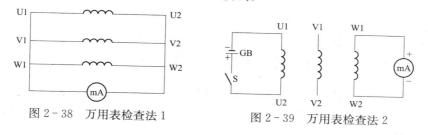

图 2-38　万用表检查法 1　　　　　图 2-39　万用表检查法 2

（2）闭合开关 S，瞬间万用表向右摆动则电池正极所接线头与万用表负表笔所接线头同为头或尾。如指针向左反摆，则电池正极所接线头与万用表正表笔所接线头同为头或尾。

（3）将电池（或万用表）改接到第三相绕组的两个线头上重复以上试验，确定第三相绕组的首、尾，以此确定三相绕组各自的头和尾。

3. 灯泡检查法 1

（1）准备一台 220/36V 降压变压器并按图 2-40 接线（小容量电动机可直接接 220V 交流电源）。

（2）闭合开关 S，如灯泡亮，表明两相绕组为头-尾串联，用在灯泡上的电压是两相绕组感应电动势的相量和。如灯泡不亮，表明两相绕组为尾-尾或首-首串联，作用在灯泡上的电压是两相绕组感应电动势的相量差。

（3）将检查确定的线头做好标记，将其中一相与接 36V 电源一相对调重试，以此确定三相绕组所有首、尾端。

4. 灯泡检查法 2

（1）按图 2-41 接线。

（2）闭合开关 S，如 36V 灯泡亮，表示接 220V 电源两相绕组为首-尾串联。如灯泡不亮，表示两相绕组为首-首或尾-尾串联。

（3）将检查确定的线头做好标记，将其中一相与接灯泡一相对调重试，以此确定三相绕组所有首-尾端。

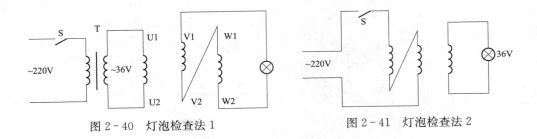

图 2-40　灯泡检查法 1　　　　　　　图 2-41　灯泡检查法 2

2-17　三相异步电动机有哪些性能指标？

答： 异步电动机的性能指标共有五个：

（1）额定效率：η_N。

（2）额定功率因数：$\cos\varphi_N$。

（3）最大转矩倍数：$T_{\max}/T_N$。

（4）起动电流倍数：I_{st}/I_N。

（5）起动转矩倍数：T_{st}/T_N。

2-18　异步电动机的工作特性是什么？请说明。

答： 异步电动机的工作特性是指定子电压及频率为额定时，转速 n、定子电流 I_1、功率因数 $\cos\varphi_1$、电磁转矩 T_{em}、效率 η 等与输出功率 P_2 的关系曲线，如图 2-42 所示。

一、转速特性 $n=f(P_2)$

空载时，转速 n 接近于 n_1。随负载增加，n 略微降低，此时转子电动势 $E_{2s}=sE_2$ 增大，使转子电流 I_{2s} 增大，以产生较大的电磁转矩来平衡负载转矩。即 P_2 增加，n 下降，s 增大。转速特性是一条硬特性，如图 2-43 所示。

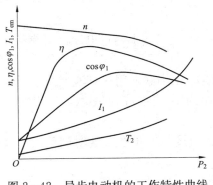

图 2-42　异步电动机的工作特性曲线

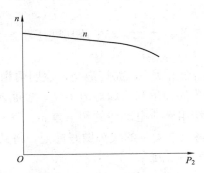

图 2-43　异步电动机的转速特性

二、转矩特性 $T_{em}=f(P_2)$

空载时 $P_2=0$，电磁转矩 T_{em} 等于空载转矩 T_0。随着 P_2 的增加，已知 $T_2=\dfrac{9.55P_2}{n}$，如 n 基本不变，则 T_2 为过原点的直线。考虑到 P_2 增加时，n 稍有降低，故 $T_2=f(P_2)$

随着 P_2 增加略向上偏离直线。在 $T_{em}=T_0+T_2$ 式中。T_0 很小，且为常数。所以 $T_{em}=f(P_2)$ 将比平行上移 T_0 数值，如图 2-44 所示。

三、定子电流特性 $I_1=f(P_2)$

空载时，转子电流近似为零，定子电流等于励磁电流 I_0。随着负载的增加，转速下降（s 增大），转子电流增大，定子电流也增大。当 $P_2>P_N$ 时，由于此时 $\cos\varphi_2$ 降低，I_1 增长更快些，如图 2-45 所示。

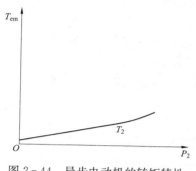

图 2-44 异步电动机的转矩特性

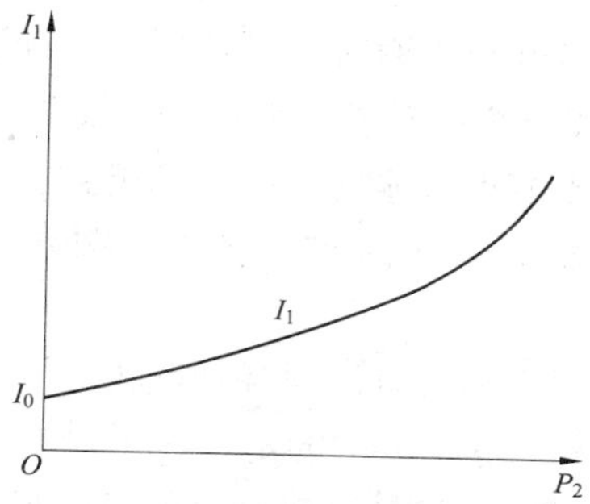

图 2-45 异步电动机的定子电流特性

四、功率因数特性 $\cos\varphi_1=f(P_2)$

功率因数总是滞后的。空载时，只有励磁电流，功率因数很低。负载电流（有功）增加时，功率因数提高。接近额定负载时，功率因数达到最高。过载时，n 降低多，s 增大，使 φ_2 增大，$\cos\varphi_2$ 下降多，引起 $\cos\varphi_1$ 下降，如图 2-46 所示。

五、效率特性 $\eta=f(P_2)$

根据公式 $\eta=\dfrac{P_2}{P_1}=1-\dfrac{\sum p}{P_2+\sum p}$，空载时损耗占比例大，效率低；随着 P_2 的增加，η 增加，当负载过大，铜损增加快，使效率下降，如图 2-47 所示。效率、功率因数都是在额定负载附近达到最高，合理选用电动机容量，寿命、功率因数和效率都有很实际的意义。

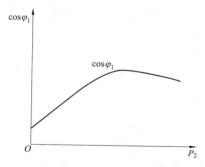
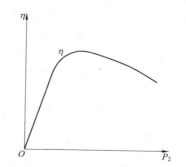

图 2-46 异步电动机的功率因数特性

图 2-47 异步电动机的效率特性

2-19　如何计算三相异步电动机的相、线电流及相、线电压？

答：相电流就是直接流过每一相的电流，如果星接，相电流等于线电流，角接线电流等于 1.732 相电流。相电压就是直接加在每一相的电压，如果星接，线电压等于 1.732 相电压，角接线电压等于相电压。

三角形接法时，1.732 相电流等于线电流；星形接法就是相电流等于线电流。

2-20　三相异步电动机有哪些功率概念？

答：(1)三相异步电动机的有功功率是电动机输入的电功率，它不同于视在功率，是交流电压电流的相交差造成的，或者说是电动机中的储能元件电感造成的。

三相异步电动机输入（有功）功率计算公式：$P_1 = 1.732 U_N I_N \cos\varphi$

(2)三相异步电动机的额定功率是电动机运行在额定点输出的机械功率。

三相异步电动机输出功率计算公式：$P_2 = 1.732 U_N I_N \cos\varphi\eta$

(3)电动机运行时因线圈发热、轴承摩擦、铁损等损耗为电动机损耗，也称电动机的无功功率。

将额定功率和所有的损耗加起来，就为电动机从电网中吸收的有功功率。

(4)效率是电动机中的定、转子铜损、铁损和机械损耗造成的，概念完全不同。无功功率没有功率损耗，只是有能量以磁场的形式储存在储能元件中，没有传递到机械功率输出，而效率的损耗全部转化成了热能，会使电动机产生温升。

(5)电动机的温升：电动机允许温升＝绕组允许温度－规定的环境温度，实际中要留出 5℃的温升裕度。

2-21　什么是电动机的效率？

答：电动机的效率：电动机内部功率损耗的大小是用效率来衡量的，输出功率与输入功率的比值称为电动机的效率，其代表符号常用百分数表示，即（输入功率/输出功率）×100％。

2-22　什么是电动机的功率因数？其大小有什么意义？

答：在交流电路中，电压与电流之间相位差（φ）的余弦称为功率因数，用符号 $\cos\varphi$ 表示，在数值上，功率因数是有功功率和视在功率的比值，即 $\cos\varphi = P/S$。

功率因数的大小与电路的负载性质有关，如白炽灯泡、电阻炉等电阻负荷的功率因数为 1，一般具有电感或电容性负载的电路功率因数都小于 1。功率因数是电力系统的一个重要的技术数据。功率因数是衡量电气设备效率高低的一个系数。功率因数低，说明电路用于交变磁场转换的无功功率大，从而降低了设备的利用率，增加了线路供电损失。

2-23　什么是电动机的空载电流？

答：空载电流：电动机转子在不带任何负载时的电动机电流。

2-24　什么是异步电动机的起动电流？起动电流过大，对电网和电动机有什么影响？

答：当电动机转速为零时，加上额定电压而起动瞬间的线电流，称为起动电流。异步电动机起动时，其起动电流很大，可达额定电流的 5～7 倍，是影响异步电动机起动性能的主要因素。

三相交流异步电动机在各行业中应用非常广泛，由于起动电流过大，会对电网和机械传动设备造成冲击，受电网容量的限制和保护其他用电设备正常工作的需要，应当在电动机起动过程中采取必要的措施控制其起动过程。

当电动机静止时，转子与定子磁场间的相对转速最大，转子内的感应电动势最大，所以起动电流很大，通常会有额定电流的5～7倍。在电动机功率较大的情况下，直接起动电动机会引起一系列的问题：

（1）对电网的冲击。过大的起动电流流过电网，会产生较大的线路压降，影响其他用电设备的正常工作。

（2）对电动机本体结构的冲击。由于电动机中的电磁力矩与电流的平方成正比，电动机直接起动时，过大的起动电流，就会在绕组和绕组间、绕组和铁心间产生比额定工况时大49～64倍的电动力，这种力和电热效应会影响电动机的寿命。

（3）对机械传动装置的冲击。电动机直接起动产生的过大转矩，使被拖动的机械设备产生巨大的应力，造成传动齿轮损伤，皮带撕裂等故障。

2-25　什么是电动机的起动转矩？起动转矩的大小与哪些因素有关？

答： 当给处于停止状态下的异步电动机加上电压时的瞬间，异步电动机产生的转矩称为起动转矩。通常起动转矩为额定转矩的125%以上。与之对应的电流称为起动电流，通常该电流为额定电流的5～7倍。

2-26　什么是电动机的最大转矩？它对电动机的性能有什么影响？

答： 最大转矩是交流电动机的重要性能之一。是在额定条件下运行时，增加负载而不至于使电动机突然停下时电动机所能产生的最大转动力矩。对其要求视不同的运行情况而定，一般最小值为额定转矩的1.6～2.5倍，有特殊要求时，可设计成2.8～3.0倍。

2-27　如何选择异步电动机的类型？

答： 在选择电动机的类型时应优先考虑使用三相交流电动机，因为三相交流电动机较其他类型电动机具有更多的优点。具体选择电动机的类型时，还应仔细考虑以下两种情况。

一、不需调速的负载机械

对于不需要进行调速的负载机械设备，包括连续、短时、周期工作等工作制的机械设备，应尽可能采用交流异步电动机；若负载平稳且对起动与制动无特殊要求的连续运行的机械，宜优先选用普通笼型异步电动机。如果电动机的功率较大且为了提高电源的功率因数，可采用三相同步电动机；若单纯因起动困难的负载机械在经起动能力检验证实后，可采用高堵转转矩的双笼型和深槽笼型异步电动机。如果按起动能力检验不能通过或起动时电源线路电压降过大，就可采用绕线转子异步电动机；带周期性变化负载的机械要求有较大的起动和制动转矩时，对大中功率负载而言应选用绕线转子异步电动机，对于小功率负载可采用高转差率异步电动机；若某些周期性工作制机械，采用交流电动机后在温升、起动、制动特性等方面不能满足需要，或其拖动系统的过渡过程有特殊要求的生产机械，适宜采用直流电动机。

二、需要调速的机械

需要调速的机械应视调速范围和要求速度调节的连续、平滑程度来选择电动机。对于只要求几种转速的小功率负载机械，可采用变极调速的多速（双速、三速、四速）笼型异步电动机；对调速平滑程度要求不高并且调速比不大的负载机械，宜采用绕线转子电动机或电磁调速电动机；若调速范围在 1∶3 以上且需连续稳定平滑调速的负载机械，宜采用直流电动机或变频调速电动机。当需要起动转矩大和机械特性硬度低的生产机械，宜选用直流串励电动机；某些要求调整比不大（1∶2 左右）的大功率负载机械，也可采用带有串极调速装置的绕线转子异步电动机，这样还可使部分电能回馈电网而得以提高其运行的经济指标。

2–28　如何选择电动机的额定功率？

答： 电动机额定功率的选择原则：所选额定功率要能满足生产机械在拖动的各个环节（起动、调速、制动等）对功率和转矩的要求，并在此基础上使电动机得到充分利用。额定功率选择的方法：根据生产机械工作时负载（转矩、功率、电流）大、小变化特点，预选电动机的额定功率，再根据所选电动机额定功率校验过载能力和起动能力。电动机额定功率大小是根据电动机工作发热时其温升不超过绝缘材料的允许温升来确定的，其温升变化规律是与工作特点有关的，同一台电动机在不同工作状态时的额定功率大小也是不相同的。

2–29　如何选择电动机的机械特性？

答：（1）在等速转动时，电动机的转矩必须和阻转矩相平衡。

（2）当负载转矩后增大时，最初瞬间电动机的转矩 T 应大于负载转矩 T_2。

（3）一般三相异步电动机的过载系数是 1.8～2.2。

（4）电动机刚起动时 $n=0$，$s=1$。

2–30　如何选择电动机的额定转速？

答： 电动机额定转速的选择：对于电动机本身来说，额定功率相同的电动机，额定转速越高，体积就越小，造价就越低，效率也会越高，转速较高的异步电动机的功率因数也较高。所以，选用额定转速较高的电动机，从电动机的角度来看是合理的，但是，如果生产机械要求的转速较低，那么选用转速较高的电动机时，就需要增加一套传动比较高、体积较大的减速调速传动装置，这就会造成生产成本的增加。因此，在选择电动机的额定转速时，应综合考虑电动机和生产机械两方面的因素：

（1）对不需要调速的高、中速生产机械（如泵、鼓风机等），可选择相应的额定转速的电动机，从而可以省去减速传动机构。

（2）对不需要调速的低速生产机械（如球磨机、粉碎机等），可选用相应低速的电动机或者传动比较小的减速机构。

（3）对于经常起动、制动、反转的生产机械，选择额定转速时应考虑缩短起动、制动时间以提高生产效率。起动、制动时间的长短主要取决于电动机的飞轮距和额定转速，应选择较小的飞轮距和额定转速。

（4）对于调速性能要求不高的生产机械，可选用多速电动机或者选择额定转速稍高于生产机械的电动机，并配以减速机构，也可以采用电气调速的电动机拖动系统，在可能的情况下，应优先选用电气调速方案。

（5）对于调速性能要求较高的生产机械，应使电动机的最高转速与生产机械的最高转速相适应，要直接采用电气调速。

2−31　新安装、长期未使用的或维修完毕重新投入运行前的电动机应做哪些检查？

答：（1）根据电动机铭牌上的电压，检查电源电压是否相符。

（2）根据电动机铭牌上的接法（星形或三角形），检查接线是否正确。如果电动机绕组的首、末端已弄混，应检查、判断明确。

（3）检查电动机内部有无杂物，用干燥、清洁的 $2\sim3kg/cm^2$ 的压缩空气吹净内部（可使用吹风机或手风箱等来吹）。

（4）检查电动机和起动设备的绝缘电阻。用 500V 绝缘电阻表测定检查，其绝缘电阻不得小于 $0.5M\Omega$，若小于此值，应进行烘干或维修处理。

（5）检查电动机外壳的接地或接零保护是否可靠和符合要求。

（6）检查电动机各螺栓是否拧紧，轴承是否缺油（长期不用的电动机），转轴是否灵活。

（7）检查传动装置是否符合要求。皮带松紧是否适度，连接是否紧固。联轴器的螺栓和销子是否紧固。

（8）检查起动设备是否完好，接线是否正确，规格是否符合电动机的要求。

2−32　电动机起动前应进行哪些准备和检查？

答：（1）检查电动机及起动设备接地是否可靠和完整，接线是否正确与良好。

（2）检查电动机铭牌所示电压、频率与电源电压、频率是否相符。

（3）新安装或长期停用的电动机起动前应检查绕组相对相、相对地绝缘电阻。绝缘电阻应大于 $0.5M\Omega$，如果低于此值，需将绕组烘干。

（4）对绕线转子电动机应检查其集电环上的电刷装置是否能正常工作，电刷压力是否符合要求。

（5）检查电动机转动是否灵活，滑动轴承内的油是否达到规定油位。

（6）检查控制电动机运行的电气系统所用熔断器的额定电流是否符合要求。

（7）检查电动机各紧固螺栓及安装螺栓是否拧紧。

上述各项检查全部达到要求后，可起动电动机。电动机起动后，空载运行 30min 左右，注意观察电动机是否有异常现象，如发现噪声、振动、发热等不正常情况，应采取措施，待情况消除后，才能投入运行。

起动绕线转子电动机时，应将起动变阻器接入转子电路中。对有电刷提升机构的电动机，应放下电刷，并断开短路装置，合上定子电路开关，扳动变阻器。当电动机接近额定转速时，提起电刷，合上短路装置，完成电动机的起动。

2−33　电动机起动时的注意事项有哪些？

答：起动时应注意：

（1）接通电源后，如果电动机不转，应立即切断电源，绝不能迟疑等待，更不能带电检查电动机故障，否则会烧毁电动机或发生危险。

（2）起动时应注意观察电动机、传动装置、负载机械的工作情况，以及线路上的电流表和电压表的指示，若有异常现象，应立即断电检查，待故障排除后，再重新起动。

（3）利用手动补偿器或手动星—三角形起动器起动电动机时，特别要注意操作顺序。一定要先将手柄推到起动位置，待电动机转速稳定后再拉到运转位置，防止误操作造成设备和人身事故。

（4）同一线路上的电动机不应同时起动，一般应由大到小逐台起动以免多台电动机同时起动，线路上电流太大，电压降低过多，造成电动机起动困难，引起线路故障或使电网压力过大，造成开关设备跳闸。

（5）起动时，若电动机的旋转方向反了，应立即切断电源，将三相电源线中的任意两相互换一下位置，即可改变电动机的转向。

2-34　三相异步电动机对起动有什么要求？

答：三相异步电动机有起动电流大的弱点。一般起动电流为额定电流的5～7倍。这对电动机本身和电网电流都是不利的。另一方面，起动电流虽大，但起动转矩并不大。

根据异步电动机有上述起动电流大而起动转矩小的特点，对异步电动机的起动要求如下：

（1）起动电流要尽可能地小，以减少其影响。

（2）起动转矩应足够大，使电动机能克服所带负载的阻力转矩而迅速起动，尽量缩短起动时间。

（3）起动设备应尽可能简单、经济、操作方便。

2-35　电动机运行中需要监视的参数有哪些？

答：一、监视电动机的温度

电动机正常运行时会发热，使电动机温度升高，但不应超出允许的限度。如果电动机负载过大，使用环境温度过高，通风不畅或运行中发生故障，就会使其温度超出允许限度，导致绕组过热烧毁，因此电动机温度的高低是反映电动机运行的主要标志，在运行中应经常检查。判断电动机是否过热，可以用以下方法：

（1）凭手的感觉。如果以手接触外壳，没有烫手的感觉，说明电动机温度正常；如果手放上去，感觉烫手，说明电动机已经过热。

（2）在电动机外壳上滴2～3滴水，如果只冒热气没有声音，则说明电动机没有过热，如果水滴急剧汽化同时伴有"咝咝"声，说明电动机已经过热。

（3）判别电动机是否过热的准确方法还是用温度计测量。发现电动机过热应该立即停车检查，等查明原因，排除故障后再使用。

二、监视电动机的电流

一般容量较大的电动机应装设电流表，随时对其电流进行监视。若电流大小或三相电流不平衡超过了允许值，应立即停车检查。容量较小的电动机一般不装电流表，但也经常用钳形电流表测量。

三、监视电动机的电压

电动机的电源上最好装设一块电压表和转换开关，以便对其三相电源电压进行监视。电动机的电源电压过高、过低或三相电压不平衡，特别是三相电源缺相，都会带来不良后果。

如发现这种情况应立即停车，待查明原因，排除故障后再使用。

四、注意电动机的振动、响声和气味

电动机正常运行时，应平稳、轻快、无异常气味和响声。若发生剧烈振动，噪声和焦臭气味，应停车进行检查修理。

五、注意传动装置的检查

电动机运行时要随时注意查看皮带轮或联轴器有无松动，传动皮带是否有过紧、过松的现象等，如果有，应停车上紧皮带或进行皮带调整。

六、注意轴承的工作情况

电动机运行中应注意轴承声响和发热情况。若轴承声音不正常或过热，应检查润滑情况是否良好和有无磨损。

七、注意交流电动机的集电环或直流电动机的换向器火花

电动机运行中，电刷与换向器或集电环之间难免出现火花。如果所发生的火花大于某一规定限度，尤其是出现放电性的红色电弧火花时，将产生破坏作用，必须及时加以纠正。

2－36　如何对电动机进行定期检查和保养？

答：为了保证电动机正常工作，除了运行过程中注意监视和维护外，还应进行定期检查和保养，主要检查和保养项目如下：

（1）及时清除电动机机座外部的灰尘、油泥，如使用环境灰尘较多，最好每天清扫一次。

（2）经常检查接线板螺栓是否松动或烧伤。

（3）定期测量电动机的绝缘电阻，若使用环境比较潮湿更应经常测量。

（4）定期用煤油清洗轴承并更换新油（一般半年更换一次），换油时不应上满，一般占油腔的 $1/3\sim1/2$，否则，容易发热或甩出，油要从一面加入，可以把没有清洗干净的杂质从另一面挤出来。

（5）定期检查起动设备，看触头和接线有无烧伤、氧化，接触是否良好等。

（6）绝缘情况的检查。绝缘材料的绝缘能力因干燥程度不同而异，所以保持电动机绕组的干燥是非常重要的。电动机工作环境潮湿、工作间有腐蚀性气体等因素的存在，都会破坏电动机的绝缘。最常见的是绕组接地故障即绝缘损坏，使带电部分与机壳等不应带电的金属部分发生相碰，发生这种故障，不仅影响电动机的正常工作，还会危及人身安全，所以电动机在使用中，应经常检查绝缘电阻，还要注意查看电动机机壳接地是否可靠。

（7）除了按上述几项内容对电动机定期维护外，运行一年后要大修一次。大修的目的在于，对电动机进行一次彻底、全面的检查、维护，增补电动机缺少、磨损的元件，彻底清除电动机内外灰尘、污物，检查绝缘情况，清洗轴承并检查其磨损情况。

2－37　三相电压不平衡对电动机的运行有何危害？

答：三相不平衡，是指在电力系统中三相电流（或电压）幅值不一致，且幅值差超过规定范围。

（1）增加线路的电能损耗。在三相四线制供电网络中，电流通过线路导线时，因存在阻抗必将产生电能损耗，其损耗与通过电流的平方成正比。当低压电网以三相四线制供电时，由于有单相负载存在，造成三相负载不平衡在所难免。当三相负载不平衡运行时，中性线即有电流通过。这样不但相线有损耗，而且中性线也产生损耗，从而增加了电网线路的损耗。

（2）增加配电变压器的电能损耗。配电变压器是低压电网的供电主设备，当其在三相负载不平衡工况下运行时，将会造成配电变压器损耗的增加。因为配电变压器的功率损耗是随负载的不平衡度而变化的。

（3）配电变压器输出功率减少。配电变压器设计时，其绕组结构是按负载平衡运行工况设计的，其绕组性能基本一致，各相额定容量相等。配电变压器的最大允许输出功率要受到每相额定容量的限制。假如当配电变压器处于三相负载不平衡工况下运行，负载轻的一相就有富余容量，从而使配电变压器的输出功率减少。其输出功率减少程度与三相负载的不平衡度有关。三相负载不平衡越大，配电变压器输出功率减少越多。为此，配电变压器在三相负载不平衡时运行，其输出的容量就无法达到额定值，其备用容量也相应减少，过载能力也降低。假如配电变压器在过载工况下运行，极易引发配电变压器发热，严重时甚至会造成配电变压器烧损。

（4）配电变压器产生零序电流。配电变压器在三相负载不平衡工况下运行，将产生零序电流，该电流将随三相负载不平衡的程度而变化，不平衡度越大，则零序电流也越大。运行中的配电变压器若存在零序电流，则其铁心中将产生零序磁通。（高压侧没有零序电流）这迫使零序磁通只能以油箱壁及钢构件作为通道通过，而钢构件的磁导率较低，零序电流通过钢构件时，要产生磁滞和涡流损耗，从而使配电变压器的钢构件局部温度升高发热。配电变压器的绕组绝缘因过热而加快老化，导致设备寿命降低。同时，零序电流的存在也会增加配电变压器的损耗。

（5）影响用电设备的安全运行。配电变压器是根据三相负载平衡运行工况设计的，其每相绕组的电阻、漏抗和励磁阻抗基本一致。当配电变压器在三相负载平衡时运行，其三相电流基本相等，配电变压器内部每相压降也基本相同，则配电变压器输出的三相电压也是平衡的。

假如配电变压器在三相负载不平衡时运行，其各相输出电流就不相等，其配电变压器内部三相压降就不相等，这必将导致配电变压器输出电压三相不平衡。同时，配电变压器在三相负载不平衡时运行，三相输出电流不一样，而中性线就会有电流通过。因而使中性线产生阻抗压降，从而导致中性点漂移，致使各相相电压发生变化。负载重的一相电压降低，而负载轻的一相电压升高。在电压不平衡状况下供电，容易造成电压高的一相接带的用户用电设备烧坏，而电压低的一相接带的用户用电设备则可能无法使用。所以三相负载不平衡运行时，将严重危及用电设备的安全运行。

（6）电动机效率降低。配电变压器在三相负载不平衡工况下运行，将引起输出电压三相不平衡。由于不平衡电压存在着正序、负序、零序三个电压分量，当这种不平衡的电压输入电动机后，负序电压产生旋转磁场与正序电压产生的旋转磁场相反，起到制动作用。但由于正序磁场比负序磁场要强得多，电动机仍按正序磁场方向转动。而由于负序磁场的制动作用，必将引起电动机输出功率减少，从而导致电动机效率降低。同时，电动机的温升和无功损耗，也将随三相电压的不平衡度而增大。所以电动机在三相电压不平衡状况下运行，是非常不经济和不安全的。

2-38 什么是电动机的温升？

答：某一点的温度与参考（或基准）温度之差称为温升。也可以称为某一点温度与参考温度之差。

电动机某部件与周围介质温度之差，称电机该部件的温升。

2-39 常用的检测电动机温升的方法有哪些？

答：一、温度计法

温度计法测结果反映的是绕组绝缘的局部表面温度。这个数字平均比绕组绝缘的实际最高温度即"最热点"低15℃左右。该法最简单，在中、小电动机现场中应用最广。对低电阻绕组，此法比电阻法准确。由于水银温度计在交变磁场中会因涡流损耗发热，故在交流电动机中使用无水乙醇温度计。

二、电阻法

其测量结果反映的是整个绕组铜线温度的平均值。该数比实际最高温度按不同的绝缘等级降低5～15℃。该法是测出导体的冷态及热态电阻，按有关公式算出平均温升。

三、埋置检测温度计法

试验时将铜或铂电阻温度计或热电偶埋置在绕组、铁心或其他需要测量预期温度最高的部件里。其测量结果反映出测温元件接触处的温度。大型电动机常采用此法来监视电动机的运行温度。在100～200℃范围内铜或铂电阻温度计较准确，而热电偶不常用。

2-40 电动机一般采用哪些保护措施？并详细说明。

答：常用的电动机的保护措施有短路保护、欠电压保护、失电压保护、弱磁保护、过载保护及过电流保护等。

一、短路保护

因电动机绕组和导线的绝缘损坏，控制电器及线路损坏，误操作碰线等引起线路短路故障时，用保护电器迅速切断电源的措施为短路保护。常用的短路保护电器有熔断器和自动空气开关。

二、欠电压保护

当电网电压降低时，电动机会在欠电压下运行，由于电动机载荷没有改变，因此欠电压下电动机转矩下降，定子绕组电流增加，影响电动机的正常运转甚至损坏电动机，此时用保护电器切断电源，为欠电压保护。

三、失电压保护

生产机械在工作时，由于某种原因而发生电网突然停电，当重新恢复供电时，保护电器要保证生产机械重新起动后才能运转，不致造成人身和设备事故，这种保护为失电压（零压）保护。

四、弱磁保护

用保护电器保证直流电动机在一定强度的磁场下工作，不致造成磁场减弱或消失，避免使电动机转速迅速升高，甚至发生"飞车"现象，这种保护为弱磁保护。在直流电动机励磁回路中，串入弱磁继电器（即欠电流继电器）可实现弱磁保护。欠电流继电器工作原理：在直流电动机起动、运行过程中，当励磁电流值达到欠电流继电器的动作值时，继电器就吸合，使串接在控制电路中的动合触头闭合，允许电动机起动或维持正常运转；但当励磁电流减小很多或消失时，欠电流继电器就释放，其动合触头断开，切断控制电路，接触器线圈失电，电动机断电停转。

五、过载保护

当电动机负载过大，起动操作频繁或缺相运行时，会使电动机的工作电流长时间超过其额定电流，导致电动机寿命缩短或损坏。当电动机过载时，用保护电器切断电源的措施为过载保护。

六、过电流保护

用保护电器限制电动机的起动电流或制动电流，使电动机在安全电流值下运行，不致造成电动机或机械设备损坏，这种保护为过电流保护。

容易产生过电流的情况：在直流电动机的电枢绕组和三相交流绕线转子异步电动机的转子绕组中串入附加电阻，以限制电动机的起动或制动电流；如果在起动或制动时，附加电阻被短接，则会造成很大的起动电流或制动电流，在这种情况下，容易出现过电流。

实施过电流保护的方法：将电磁式过电流继电器的线圈串接在主电路中，其动断触头串接在控制电路中；当电动机的过电流值达到过电流继电器的动作值时，其动断触头断开控制电路，使电动机脱离电源停转，从而实现了过电流保护。

过载保护与过电流保护的区别：过载保护由热继电器实现，有热惯性，当电动机过载一定时间后才动作，多用于三相交流异步电动机的保护；过电流保护由电磁式过电流继电器实现，动作灵敏，一旦出现过电流能立即动作，切断电源，多用于直流电动机和三相交流绕线转子异步电动机的保护。

2-41 电动机小修内容及周期是怎样规定的？

答： 小修周期一般为 0.5～1 年。其检修项目有：

（1）清除电动机内部和外部的尘垢。

（2）检查轴承、清洗轴承和换油或补充轴承油。

（3）检查、清理集电环，更换局部电刷和弹簧，并进行调整。

（4）检查电动机接地线连接及安装情况，紧固所有的连接螺钉。

（5）检查处理绕组局部的绝缘故障，进行线圈绑扎加固和包扎引线绝缘等工作。

（6）测量电动机定、转子和起动设备的绝缘电阻。

（7）处理松动的槽楔和齿端板；调整风扇、风罩等。

（8）检查与清扫高、低压电动机的电气设备和附属设备。

2-42 电动机大修内容及周期是怎样规定的？

答： 大修周期一般为 2 年左右。其检修项目有：

（1）包括全部小修项目内容。

（2）对电动机进行清洗干燥处理和更换局部烧损线圈。

（3）对损坏的轴承、电刷和弹簧进行更换及调整刷压。

（4）更换成磁性槽楔，补强绕组端部绝缘。

（5）更换转子绑箍，处理和加固松动的零部件。

（6）对集电环进行修理，对铜环进行车削、磨削等机械加工。

（7）检测定、转子空气间隙是否均匀。

（8）对转子进行动平衡试验，以及其他分析试验。

2-43　电动机的工作制的分类有哪些？

答：S1：连续工作制，在恒定负载下的运行时间足以达到热稳定。

S2：短时工作制，在恒定负载下按给定的时间运行，该时间不足以达到热稳定，随之即能停转足够时间，使电动机再度冷却到与冷却介质温度之差在 2000℃以内。

S3：断续周期工作制，按一系列相同的工作周期运行，每一周期包括一段恒定负载运行时间和一段断能停转时间。这种工作制中的每一周期的起动电流不致对温升产生显著影响。

S4：包括起动的断续周期工作制，按一系列相同的工作周期运行，每一周期包括一段对温升有显著影响的起动时间、一段恒定负载运行时间和一段断能停转时间。

S5：包括电制动的断续周期工作制，按一系列相同的工作周期运行，每一周期包括一段起动时间、一段恒定负载运行时间、一段快速电制动时间和一段断能停转时间。

S6：连续周期工作制，按一系列相同的工作周期运行，每一周期包括一段恒定负载运行时间和一段空载运行时间，但无断能停转时间。

S7：包括电制动的连续周期工作制，按一系列相同的工作周期运行，每一周期包括一段起动时间、一段恒定负载运行时间和一段快速电制动时间，但无断能停转时间。

S8：包括变速变负载的连续周期工作制，按一系列相同的工作周期运行，每一周期包括一段在预定转速下恒定负载运行时间和一段或几段在不同转速下的其他恒定负载的运行时间，但无断能停转时间。

S9：负载和转速非周期性变化工作制，负载和转速在允许的范围内变化的非周期工作制。这种工作制包括经常过载，其值可远远超过满载。

2-44　三相异步电动机有哪些常见故障？

答：三相异步电动机应用广泛，在各种场合担负着非常重要的角色，由于电压高，电流大，经常会发生各种故障，及时判断故障原因，进行相应处理，是防止故障扩大，保证设备正常运行的一项重要工作。三相异步电动机的常见故障见表 2-4。

表 2-4　　　　　　　　　　　　　三相异步电动机的常见故障

故障现象	故障原因	故障排除方法
通电后电动机不能转动，但无异响，也无异味和冒烟	1）电源未通（至少两相未通）。 2）熔丝熔断（至少两相熔断）。 3）过电流继电器电流调得过小。 4）控制设备接线错误	1）检查电源回路开关、熔丝、接线盒处是否有断点，修复。 2）检查熔丝型号、熔断原因，换新熔丝。 3）调节继电器整定值与电动机配合。 4）改正接线

续表

故障现象	故障原因	故障排除方法
通电后电动机不转，然后熔丝烧断	1) 缺一相电源，或定子绕组一相反接。 2) 定子绕组相间短路。 3) 定子绕组接地。 4) 定子绕组接线错误。 5) 熔丝截面过小。 6) 电源线短路或接地	1) 检查隔离开关是否有一相未合好，或电源回路有一相断线；消除反接故障。 2) 查出短路点，予以修复。 3) 消除接地。 4) 查出误接，予以更正。 5) 更换熔丝
通电后电动机不转有"嗡嗡"声	1) 定、转子绕组有断路（一相断线）或电源一相失电。 2) 绕组引出线始末端接错或绕组内部接反。 3) 电源回路接点松动，接触电阻大。 4) 电动机负载过大或转子卡住。 5) 电源电压过低。 6) 小型电动机装配太紧或轴承内油脂过硬。 7) 轴承卡住	1) 查明断点予以修复。 2) 检查绕组极性；判断绕组末端是否正确。 3) 紧固松动的接线螺栓，用万用表判断各接头是否假接，予以修复。 4) 减载或查出并消除机械故障。 5) 检查时看是否把规定的面接法误接为星形；是否由于电源导线过细使压降过大，予以纠正。 6) 重新装配使之灵活。 7) 更换合格油脂。 8) 修复轴承
电动机起动困难，额定负载时，电动机转速低于额定转速较多	1) 电源电压过低。 2) △接法将电动机误接为丫。 3) 笼型电动机转子开焊或断裂。 4) 定、转子局部线圈错接、接反。 5) 修复电动机绕组时增加匝数过多。 6) 电动机过载	1) 测量电源电压，设法改善。 2) 纠正接法。 3) 检查开焊和断点并修复。 4) 查出误接处，予以改正。 5) 恢复正确匝数。 6) 减轻负载
电动机空载电流不平衡，三相相差大	1) 重绕时，定子三相绕组匝数不相等。 2) 绕组首尾端接错。 3) 电源电压不平衡。 4) 绕组存在匝间短路、绕组反接等故障	1) 重新绕制定子绕组。 2) 检查并纠正。 3) 测量电源电压，设法消除不平衡。 4) 消除绕组故障
电动机空载，过负载时，电流表指针不稳，摆动	1) 笼型转子导条开焊或断条。 2) 绕线转子故障（一相断路）或电刷、集电环短路装置接触不良	1) 查出断条予以修复或更换转子。 2) 检查绕线转子回路并加以修复
电动机空载电流平衡，但数值大	1) 修复时，定子绕组匝数减少过多。 2) 电源电压过高。 3) 丫接电动机误接为△。 4) 电动机装配中，转子装反，使定子铁心未对齐，有效长度减短。 5) 气隙过大或不均匀。 6) 大修拆除旧绕组时，使用热拆法不当，使铁心烧损	1) 重绕定子绕组，恢复正确匝数。 2) 设法恢复额定电压。 3) 改接为丫。 4) 重新装配。 5) 更换新转子或调整气隙。 6) 检修铁心或重新计算绕组，适当增加匝数
电动机运行时响声不正常，有异常响动	1) 转子与定子绝缘纸或槽楔相擦。 2) 轴承磨损或油内有沙粒等异物。 3) 定、转子铁心松动。 4) 轴承缺油。 5) 风道填塞或风扇擦风罩。 6) 定、转子铁心相擦。 7) 电源电压过高或不平衡。 8) 定子绕组错接或短路	1) 修剪绝缘，削低槽楔。 2) 更换轴承或清洗轴承。 3) 检修定、转子铁心。 4) 加油。 5) 清理风道，重新安装。 6) 消除擦痕，必要时车小转子。 7) 检查并调整电源电压。 8) 消除定子绕组故障

续表

故障现象	故障原因	故障排除方法
运行中电动机振动较大	1）由于磨损轴承间隙过大。 2）气隙不均匀。 3）转子不平衡。 4）转轴弯曲。 5）铁心变形或松动。 6）联轴器（皮带轮）中心未校正。 7）风扇不平衡。 8）机壳或基础强度不够。 9）电动机固定螺栓松动。 10）笼型电动机转子开焊断路。 11）绕线转子断路。 12）加定子绕组故障	1）检修轴承，必要时更换。 2）调整气隙，使之均匀。 3）校正转子动平衡。 4）校直转轴。 5）校正重叠铁心。 6）重新校正，使之符合规定。 7）检修风扇，校正平衡，纠正其几何形状。 8）进行加固。 9）紧固螺栓。 10）修复转子绕组。 11）修复定子绕组
轴承过热	1）滑脂过多或过少。 2）油质不好含有杂质。 3）轴承与轴颈或端盖配合不当（过松或过紧）。 4）轴承内孔偏心，与轴相擦。 5）电动机端盖或轴承盖未装平。 6）电动机与负载间联轴器未校正，或皮带过紧。 7）轴承间隙过大或过小。 8）电动机轴弯曲	1）按规定加润滑脂（容积的 1/3～2/3）。 2）更换清洁的润滑滑脂。 3）过松可用粘结剂修复，过紧应车小，磨轴颈或端盖内孔，使之适合。 4）修理轴承盖，消除擦点。 5）重新装配。 6）重新校正，调整皮带张力。 7）更换新轴承。 8）校正电机轴或更换转子
电动机过热甚至冒烟	1）电源电压过高，使铁心发热大大增加。 2）电源电压过低，电动机又带额定负载运行，电流过大使绕组发热。 3）修理拆除绕组时，采用热拆法不当，烧伤铁心。 4）定转子铁心相擦。 5）电动机过载或频繁起动。 6）笼型电动机转子断条。 7）电动机缺相，两相运行。 8）重绕后定子绕组浸漆不充分。 9）环境温度高，电动机表面污垢多，或通风道堵塞。 10）电动机风扇故障，通风不良。 11）定子绕组故障（相间、匝间短路，定子绕组内部连接错误）	1）降低电源电压（如调整供电变压器分接头），若是电动机丫、△接法错误引起，则应改正接法。 2）提高电源电压或换粗供电导线。 3）检修铁心，排除故障。 4）消除擦点（调整气隙或挫、车转子）。 5）减载，按规定次数控制起动。 6）检查并消除转子绕组故障。 7）恢复三相运行。 8）采用二次浸漆及真空浸漆工艺。 9）清洗电动机，改善环境温度，采用降温措施。 10）检查并修复风扇，必要时更换；检修定子绕组，消除故障

2－45　什么是单相异步电动机？

答：单相异步电动机（single‐phase asynchronous motor）是利用单相交流电源供电的一种小容量交流电动机，是一种将电能转化为机械能的装置，功率 8～750W。

2－46　单相异步电动机的基本工作原理是怎样的？有何特点？

答：在交流电动机中，当定子绕组通过交流电流时，建立了电枢磁动势，它对电动机能量转换和运行性能都有很大的影响。所以单相交流绕组通入单相交流产生脉振磁动势，该磁动势可分解为两个幅值相等、转速相反的旋转磁动势和，从而在气隙中建立正转和反转磁场和。这两个旋转磁场切割转子导体，并分别在转子导体中产生感应电动势和感应电流。该电流与磁场相互作用产生正、反电磁转矩。正向电磁转矩企图使转子正转；反向电磁转矩企图使转子反转。这两个转矩叠加起来就是推动电动机转动的合成转矩。

单相异步电动机的主要特点有：

(1) $n=0$，$s=1$，$T=T_+=T_-=0$，说明单相异步电动机无起动转矩，如不采取其他措施，电动机不能起动。

(2) 当 $s\neq1$ 时，$T\neq0$，T 无固定方向，它取决于 s 的正、负。

(3) 由于反向转矩存在，使合成转矩也随之减小，故单相异步电动机的过载能力较低。

2-47　单相异步电动机的机构是怎样的？

答： 单相异步电动机中，专用电动机占有很大比例，它们的结构各有特点，形式繁多。但就其共性而言，电动机的结构都由固定部分（定子）、转动部分（转子）、支撑部分（端盖和轴承）三大部分组成。

具体的组成部分有机座、铁心、绕组、端盖、轴承、离心开关和起动继电器及 PTC 起动器、铭牌。

一、机座

机座结构随电动机冷却方式、防护形式、安装方式和用途而异。按其材料分类，有铸铁、铸铝和钢板结构等几种。

铸铁机座，带有散热筋。机座与端盖连接，用螺栓紧固。

铸铝机座一般不带有散热筋。

钢板结构机座，是由厚为 1.5～2.5mm 的薄钢板卷制、焊接而成，再焊上钢板冲压件的底脚。

有的专用电动机的机座相当特殊，如电冰箱的电动机，它通常与压缩机一起装在一个密封的罐子里。而洗衣机的电动机，包括甩干机的电动机，均无机座，端盖直接固定在定子铁心上。

二、铁心

铁心包括定子铁心和转子铁心，作用与三相异步电动机一样，是用来构成电动机的磁路。

三、绕组

单相异步电动机定子绕组常做成两相：一次绕组（工作绕组）和二次绕组（起动绕组）。两种绕组的中轴线错开一定的电角度。目的是为了改善起动性能和运行性能。定子绕组多采用高强度聚酯漆包线绕制。转子绕组一般采用笼型绕组，常用铝压铸而成。

四、端盖

相应于不同的机座材料、端盖也有铸铁件、铸铝件和钢板冲压件。

五、轴承

轴承有滚珠轴承和含油轴承。

六、离心开关和起动继电器及 PTC 起动器

1. 离心开关

在单相异步电动机中，除了电容运转电动机外，在起动过程中，当转子转速达到同步转

速的 70% 左右时，常借助于离心开关，切除单相电阻起动异步电动机和电容起动异步电动机的起动绕组，或切除电容起动及运转异步电动机的起动电容器。离心开关一般安装在轴伸端盖的内侧。

2. 起动继电器

有些电动机，如电冰箱电动机，由于它与压缩机组装在一起，并放在密封的罐子里，不便于安装离心开关，就用起动继电器代替。继电器的吸铁线圈串联在主绕组回路中，起动时，主绕组电流很大，衔铁动作，使串联在二次绕组回路中的动合触点闭合。于是二次绕组接通，电动机处于两相绕组运行状态。随着转子转速上升，一次绕组电流不断下降，吸引线圈的吸力下降。当到达一定的转速，电磁铁的吸力小于触点的反作用弹簧的拉力，触点被打开，二次绕组就脱离电源。

3. PTC 起动器

最新式的起动元件是 PTC，它是一种能"通"或"断"的热敏电阻。PTC 热敏电阻是一种新型的半导体元件，可用作延时型起动开关。使用时，将 PTC 元件与电容起动或电阻起动电动机的二次绕组串联。在起动初期，因 PTC 热敏电阻尚未发热，阻值很低，二次绕组处于通路状态，电动机开始起动。随着时间的推移，电动机的转速不断增加，PTC 元件的温度因本身的焦耳热而上升，当超过居里点 T_c（即电阻急剧增加的温度点），电阻剧增，二次绕组电路相当于断开，但还有一个很小的维持电流，并有 2～3W 的损耗，使 PTC 元件的温度维持在居里点 T_c 值以上。当电动机停止运行后，PTC 元件温度不断下降，经 2～3min 其电阻值降到 T_c 点以下，这时又可以重新起动，这一时间正好是电冰箱和空调机所规定的两次开机间的停机时间。

PTC 起动器的优点：无触点、运行可靠、无噪声无电火花，防火、防爆性能好，且耐振动、耐冲击、体积小、质量轻、价格低。

七、铭牌

包括电动机名称、型号、标准编号、制造厂名、出厂编号、额定电压、额定功率、额定电流、额定转速、绕组接法、绝缘等级等。

2-48 电容或电阻分相式电动机的起动工作原理是怎样的？

答：电容分相起动单相异步电动机工作原理：由于单相电流通过电枢绕组时在电动机气隙中产生的是脉振磁场，对静止的异步电动机转子绕组只能起变压器作用而不能产生转矩，所以单相异步电动机不能自起动。为了解决起动问题，单相交流供电的异步电动机实际上往往做成两相。其中一相绕组为一次绕组，由单相电源直接供电；另一相绕组为二次绕组，在空间上与一次绕组差 90°（电角度，等于机械角度被电动机磁极对数除）。图 2-48 采用二次绕组（B 绕组）串联电容或电阻后再接到单相交流电源，使其中通过的电流和一次绕组（A 绕组）中的电流有一定的相位差。从图 2-49 可以看出，一次绕组（A）和二次绕组（B）的电流相位角不再是相同的，有了 45°的相位差，这样两个绕组电流所产生的合成磁场就不是脉振磁场而是椭圆形旋转磁场，甚至可能接近于圆形旋转磁场，因此，电动机可以获得起动转矩，图 2-50 显示了电动机产生相位差后的磁场情况。

利用电阻分相方法的电动机价格低廉，例如二次绕组用较细的导线绕制即可，但分相效果较差，且电阻上要消耗能量。这种电动机在起动并达到一定转速后，通常由装在电动机轴上的离心式开关将二次绕组自动切除，以减少电阻上的损耗、提高运行效率。一般用于起动转矩要求不高的场合，如小型车床、小型电冰箱等。

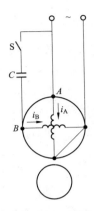

图2-48　利用电容分相起动单相电动机的原理图

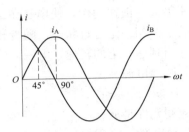

图2-49　电动机的两相输入电源

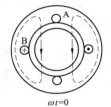
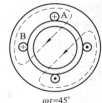
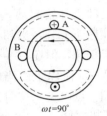

图2-50　电动机内部的两相磁场

利用电容分相，效果较好，有可能在电动机某一工作点时，使电动机气隙中的合成磁场接近于圆形旋转磁场，从而获得较好的工作特性。为使分相异步电动机获得较好的起动性能或较好的运行特性或两者兼有，其所需的电容（量值）是不同的，为此可分为

（1）单相电容运转异步电动机。仅从获得较好的运行特性出发选取电容，其效率和功率因数都较高，但起动转矩不大。广泛用于电扇、洗衣机等对起动要求不高的场合。这类电动机可以通过串联电感、电容或用绕组抽头等方式调速。调换一次、二次绕组中任一绕组的首末端就可以改变转动方向。在洗衣机电动机中，一次、二次绕组设计得完全相同，因此可以通过定时器使电容交替接入一次、二次绕组而不断改变电动机的转动方向。

（2）单相电容起动异步电动机。仅从考虑起动的需要来选取电容，当电动机转速达到70%～85%额定转速时，用离心式起动开关自动切断二次绕组支路。这类电动机有较高的起动转矩和较小的起动电流，但运行时的效率和功率因数都较低，适用于小型空气压缩机、往复式水泵及其他需要满载起动的小型机械。

（3）单相双值电容异步电动机。这类电动机的二次绕组中串联有两个并联的电容。较大的一个是起动电容，与起动开关串联，当转速达到额定转速的70%～85%时断开此电容；另一个电容量值较小，是工作电容，它始终和二次绕组串联。这类电动机既有较高的起动转矩、较小的起动电流；又有较高的运行效率和功率因数，常采用与三相异步电动机相同的机座号和外形尺寸系列，以便用户选用。但其价格较高，适用于家用电器、泵、农业机械、木工机械、小型车床等。

2-49　罩极式单相电动机的工作原理是怎样的？

答： 罩极式单相异步电动机的结构如图 2-51 所示，包括定子和转子两部分，其中定子由绕组和铁心组成。铁心一般由 0.5mm 的硅钢片叠压而成。绕组分为一次绕组和二次绕组，绕组常为铸铝笼型，一次绕组又称工作绕组，二次绕组又称起动绕组或辅助绕组。

罩极式单相电动机的工作原理：定子通入电流以后，部分磁通穿过短路环，并在其中产生感应电流。短路环中的电流阻碍磁通的变化，致使有短路环部分和没有短路环部分产生的磁通有了相位差，如图 2-52 所示，从而形成旋转磁场，使转子转起来。

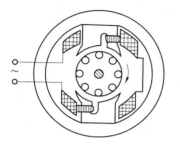

图 2-51　罩极式单相异步电动机的结构图

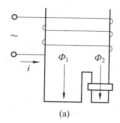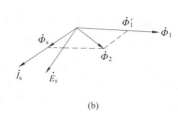

（a）　　　　　　　　　　　（b）

图 2-52　罩极式异步电动机的移动磁场
（a）示意图；（b）磁通相量图

2-50　单相异步电动机有哪几种？各有什么特点？适用于什么场合？

答：一、单相异步电动机的种类

单相交流感应电动机因应用类别的差异，一般可分为分相式电动机、电容起动式电动机、永久分相式电容电动机、罩极式电动机、永磁直流电动机及交/直流电动机等类型。

一般的三相交流感应电动机在接通三相交流电后，电动机定子绕组通过交变电流后产生旋转磁场并感应转子，从而使转子产生电动势，并相互作用而形成转矩，使转子转动。但单相交流感应电动机，只能产生极性和强度交替变化的磁场，不能产生旋转磁场，因此单相交流电动机必须另外设计使它产生旋转磁场，转子才能转动，所以常见单相交流电动机有分相起动式、罩极式、电容起动式等种类。

1. 分相起动式电动机

分相式电动机广泛应用于电冰箱、洗衣机、空调等家用电器中。该电动机有一个笼型转子和一次、二次两个定子绕组。两个绕组相差一个很大的相位角，使二次绕组中的电流和磁通达到最大值的时间比一次绕组早一些，因而能产生一个环绕定子旋转的磁通。这个旋转磁通切割转子上的导体，使转子导体感应一个较大的电流，电流所产生的磁通与定子磁通相互作用，转子便产生起动转矩。当电动机一旦起动，转速上升至额定转速 70% 时，离心开关脱开二次绕组即断电，电动机即可正常运转。

2. 罩极式电动机

罩极式单相交流电动机，其结构简单，电气性能略差于单相电动机，但由于制作成本低，运行噪声较小，对电器设备干扰小，因此被广泛应用在电风扇、电吹风、吸尘器等小型家用电器中。罩极式电动机只有一次绕组，没有二次绕组（起动绕组），它在电动机定子的两极处各设有一副短路环，也称为电极罩极圈。当电动机通电后，主磁极部分的磁场产生的脉动磁场感应短路而产生二次电流，从而使磁极上被罩部分的磁场，比未罩住部分的磁场滞后，因而磁极构成旋转磁场，电动机转子便旋转起动工作。罩极式单相电动机还有一个特点，即可以很方便地转换成二极或四极转速，以适应不同转速电器配套使用。

　　3. 电容式起动电动机

　　该类电动机可分为电容分相起动电动机和永久分相电容电动机。这种电动机结构简单、起动快速、转速稳定，被广泛应用在电风扇、排风扇、抽油烟机等家用电器中。电容分相式电动机在定子绕组上设有一次绕组和二次绕组（起动绕组），并在起动绕组中串联大容量起动电容器，使通电后一次、二次绕组的电相角成 90°，从而能产生较大的起动转矩，使转子起动运转。

二、单相异步电动机的特点及应用

　　单相异步电动机具有结构简单，成本低廉，维修方便等特点，被广泛应用于如冰箱、电风扇、洗衣机等家用电器及医疗器械中。但与同容量的三相异步电动机相比，单相异步电动机的体积较大、运行性能较差、效率较低。

　　特点：如果电动机的转子是静止的，则分解而成的两个转向相反的旋转磁场分别在转子中感应出大小相等、方向相反的电动势和电流，因此产生的转矩也是大小相等，方向相反，从而互相抵消。也就是说，起动转矩为零。这是单相异步电动机的特点。

2－51　单相异步电动机的调速方法有哪些？并具体说明。

　　答：单相异步电动机的调速方法主要有变频调速、晶闸管调速、串电抗器调速和抽头法调速等。变频调速设备复杂、成本高、很少采用。目前，较多采用的方法有串电抗器调速、抽头法调速和晶闸管调速。

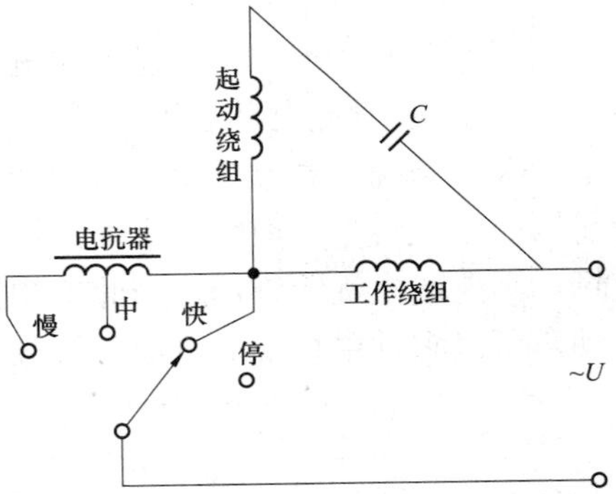

一、串电抗器调速

　　在电动机的电源线路中串联起分压作用的电抗器，通过调速开关选择电抗器绕组的匝数来调节电抗值，从而改变电动机两端的电压，达到调速的目的。串电抗器调速，其优点是结构简单，容易调整调速比，但消耗的材料多，调速器体积大。串电抗器调速接线图如图 2－53 所示。

图 2－53　串电抗器调速接线图

二、抽头法调速

　　如果将电抗器和电动机结合在一起，在电动机定子铁心上嵌入一个中间绕组（或称调速绕组），通过调速开关改变电动机气隙磁场的大小及椭圆度，可达到调速的目的。根据中间绕组与工作绕组和起动绕组的接线不同，常用的有 T 形接法和 L 形接法，如图 2－54 所示。抽头法调速与串电抗器调速相比较，抽头法调速时用料省，耗电少，但是绕组嵌线和接线比较复杂。

三、晶闸管调速

　　利用改变晶闸管的导通角来实现加在单相异步电动机上的交流电压的大小，从而达到调节电动机转速的目的，这种方法能实现无级调速，缺点是会产生一些电磁干扰。目前常用于

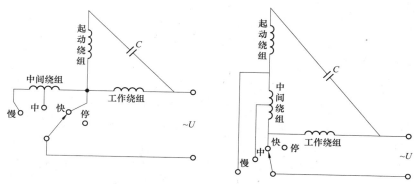

图2-54 抽头法调速接线图

吊式风扇的调速上,如图2-55所示。

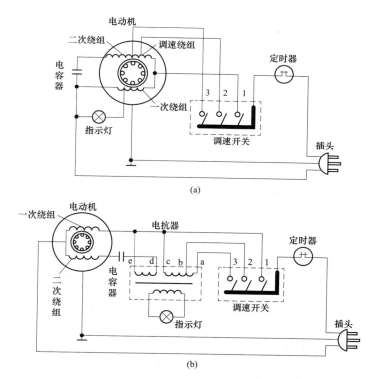

(a)

(b)

图2-55 电风扇调速电路应用例

（a）电风扇电动机抽头调速控制电路；（b）电风扇电动机电抗调速控制电路

2-52 单相异步电动机有哪些接线方法?

答: 针对单相异步电动机的接线方法,种类繁多,运用起来可操作性不强的现状,总结出了单相异步电动机的接线规律,易学易懂,便于操作。对单相异步电动机的分类及接线方法总结如下:

一、转向固定式

这种电动机在正常工作时，电动机转向只有一种，如鼓风机、潜水泵、粉碎机等，总结的接线方法：单相有罩和分相、引出线端看转向、分相由副转向主、罩极由主转向副。

1. 罩极式

罩极式电动机不管是凸极式还是隐极式，其接线规律都符合"罩极由主转向副"，比如一台鼓风机，12槽2极，属分散式绕组，为隐极式结构，其端部接线如图2-56所示，一次绕组为1进4出，10进7出，即首进尾出、尾进首出，采用了尾接尾的反串法；二次绕组各自形成短路环，只有2匝。图2-56中AB为一次绕组中性线，CD为二次绕组中性线，这样接线的结果，转向总是由一次绕组中性线向二次绕组中性线旋转，从纸面（接线端）看进去，电动机以顺时针旋转。接线时一定要以负载实际转向为标准，选定接线端的位置，使理论转向与实际转向一致，故将上述规律简称为"引出线端看转向，罩极由主转向副"。

2. 分相式

这种电动机有4组（或8组）线，两组（或四组）为一次绕组，两组（或四组）为二次绕组，其中性线互成90°（2极）或45°（4极），接线方法如图2-57所示。

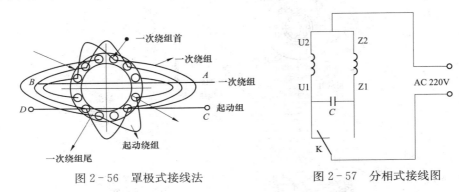

图2-56 罩极式接线法　　　　　图2-57 分相式接线图

（1）一次、二次绕组对称在电动机接线时，一次、二次绕组之首各引出一根线，线尾共接一根引出线作为公共线（中性线）。在进行线路接线时，将公共线接电源的任意一根导线，U1与Z1之间接电容器，然后插上电源插头，将另一根导线触碰电容器的任意一端，直到转向与实际要求一致为止，然后拔下电源插头，将导线包好即可，如图2-57所示。

（2）绕组不对称这种电动机一般容量较大，从几百瓦到几千瓦不等，如水泵、砂轮机、粉碎机、压粉机、压面机等，均为电容运行式或电容起动式，一次绕组线经粗，匝数少；二次绕组线经细，匝数多。比如一台型号为YL100L-4型电动机，它为双值电容式电动机，U1－U2为一次绕组，Z1－Z2为二次绕组，接线时，将U2和Z2相连为公共引出线（中性线），那么根据口诀，它的转向为"分相由副转向主"。

即从Z1转向U1，转向为顺时针，U1－U2为一次绕组，Z1－Z2为二次绕组，接线时将U2和Z2相连为公共引出线（中性线），那么根据口诀，"分相由副转向主"，则从Z1转向U1，转向为逆时针。总之，接线时以主绕组首为中心，若一次绕组首在主之右，转向为顺时针，若在左则转向为逆时针。

二、转向可逆式

这种电动机多用在正/反转频繁交替的场合，如洗衣机、换气扇、木工刨床等。一次、二次绕组对称的如洗衣机、换气扇等,用定时器进行控制;一次、二次绕组不对称的如木工刨床、小型台钻等利用倒顺开关可实现电动机的正/反转控制。

1. 正转电流分析正转接线

其接线图如图 2-58 所示。

主绕组:电源相→主绕组首(U1)→主绕组尾(U2)→电源中性线二次绕组:电源相→离心开关(V1)→离心开关(V2)→起动电容→二次绕组首(Z1)→二次绕组尾(Z2)→电源中性线电流规律:一次绕组,"首"进"尾"出;二次绕组,"首"进"尾"出。

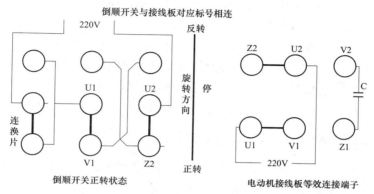

图 2-58 正转电流分析正转接线

2. 反转电流分析反转接线

其接线图如图 2-59 所示。

一次绕组:电源相→一次绕组首(U1)→一次绕组尾(U2)→电源中性线。
二次绕组:电源相→一次绕组尾(Z2)→一次绕组首(Z1)→起动电容。
离心开关(V2)→离心开关(V1)→电源中性线。
电流规律:一次绕组,"首"进"尾"出,二次绕组,"尾"进"首"出。停止状态时,电流不能进入倒顺开关,电动机无电,电动机停转。

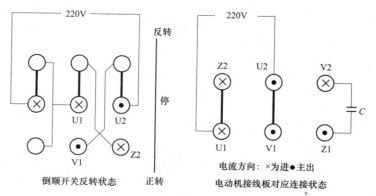

图 2-59 电动机反转控制状态

总之,单相异步电动机在实际生产生活中因负载情况不同,接线方法应有多种,但只要掌握了其接线规律,就会运用自如,大大提高工作效率。

2-53 单相异步电动机为什么要有二次绕组？如何区分一次、二次绕组？

答：凡是单相电动机，都是由一次绕组（运转绕组）和二次绕组（起动绕组）组成的。

由于单相交流电只能产生脉动磁场，不可能产生旋转磁场，因此必须有一个与一次绕组排列呈一定角度的二次绕组来产生与单相交流电有一定角度的磁场，这样就可以合成旋转磁场。当电动机旋转起来以后，就不需要这个二次绕组了。因此单相异步电动机的起动绕组是为电动机提供起动转矩而设置的，没有起动绕组参与工作，电动机没有起动转矩不能起动。起动绕组外接起动电容，在通电瞬间产生一个旋转磁场，电容超前电压90°的特性给二次绕组一个提前旋转磁场使电动机转起来。

单相电动机中通常一次绕组的线径较大、匝数较小，而二次绕组的线径较小、匝数较多；或通过与电容的连接来区分：二次绕组的线尾单独接电容，一次绕组的线尾接电容及电源；或者用万用表检测电动机绕组的电阻进行判断，取单相电动机绕组任意两根线，检测其电阻的大小就可判断其一次、二次绕组，电阻大的就是一次绕组，电阻小的就是二次绕组。

2-54 怎样选择单相异步电动机用电容器？

答：单相电动机的起动电容选择太小容易造成起动困难，选择太大容易烧电动机，所以选择一个合适的电容非常重要，可根据以下公式计算。

起动电容容量

$$C = 350\,000I / (2pfU\cos\varphi)$$

式中　I——电流；

　f——频率；

　U——电压；

　$2p$——极对数，功率因数大取 2，功率因数小取 4；

　$\cos\varphi$——功率因数（$0.4\sim0.8$），一般电动机都为 0.8。

起动电容耐压：电容耐压大于或等于 $1.42U$，耐压小容易被击穿；

运转电容容量

$$C = 120\,000I / (2pfU\cos\varphi)$$

式中　I——电流；

　f——频率；

　U——电压；

　$2p$——极对数，取 2.4；

　$\cos\varphi$——功率因数（$0.4\sim0.8$），一般都为 0.8。

运转电容耐压：电容耐压大于或等于 $2U$。

注：双值电容电动机的起动电容容量：$C = 2 \times$ 运转电容容量。起动电容耐压：电容耐压大于或等于 $2U$。

2-55 单相电容起动异步电动机有哪些常见故障及原因？

答：故障 1：电源正常，通电后电动机不能起动。原因是：①电动机引线断路；②一次绕组或二次绕组开路；③离心开关触点合不上；④电容器开路；⑤轴承卡住；⑥转子与定子碰擦。

故障 2：空载能起动，或借助外力能起动，但起动慢且转向不定。原因是：①二次绕组开路；②离心开关触点接触不良；③起动电容开路或损坏。

故障 3：电动机起动后很快发热甚至烧毁绕组。原因是：①主绕组匝间短路或接地；②一次、二次绕组之间短路；③起动后离心开关触点断不开；④一次、二次绕组相互接错；⑤定子与转子摩擦。

故障 4：电动机转速低，运转无力。原因是：①主绕组匝间轻微短路；②运转电容开路或容量降低；③轴承太紧；④电源电压低。

故障 5：烧熔丝。原因是：①绕组严重短路或接地；②引出线接地或相碰；③电容击穿短路。

故障 6：电动机运转时噪声太大。原因是：①绕组漏电；②离心开关损坏；③轴承损坏或间隙太大；④电动机内进入异物。

2-56　什么是单相串励电动机？它有什么用途？

答：单相串励电动机，因电枢绕组和励磁绕组串联在一起工作而得名。单相串励电动机属于交、直流两用电动机，它既可以使用交流电源工作，也可以使用直流电源工作。

单相串励电动机属于单相交流异步电动机，是交/直流两用的，所以又称为交/直流两用串励电动机。由于它转速高、体积小、起动转矩大、转速可调，既可在直流电源上使用，又可在单相交流电源上使用，因而在电动工具中得到广泛地应用。

电动机主要由定子、转子及支架三部分组成，定子由凸极铁心和励磁绕组组成，转子由隐极铁心、电枢绕组、换向器及转轴等组成。励磁绕组与电枢绕组之间通过电刷和换向器形成串联回路。

单相串励电动机的工作原理，如图 2-60 所示。

其工作原理是建立在直流串励电动机的基础上。励磁绕组和电枢绕组串联接在直流电源上，根据主磁通 Φ 和电枢电流 I_a 的方向，按照左手定则，可以决定转子旋转的方向，在图 2-60（a）中是按逆时针方向旋转；如果把电源的极性反过来，如图 2-60（b）所示由于是串励电动机，主磁通 Φ 和电枢电流 I_a 也都同时改变了方向，按照左手定则，转子转向不变，仍为按逆时针方向旋转。因此，串励电动机加上单相交流电压后，如图 2-60（c）所示，虽然电源极性在周期性变化，但转子始终维持一恒定的转向，所以，串励电动机可以应用在交、直流两种电源上。

机械特性：

无论是采用直流电源还是交流电源，单相串励电动机的机械特性都与普通串励直流电动机的机械特性类似。单相串励电动机有很大的起动转矩和软的机械特性，如图 2-60（d）所示。当电动机负载增加时，电枢电流 I_a 增大，因为励磁绕组与电枢绕组串联，故励磁绕组也是 I_a，因而使主磁通 Φ 也加大。由于电动机的电磁转矩 $T=CT\Phi I_a$，在电动机正常运行时，其磁路未饱和，Φ 与 I_a 成正比变化，故电磁转矩可写成 $T=CT\Phi I_a=C'TI_a^2$。随着负载的加大，即 I_a 加大，就极大地增加了电动机的电磁转矩 T（与 I_a^2 成正比）；另一方面由于负载反力矩增加，使电动机的转速降低。这种机械特性，对电钻等电动工具的要求，极为适用，如钻直径较大的孔时（负载大），要求力矩大，转速低些；钻较小直径的孔时（负载

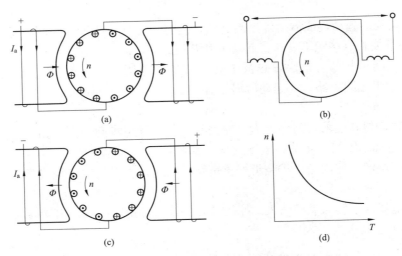

图 2-60　单相串励电动机的工作原理

(a) 加入电压后，逆时针旋转；(b) 电源极性变化，旋转方向不变；
(c) 同时改变励磁电压和电枢电压后，电动机旋转方向不变；(d) 机械特性

小），则要求力矩小些，但转速高些。由于单相串励电动机的空载转速非常高，可达20 000r/min，电钻等使用串励电动机的电动工具，在修复后，一般不可拆下减速机构等进行校车，以防止飞车而损坏电枢绕组。

2-57　单相串励电动机和单相串激电动机有区别吗？

答：(1) 单相串激电动机又称交/直流两用电动机，当然可以用于直流电源供电。在结构上与直流串励电动机几乎相同，若说有细微区别，也就是直流电动机的定子有时可能用一般的薄钢板叠成，甚至可用整块钢制成。而单相串激电动机却只能用硅钢片叠成。

(2) 直流电动机除串励以外还有并励、他励、复励等励磁方式，只能说单相串激电动机与直流串励电动机结构相同，即使是相同，单相串激电动机可用于直流，不代表所有串励电动机都可用于交流，其他励磁方式不能通用。

(3) 单相串激电动机机械特性较软，多用于电动工具，可以用直流供电，这样性能会更好一点。若改为并励，机械性能将变硬，类似于并励直流电动机的特性。

2-58　并励直流电动机和串励直流电动机的特性有什么不同？各适用于什么负载？

答：并励直流电动机有硬的机械特性、转速随负载变化小、磁通为一常值，转矩随电枢电流成正比变化，相同情况下，起动转矩比串励电动机小，适用于转速要求稳定，而对起动转矩无特别要求的负载。串励直流电动机有软的机械特性、转速随负载变化较大、负载轻转速快、负载重转速慢、转矩近似与电枢电流的平方成正比变化，起动转矩比并励电动机大。

2-59　什么是电磁调速异步电动机？

答：电磁调速异步电动机又称滑差电动机，它是一种利用直流电磁滑差恒转矩控制的交流无级变速电动机。

电磁调速异步电动机是由普通笼型异步电动机、电磁滑差离合器和电气控制装置三部分组成。以异步电动机作为原动机使用，当它旋转时带动离合器的电枢一起旋转，电气控制装置是提供滑差离合器励磁线圈励磁电流的装置。由于它具有调速范围广、速度调节开滑、起动转矩大、控制功率小、有速度负反馈、自动调节系统时机械特性硬度高等一系列优点。电磁调速异步电动机可广泛地运用于电力、石油、化工、机械、纺织、橡胶、轻工、食品、冶金、楼宇空调等需要变工况运行的场合，尤其适合于需要调速的风机、水泵类负载的调速运行。

一台电磁调速电动机包括异步电动机、电枢、磁极和励磁线圈、电磁滑差离合器等部分。图2-61中电枢为铸钢制成的圆筒形结构，它与笼型异步电动机的转轴相连接，俗称主动部分；磁极做成爪形结构，装在负载轴上，俗称从动部分。主动部分和从动部分在机械上无任何联系。当励磁线圈通过电流时产生磁场，爪形结构便形成很多对磁极。此时若电枢被笼型异步电动机拖着旋转，那么它便切割磁场相互作用，产生转矩，于是从动部分的磁极便跟着主动部分电枢一起旋转，前者的转速低于后者，因为只有当电枢与磁场存在着相对运动时，电枢才能切割磁力线。磁极随电枢旋转的原理与普通异步电动机转子跟着定子绕组的旋转磁场运动的原理没有本质区别，所不同的是：异步电动机的旋转磁场由定子绕组中的三相交流电产生，而电磁滑差离合器的磁场则由励磁线圈中的直流电流产生，并由于电枢旋转才起到旋转磁场的作用。离合器是由两个同心而独立旋转的部件所组成：一个称为磁极（内转子），另一个称为电枢（外转子），当磁极的励磁线圈通过直流电流时，沿气隙圆周表

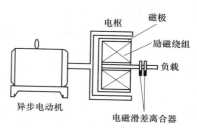

图2-61 电磁调速异步电动机原理图

面的爪极便形成若干对急性相互交替的空间磁场。当离合器的电枢拖动电动机旋转时，由于电枢与磁场间有相对移动，在电枢内就产生涡流；此涡流与磁通相互作用。产生转矩，带动磁极按同一方向旋转，其转速恒低于电枢转速。改变励磁电流，可调节离合器的输出转矩和转速。

2-60 什么是同步电动机?

答：同步电动机属于交流电机，是由直流供电的，其励磁磁场与电枢的旋转磁场相互作用而产生转矩，以同步转速旋转的交流电动机。定子绕组与异步电动机相同，但是它的转子旋转速度与定子绕组所产生的旋转磁场的速度是一样的，所以称为同步电动机。正由于这样，同步电动机的电流在相位上是超前于电压的，即同步电动机是一个容性负载。为此，在很多时候，同步电动机用以改进供电系统的功率因数。

同步电动机是转子转速与定子旋转磁场的转速相同的交流电动机。其转子转速 n 与磁极对数 p、电源频率 f 之间满足 $n=60f/p$。转速 n 决定于电源频率 f，故电源频率一定时，转速不变，且与负载无关。具有运行稳定性高和过载能力大等特点。常用于多机同步传动系统、精密调速稳速系统和大型设备（如轧钢机）等。

特点：作电动机运行的同步电动机。由于同步电动机可以通过调节励磁电流使它在超前功率因数下运行，有利于改善电网的功率因数，因此，大型设备，如大型鼓风机、水泵、球磨机、压缩机、轧钢机等，常用同步电动机驱动。低速的大型设备采用同步电动机时，这一

优点尤为突出。此外，同步电动机的转速完全决定于电源频率。频率一定时，电动机的转速也就一定，它不随负载而变。这一特点在某些传动系统，特别是多机同步传动系统和精密调速稳速系统中具有重要意义。同步电动机的运行稳定性也比较高。同步电动机一般是在过励状态下运行，其过载能力比相应的异步电动机大。异步电动机的转矩与电压的平方成正比，而同步电动机的转矩决定于电压和电动机励磁电流所产生的内电动势的乘积，即仅与电压的一次方成比例。当电网电压突然下降到额定值的 80% 左右时，异步电动机转矩往往下降为 64% 左右，并因带不动负载而停止运转；而同步电动机的转矩却下降不多，还可以通过强行励磁来保证电动机的稳定运行。

2-61　同步电动机的结构是怎样的？

答：同步电动机的结构和同步发电机基本相同，转子也分凸极和隐极。但大多数同步电动机为凸极式。安装形式也分卧式和立式。为了解决同步电动机的起动问题，在其转子上一般装有起动绕组。它还可以在运行中抑制振荡，故又称为阻尼绕组。除了上述传统结构外，还有一种无滑动接触的爪极式转子结构。以 6 极电动机为例，在转轴上相向地装上两组爪形磁极。一组在爪盘上沿轴向向右伸出 3 个极身；另一组反向安装在右边，使爪盘上沿轴向向左伸出 3 个极身。两组磁极的极性相反。磁极的外圆周表面装配后，不再像一般凸极电动机那样呈圆瓦面，而是楔形瓦面，即一端的极弧较另一端长。励磁绕组装在两侧磁轭外缘。它产生的磁通经过 N、S 极间的侧向主气隙 gm、转子和定子间的轴向气隙 g_1 和 g_2，再经端盖和机座而闭合。为防止磁通经转轴短路，转轴应采用非磁性钢；或把转轴分成 3 段，中间一段为非磁性钢。这种结构的主要优点是旋转部分没有绕组，也无集电环和电刷之间的滑动接触，故运行可靠，绝缘结构简单，维修也方便。但它的主磁路长且有较多气隙，使励磁所需功率增大；电动机外壳有强磁性，这会引起轴承发热；而转轴也必须采用隔磁措施。因此这种电动机并未获得普遍推广，只在某些特殊场合下使用，一般容量不超过几百千瓦。

同步电动机在结构上大致有以下两种：

一、转子用直流电进行励磁

它的转子做成显极式的，安装在磁极铁心上面的磁场线圈是相互串联的，接成具有交替相反的极性，并有两根引线连接到装在轴上的两只集电环上面。磁场线圈是由一只小型直流发电机或蓄电池来激励的，在大多数同步电动机中，直流发电机是装在电动机轴上的，用以供应转子磁极线圈的励磁电流。

由于这种同步电动机不能自动起动，因此在转子上还装有笼型绕组而作为电动机起动之用。笼型绕组放在转子的周围，结构与异步电动机相似。

当在定子绕组通上三相交流电源时，电动机内就产生了一个旋转磁场，笼型绕组切割磁力线而产生感应电流，从而使电动机旋转起来。电动机旋转之后，其速度慢慢增高到稍低于旋转磁场的转速，此时转子磁场线圈经过直流电来激励，使转子上面形成一定的磁极，这些磁极就企图跟踪定子上的旋转磁极，这样就增加了电动机转子的速率直至与旋转磁场同步旋转为止。

二、转子不需要励磁的同步电动机

转子不励磁的同步电动机能够运用于单相电源上，也能运用于多相电源上。这种电动机中，有一种定子绕组与分相电动机或多相电动机的定子相似，同时有一个笼型转子，而转子

的表面切成平面。所以是属于显极转子，转子磁极是由一种磁化钢做成的，而且能够经常保持磁性。笼型绕组是用来产生起动转矩的，而当电动机旋转到一定的转速时，转子显极就跟住定子绕组的电流频率而达到同步。显极的极性是由定子感应出来的，因此它的数目应和定子上极数相等，当电动机转到它应有的速度时，笼型绕组就失去了作用，维持旋转是靠着转子与磁极跟住定子磁极，使之同步。

2－62　同步电动机有哪些起动方法？

答： 同步电动机仅在同步转速下才能产生平均的转矩，如将静止的同步电动机定子接入电网而转子加直流励磁，则定子旋转磁场立即以同步转速旋转，而转子磁场因转子有惯性而暂时静止不动，此时所产生的电磁转矩将正负交变而其平均值为零，故电动机无法自行起动。所以同步电动机必须借助其他方式来起动。

常用的起动方法有下列三种：

（1）辅助电动机起动。通常选用和同步电动机极数相同的感应电动机（容量为主机的5%～15%）作为辅助电动机。先用辅助电动机将主机拖动到接近同步转速，然后用自整步法将其投入电网，再切断辅助电动机电源。这种方法只适用于空载起动，而且所需设备多，操作复杂。

（2）变频起动。此法实质上是改变定子旋转磁场转速，利用同步转矩来起动。在起动开始时，转子加上励磁，转子电源的频率调得很低，然后逐步增加到额定频率，使转子的转速随着定子旋转磁场的转速而同步上升，直到额定转速，这种方法起动性能好，起动电流小，对电网冲击小，但是必须有变频电源，而且励磁机与电动机必须是非同轴的，否则在最初转速很低时无法产生所需的励磁电压。

（3）异步起动。同步电动机多数在转子上装有类似于感应电动机的笼型起动绕组（即阻尼绕组），起动时，先把励磁绕组接到约为励磁绕组电阻值10倍的附加电阻，然后用感应电动机起动方法将定子投入电网使之依靠异步转矩起动，当转速上升到接近同步转速时，再加入励磁电流，依靠同步电磁转矩将转子牵入同步。这种方法是目前应该最广泛的一种方法。

第三章

直 流 电 动 机

3-1　什么是直流电动机？直流电动机有哪几类？

答：直流电动机是将直流电能转换为机械能的转动装置。电动机定子提供磁场，直流电源向转子的绕组提供电流，换向器使转子电流与磁场产生的转矩保持方向不变。直流电动机的转速完全取决于加载到电动机的电压高低，所以如果只要调整供给直流电动机的电源电压，就能让电动机在需要的速度下稳定运转。那些需要在较大范围内调整速度，特别是需要从极低速度开始动作的场合（电车的起步，电梯的起动），比较适合使用直流电动机。

3-2　直流电动机有哪几种励磁方式？各有什么特点？

答：直流电动机按励磁方式分为永磁、他励和自励三类，其中自励又分为并励、串励和复励三种。

直流电动机的励磁方式是指对励磁绕组如何供电、产生励磁磁通势而建立主磁场的问题。根据励磁方式的不同，直流电动机可分为下列几种类型：

一、他励直流电动机

励磁线圈与转子电枢的电源分开，励磁绕组与电枢绕组无连接关系，而由其他直流电源对励磁绕组供电的直流电动机称为他励直流电动机，接线如图3-1所示。图中 M 表示电动机，若为发电机，则用 G 表示。永磁直流电机也可看作他励直流电动机。

二、并励直流电动机

励磁线圈与转子电枢并联到同一电源上，并励直流电动机的励磁绕组与电枢绕组相并联，接线如图3-2所示。作为并励发电机来说，是电机本身发出来的端电压为励磁绕组供电；作为并励电动机来说，励磁绕组与电枢共用同一电源，从性能上来说与他励直流电动机相同。

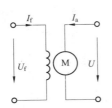

图3-1　他励直流电动机电路接线

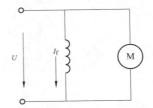

图3-2　并励直流电动机电路接线

三、串励直流电动机

励磁线圈与转子电枢串联接到同一电源上，即串励直流电动机的励磁绕组与电枢绕组串联后，再接于直流电源，接线如图 3-3 所示。这种直流电动机的励磁电流就是电枢电流。

四、复励直流电动机

励磁线圈与转子电枢的联接有串有并，接在同一电源上，也就是复励直流电动机有并励和串励两个励磁绕组，接线如图 3-4 所示。若串励绕组产生的磁通势与并励绕组产生的磁通势方向相同称为积复励。若两个磁通势方向相反，则称为直流电动机差复励。

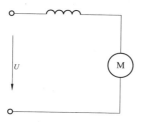

图 3-3　串励直流电动机电路接线

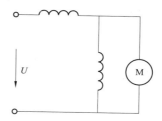

图 3-4　复励直流电动机电路接线

不同励磁方式的直流电动机有着不同的特性。一般情况下直流电动机的主要励磁方式是并励式、串励式和复励式，直流发电机的主要励磁方式是他励式、并励式和复励式。

3-3　直流电动机有哪些特点？

答：（1）良好的起动、制动和调速性能。调速性能是指电动机在一定负载的条件下，根据需要，人为地改变电动机的转速。直流电动机可以在重负载条件下，实现均匀、平滑的无级调速，而且调速范围较广，并且能够快速地起动、制动和正反向转换。

（2）起动力矩大。可以均匀而经济地实现转速调节。因此，凡是在重负载下起动或要求均匀调节转速的机械和要求较高的电力拖动系统中，例如大型可逆轧钢机、卷扬机、电力机车、电车、机床等，都采用直流电动机拖动。

3-4　直流电动机的工作原理是怎样的？

答：直流电动机的基本工作原理：图 3-5 是一台直流电动机的最简单模型。N 和 S 是一对固定的磁极可以是电磁铁，也可以是永久磁铁。磁极之间有一个可以转动的铁质圆柱体称为电枢铁心，铁心表面固定一个用绝缘导体构成的电枢线圈，$abcd$ 线圈的两端分别接到相互绝缘的两个半圆形铜片（称为换向片）上，它们的组合在一起称为换向器，在每个半圆铜片上又分别放置一个固定不动而与之滑动接触的电刷 A 和 B，线圈 $abcd$ 通过换向器和电刷接通外电路。

将外部直流电源加于电刷 A（正极）和 B（负极）上，则线圈 $abcd$ 中有电流流过，在导体 ab 中，电流由 a 指向 b，在导体 cd 中，电流由 c 指向 d。导体 ab 和 cd 分别处于 N、S 极磁场中，受到电磁力的作用。用左手定则可知，导体 ab 和 cd 均受到电磁力的作用，且形成的转矩方向一致，这个转矩称为电磁转矩，为逆时针方向。

这样，电枢就顺着逆时针方向旋转，如图 3-5（a）所示。当电枢旋转 180°，导体 cd 转到 N 极下，ab 转到 S 极下，如图 3-5（b）所示，由于电流仍从电刷 A 流入，使 cd 中的电流变为由 d 流向 c，而 ab 中的电流由 b 流向 a，从电刷 B 流出，用左手定则判别可知，电磁转矩的方向仍是逆时针方向。

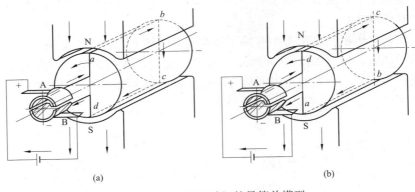

图 3－5　直流电动机的最简单模型

（a）逆时针方向旋转；（b）电枢旋转 180°后

由此可见，加于直流电动机的直流电源，借助于换向器和电刷的作用，使直流电动机电枢线圈中流过的电流，方向是交变的，从而使电枢产生的电磁转矩的方向恒定不变，确保直流电动机朝确定的方向连续旋转。这就是直流电动机的基本工作原理。

3－5　直流发电机的工作原理是怎样的？

答： 直流发电机的模型与直流电动机模型相同，不同的是用原动机（如汽轮机等）拖动电枢朝某一方向（如逆时针方向）旋转，如图 3－6（a）所示。这时导体 *ab* 和 *cd* 分别切割 N 极和 S 极下的磁力线，感应产生电动势，电动势的方向用右手定则确定。可知导体 *ab* 中电动势的方向由 *b* 指向 *a*，导体 *cd* 中电动势的方向由 *d* 指向 *c*，在一个串联回路中相互叠加的，形成电刷 A 为电源正极，电刷 B 为电源负极。电枢转过 180°后，导体 *cd* 与导体 *ab* 交换位置，但电刷的正负极性不变如图 3－6（b）所示。可见，同直流电动机一样直流发电机，电枢线圈中的感应电动势的方向也是交变的，而通过换向器和电刷的整流作用，在电刷 A、B 上输出的电动势是极性不变的直流电动势。在电刷 A、B 之间接上负载，发电机就能向负载供给直流电能。这就是直流发电机的基本工作原理。

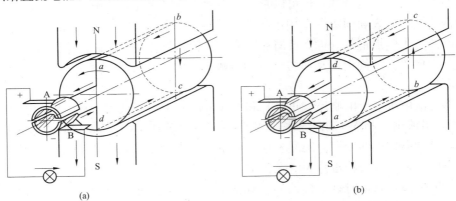

图 3－6　直流发电机的原理模型

（a）用原动机拖动电枢朝某一方向旋转；（b）电枢转过 180°后电刷的正负极性不变

因此，一台直流电机原则上可以作为电动机运行，也可以作为发电机运行，取决于外界不同的条件。将直流电源加于电刷，输入电能，电动机能将电能转换为机械能，拖动生产机械旋转作电动机运行；如用原动机拖动直流电机的电枢旋转，输入机械能电机能将机械能转换为直流电能，从电刷上引出直流电动势，作为发电机运行。同一台电机既能作电动机运行，又能作发电机运行的原理，称为电机的可逆原理。

3-6 直流电动机的结构是怎样的？

答： 直流电动机是有静止的定子部分和转动的转子部分组成的，其结构如图3-7所示。定子的主要作用是产生磁场，由金属架和一个或多个磁铁组成，磁铁在定子内部产生永久磁场，主要由主磁极、换向极、机座、电刷装置、端盖、轴承组成。定子的后面是炭刷座和炭刷片，提供与转子的电气连接。运行时转动的部分称为转子，其主要作用是产生电磁转矩和感应电动势，是直流电动机进行能量转换的枢纽，所以通常又称为电枢。由电枢铁心、电枢绕组、换向器转轴和风扇等组成。

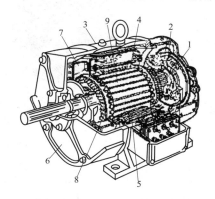

图3-7 直流电动机结构图
1—换向器；2—电刷装置；3—机座；
4—主磁极；5—换向极；6—端盖；
7—风扇；8—电枢绕组；9—电枢铁心

一、定子

1. 主磁极

主磁极的作用是产生气隙磁场。主磁极由主磁极铁心和励磁绕组两部分组成。铁心一般用0.5~1.5mm厚的硅钢板冲片叠压铆紧而成，分为极身和极靴两部分，上面套励磁绕组的部分称为极身，下面扩宽的部分称为极靴，极靴宽于极身，既可以调整气隙中磁场的分布，又便于固定励磁绕组。励磁绕组用绝缘铜线绕制而成，套在主磁极铁心上，整个主磁极用螺栓固定在机座上。

2. 换向极

换向极的作用是改善换向，减小电动机运行时电刷与换向器之间可能产生的换向火花，一般装在两个相邻主磁极之间，由换向极铁心和换向极绕组组成，换向极绕组用绝缘导线绕制而成，套在换向极铁心上，换向极的数目与主磁极相等。

3. 机座

电动机定子的外壳称为机座，机座的作用有两个：一是用来固定主磁极、换向极和端盖，并起整个电动机的支撑和固定作用；二是机座本身也是磁路的一部分，借以构成磁极之间磁的通路，磁通通过的部分称为磁轭。为保证机座具有足够的机械强度和良好的导磁性能，一般为铸钢件或由钢板焊接而成。

4. 电刷装置

电刷装置是用来引入或引出直流电压和直流电流的，由电刷、刷握、刷杆和刷杆座等组成。电刷放在刷握内，用弹簧压紧，使电刷与换向器之间有良好的滑动接触，刷握固定在刷杆上，刷杆装在圆环形的刷杆座上，相互之间必须绝缘。刷杆座装在端盖或轴承内盖上，圆周位置可以调整，调好以后加以固定。

二、转子（电枢）

1. 电枢铁心

电枢铁心是主磁路的主要部分，同时用以嵌放电枢绕组。一般电枢铁心采用由 0.5mm 厚的硅钢片冲制而成的冲片叠压而成，冲片的形状如图 3-8（a）所示，以降低电动机运行时电枢铁心中产生的涡流损耗和磁滞损耗。叠成的铁心固定在转轴或转子支架上。铁心的外圆开有电枢槽，槽内嵌放电枢绕组。

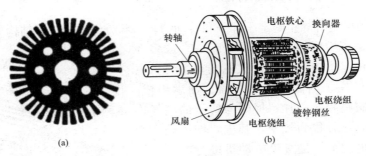

图 3-8　转子结构图

（a）冲片的外形；（b）转子的结构

2. 电枢绕组

电枢绕组的作用是产生电磁转矩和感应电动势，是直流电动机进行能量变换的关键部件，是直流电动机的能量枢纽，因此称为电枢。它由许多线圈（以下称元件）按一定规律连接而成，线圈采用高强度漆包线或玻璃丝包扁铜线绕成，不同线圈的线圈边分上下两层嵌放在电枢槽中，线圈与铁心之间以及上、下两层线圈边之间都必须妥善绝缘。为防止离心力将线圈边甩出槽外，槽用槽楔固定，线圈伸出槽外的端接部分用热固性无纬玻璃带进行绑扎。

3. 换向器

在直流电动机中，换向器配以电刷，能将外加直流电源转换为电枢线圈中的交变电流，使电磁转矩的方向恒定不变；在直流发电机中，换向器配以电刷，能将电枢线圈中感应产生的交变电动势转换为正、负电刷上引出的直流电动势。换向器是由许多换向片组成的圆柱体，换向片之间用云母片绝缘，换向片的紧固通常靠一种燕尾槽结构夹紧，是直流电动机的一个十分重要的部件，也是电动机的一个薄弱环节。

4. 转轴

转轴起转子旋转的支撑作用，需有一定的机械强度和刚度，一般用圆钢加工而成。

3-7　直流电动机有哪些类型？

答： 按产生的能量可分为直流电动机和直流发电机；按类型可分为直流有刷电机和直流无刷电机，有刷直流电动机可分为永磁直流电动机和电磁直流电动机；按励磁方式的不同，可分为他励直流电机、并励直流电机、串励直流电机、复励直流电机；直流电动机按结构及工作原理可分为无刷直流电动机和有刷直流电动机。

3-8　什么是永磁式直流电动机？

答：永磁式直流电动机由定子磁极、转子、电刷、外壳等组成。定子磁极采用永磁体（永久磁钢），有铁氧体、铝镍钴、钕铁硼等材料。按其结构形式可分为圆筒和瓦块等几种。

常见的录放机中使用的多数为圆筒磁体制成永磁式直流电动机，采用电子稳速电路或离心式稳速装置。而电动工具及汽车用电器中使用的电动机多数采用专块磁体。

转子一般采用硅钢片叠压而成，较电磁式直流电动机转子的槽数少。录放机中使用的小功率电动机多数为 3 槽，较高档的为 5 槽或 7 槽。漆包线绕在转子铁心的两槽之间（三槽即有三个绕组），其各接头分别焊在换向器的金属片上。电刷是连接电源与转子绕组的导电部件，具备导电与耐磨两种性能。永磁直流电动机的电刷使用单性金属片或金属石墨电刷、电化石墨电刷。

3-9　永磁式直流电动机有哪些选用原则和注意事项？

答：一、永磁式直流电动机选用原则

1. 类型的选择

宜优先选用效率高、价格低、温升低的铁氧体永磁式直流电动机。只有当对性能要求严格、体积小、环境温度较高时才考虑选用铝镍钴永磁式直流电动机或稀土永磁式直流电动机。

2. 合理选择电动机的功率

电动机输出的最大功率是有限度的，如果电动机的功率选择过小，负载超过了电动机的额定输出功率就会发生电动机过载，过载时会出现电动机发热、振动、转速下降、声音异常等现象，严重过载时，将会烧毁电动机。而功率过大，会造成经济浪费，因此合理选择电动机的功率是很重要的。

3. 规格选择

往往由于实际生产的产品规格不多，给选用产品增加困难。在选择产品规格时可考虑：在电源电压可调的场合，可按实际需要选择转矩、转速与产品相应的额定值接近的规格，通过改变电压得到所需的转速；在电源电压固定的场合，如果没有适当规格的产品可供选用时，可先按转矩选择适当规格，而产品的电压与转速之间可作适当调整。

二、永磁式直流电动机在应用时的注意事项

（1）如果产品没有特别说明，一般情况下（例如铝镍钴永磁直流电动机或铁氧体永磁直流电动机）永磁式直流电动机都不允许在额定电压下反接制动运行，否则会造成永磁体退磁；如确有必要做这种方式运行时，要加限流，以限制电流过大。

（2）按以下步骤对电动机的好坏进行初步的检查。首先检查电动机的外观：应无划痕、碰伤和涂镀层脱落；其次转动转轴，应能灵活转动，无明显的卡壳现象。检查电动机的接线是否牢固，并通电运行。电动机在旋转的过程中应不存在着摩擦，其中最突出的是轴承摩擦。轴承磨损后会发出不正常的声音，出现局部过热温升现象。

（3）更换电刷时，要清理周围的电炭粉尘，并用无水乙醇、汽油清洗换向器，换用新电刷时，要注意先进行空载磨合。

（4）注意电动机因电流过大、温度变化及拆装时磁路开路而引起的永磁体退磁，尤其对于铝镍钴永磁电动机，拆装时要对永磁磁路进行磁短路保护，否则退磁后要另外充磁。

3-10 什么是无刷直流电动机？

答： 无刷直流电动机是一种用电子换向的小功率直流电动机，又称无换向器电动机、无整流子直流电动机，它用半导体逆变器取代一般直流电动机中的机械换向器，构成没有换向器的直流电动机。无刷直流电动机是采用半导体开关器件来实现电子换向的，即用电子开关器件代替传统的接触式换向器和电刷。它具有可靠性高、无换向火花、电磁、机械噪声低等优点，广泛应用于现代生产设备、仪器仪表、计算机外围设备和高级家用电器。

构成：无刷直流电动机由永磁体转子和多极绕组定子构成的同步电动机和由功率电子器件和集成电路等构成的驱动器组成，是一种典型的机电一体化产品。

其中，电路部分主要元件是位置传感器，位置传感器有磁敏式、光电式和电磁式三种类型。位置传感按转子位置的变化，沿着一定次序对定子绕组的电流进行换流（即检测转子磁极相对定子绕组的位置，并在确定的位置处产生位置传感信号，经信号转换电路处理后去控制功率开关电路，按一定的逻辑关系进行绕组电流切换）。定子绕组的工作电压由位置传感器输出控制的电子开关电路提供。

（1）采用磁敏式位置传感器的无刷直流电动机，其磁敏传感器件（例如霍尔元件、磁敏二极管、磁敏电阻器或专用集成电路等）装在定子组件上，用来检测永磁体、转子旋转时产生的磁场变化。

（2）采用光电式位置传感器的无刷直流电动机，在定子组件上按一定位置配置了光电传感器件，转子上装有遮光板，光源为发光二极管或小灯泡。转子旋转时，由于遮光板的作用，定子上的光敏元器件将会按一定频率间歇间产生脉冲信号。

（3）采用电磁式位置传感器的无刷直流电动机，是在定子组件上安装有电磁传感器部件（例如耦合变压器、接近开关、LC 谐振电路等），当永磁体转子位置发生变化时，电磁效应将使电磁传感器产生高频调制信号（其幅值随转子位置而变化）。

3-11 直流电动机的主要技术参数都有什么含义？

答：（1）转矩：电动机得以旋转的力矩，单位为 kg·m 或 N·m。

（2）转矩系数：电动机所产生转矩的比例系数，一般表示每安培电枢电流所能产生的转矩大小。

（3）摩擦转矩：电刷、轴承、换向单元等因摩擦而引起的转矩损失。

（4）起动转矩：电动机起动时所产生的旋转力矩。

（5）转速：电动机旋转的速度，工程单位为 r/min，在国际单位制中为 rad/s。

（6）电枢电阻：电枢内部的电阻，在有刷电动机里一般包括电刷与换向器之间的接触电阻，由于电阻中流过电流时会发热，因此总希望电枢电阻尽量小些。

（7）电枢电感：因为电枢绕组是由金属线圈构成的，必然存在电感，从改善电动机运行性能的角度来说，电枢电感越小越好。

（8）电气时间常数：电枢电流从零开始达到稳定值的 63.2% 时所经历的时间。测定电气时间常数时，电动机应处于堵转状态并施加阶跃性质的驱动电压。电气时间常数工程上常常

利用电枢绕组的电阻 R_a 和电感 L_a 求出

$$T_e = L_a / R_a$$

（9）机械时间常数：电动机从起动到转速达到空载转速的 63.2% 时所经历的时间。测定机械时间常数时，电动机应处于空载运行状态并施加阶跃性质的阶跃电压。机械时间常数工程上常常利用电动机转子的转动惯量 J 和电枢电阻 R_a，以及电动机反电动势系数 K_e、转矩系数 K_t 求出

$$T_m = J R_a / K_e K_t$$

（10）转动惯量：具有质量的物体维持其固有运动状态的一种性质。

（11）反电动势系数：电动机旋转时，电枢绕组内部切割磁力线所感应的电动势相对于转速的比例系数，也称为发电系数或感应电动势系数。

（12）功率密度：电动机每单位质量所能获得的输出功率值，功率密度越大，电动机有效材料的利用率就越高。

3-12　直流电动机的型号是怎样表示的?

答：直流电动机的铭牌一般含有以下内容：

（1）型号：为表示电动机品种、性能、防护式、转子类型等而引用的一种产品代号。

（2）功率：表示满载运行时电动机轴上所输出的额定机械功率。

（3）接法：表示在额定电压下，电动机定子绕组接成星形或三角形。

（4）电压：接到电动机绕组上的额定线电压。电动机所接电源电压值的变动一般不应超过额定电压的 ±5%。

（5）电流：指电动机在额定电压下使用，输出额定功率时，流入定子绕组的线电流，称为额定电流。

（6）转速：指在额定电压、额定频率和额定电流下，电动机每分钟的转数。

（7）绝缘等级：表示电动机绕组的绝缘等级。它与电动机温升有关，有的电动机铭牌上直接标注电动机的温升。

（8）工作制：指电动机在额定工况下的工作方式，有连续运行、短时运行和断续运行三种方式。

（9）功率因数：指额定运行时，定子相电流与相电压之间相位差的余弦值。

在机车牵引电动机上，额定功率、额定电压、额定电流、额定转速等数值按照不同的工作方式分连续定额、小时定额、注有励磁方式等。最大（也就是短时）定额分别标明。另外，在直流（脉流）电动机铭牌上还注有励磁方式等。

3-13　直流电动机有哪些额定值?

答：直流电动机的额定值：是电动机制造厂对电动机在指定工作条件下运行时所规定的一些量值。在额定状态下运行时，可以保证各电气设备长期可靠地工作，并具有优良的性能。额定值也是制造厂和用户进行产品设计或试验的依据。额定值通常标在各电气的铭牌上，故又称为铭牌值。

直流电动机的额定值主要有

（1）额定功率 P_N：指电动机在铭牌规定的额定状态下运行时，电动机的输出功率，以

W 或 kW 为单位。

（2）额定电压 U_N：指额定状态下电枢出线端的电压，以 V 为单位。

（3）额定电流 I_N：指电机在额定电压、额定功率时的电枢电流值，以 A 为单位。

（4）额定转速 n_N：指额定状态下运行时转子的转速，以 r/min 为单位。

（5）额定励磁电流 I_f：指电动机在对应于额定电压、额定电流、额定转速及额定功率时的励磁电流，以 A 为单位。

（6）额定励磁电压 U_{fn}：指电动机在对应于额定电压、额定电流、额定转速及额定功率时的励磁电压，以 V 为单位。

3-14 什么是主磁极？

答：主磁极就是励磁绕组产生的磁极，一般为永久磁铁，大型直流电动机中采用电磁铁。主磁极产生的磁场称为主磁场，当通入电流（或是由于原动机拖动电枢转动）电枢绕组时就会有电流，这个电流也会产生一个磁场，电动机气隙磁场是由励磁磁动势和电枢磁动势共同产生的。电枢磁动势对气隙磁场的影响称为电枢反应。

主磁级数总数是偶数，各磁极上励磁绕组通常都串联连接，连接时要保证相邻磁极的极性按 N、S 依次排列。

3-15 什么是换向极？

答：换向极又称附加极，用以产生换向磁场，以改善直流电动机的换向。一般电动机容量超过 1kW 时均应安装换向极。换向极安装在相邻的两主磁极之间，由换向极铁心和换向极绕组组成。换向极铁心比主磁极的简单，一般用整块钢板加工制成。换向极绕组常用较大截面的扁铜线绕制而成，放置在换向极铁心上。换向极绕组匝数不多，总与电枢绕组串联在一起。

3-16 什么是直流电动机的机械特性？有哪些分类？

答：直流电动机的机械特性：电动机处于稳定运行状态时，电动机的电磁转矩 T_{em} 与转速 n 的关系曲线称为电动机的机械特性。

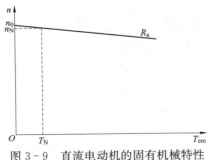
图 3-9 直流电动机的固有机械特性

机械特性曲线：当 U、R 为常数时，为一条向下倾斜的直线，如图 3-9 所示。电枢反应对机械特性的影响，可能使特性在 T 较大时上翘，如图 3-10 所示。

机械特性的硬度 β：β 越大，特性越陡，称为软特性；β 越小，特性越平，称为硬特性；表明机械特性曲线的下垂程度。

直流电动机的机械特性分为固有机械特性和人为机械特性。

一、固有机械特性

当 $U=U_N$，$\Phi=\Phi_N$，$R=R_a$ 时的机械特性称为固有机械特性。

其方程式为

$$n=\frac{U_{\mathrm{N}}}{C_{\mathrm{e}}\varPhi_{\mathrm{N}}}-\frac{R_{\mathrm{a}}}{C_{\mathrm{e}}C_{\mathrm{T}}\varPhi_{\mathrm{N}}^{2}}T_{\mathrm{em}}$$

二、人为机械特性

1. 电枢串电阻时的人为机械特性

保持 $U=U_{\mathrm{N}}$，$\varPhi=\varPhi_{\mathrm{N}}$，不变，只在电枢回路中串入电阻 R_{s} 的人为特性：

$$n=\frac{U_{\mathrm{N}}}{C_{\mathrm{e}}\varPhi_{\mathrm{N}}}-\frac{R_{\mathrm{a}}+R_{\mathrm{S}}}{C_{\mathrm{e}}C_{\mathrm{T}}\varPhi_{\mathrm{N}}^{2}}T_{\mathrm{em}}$$

是一组通过理想空载点并具有不同斜率的人为特性，如图 3-10 所示。

2. 降低电枢电压时的人为机械特性

保持 $\varPhi=\varPhi_{\mathrm{N}}$，$R=R_{\mathrm{a}}$ 不变，只改变电枢电压时的人为特性：

$$n=\frac{U}{C_{\mathrm{e}}\varPhi_{\mathrm{N}}}-\frac{R_{\mathrm{a}}}{C_{\mathrm{e}}C_{\mathrm{T}}\varPhi_{\mathrm{N}}^{2}}T_{\mathrm{em}}$$

是位于固有特性的下方，且与固有特性平行的一组直线，如图 3-11 所示。

3. 减弱磁通时的人为机械特性

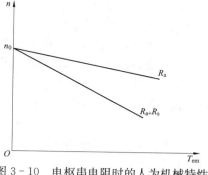

图 3-10　电枢串电阻时的人为机械特性

保持 $U=U_{\mathrm{N}}$，$R=R_{\mathrm{a}}$ 不变，只改变励磁回路调节电阻 R_{s} 的人为特性，如图 3-12 所示。

$$n=\frac{U_{\mathrm{N}}}{C_{\mathrm{e}}\varPhi}-\frac{R_{\mathrm{a}}}{C_{\mathrm{e}}C_{\mathrm{T}}\varPhi^{2}}T_{\mathrm{em}}$$

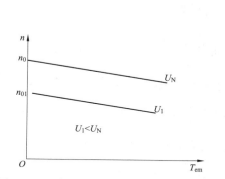

图 3-11　降低电枢电压时的人为机械特性

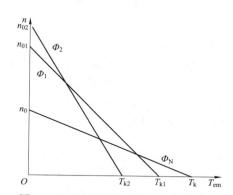

图 3-12　减弱磁通时的人为机械特性

3-17　什么是他励直流电动机的机械特性？

答： 图 3-13 为他励直流电动机的电路原理图，图中，左侧为电枢回路部分；右侧为励磁回路部分。

他励电动机的机械特性与并励电动机的机械特性相同，因此这里只介绍他励直流电动机。

$n=f(T)$ 是指在一定条件下，电磁转矩和转速两个机械量之间的函数关系。

一、机械特性方程式（用电枢回路总电阻考虑电刷接触压降）

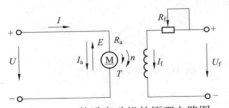

图 3-13　他励电动机的原理电路图

首先，为了衡量机械特性的平直程度，引进一个机械特性硬度的概念，其定义为

$$\beta = \frac{dT}{dn} = \frac{\Delta T}{\Delta n} \times 100\%$$

即转矩变化与所引起的转速变化的比值，称为机械特性的硬度。

根据 β 值的不同，可将电动机机械特性分为三类。

（1）绝对硬特性 $\beta \to \infty$：交流同步电动机。

（2）硬特性 $\beta > 10$：直流他励电动机、交流异步电动机曲线上部。

（3）软特性 $\beta < 10$：直流串励电动机。

根据直流电动机的特性方程：$n = [U - (R_a + R_p) I_a]/(C_e \Phi)$ 得到他励电动机的方程

$$n = U/(C_e \Phi) - (R_a + R_p)/(C_e CT \Phi^2) \times T = n_0 - \beta T$$

其中，$I_a = T/(CT\Phi)$，$n_0 = U/(C_e \Phi)$ 为理想空载转速，而 $\beta = (R_a + R_p)/(C_e CT \Phi^2)$ 为机械特性的斜率。

二、固有机械特性

根据直流电动机的特性方程可知，调整 U、Φ、R_a 可以改变机械特性：

$U = U_N$，$\Phi = \Phi_N$，$R_a = 0$ 时的机械特性称为固有机械特性。

其方程为

$$n = U/(C_e \Phi_N) - R_a T/(C_e CT \Phi_N^2)$$

由于 R_a 很小，转矩 T 增大时，n 下降很小，他励电动机的固有机械特性是一条比较平的下降曲线。（硬特性）

三、人为机械特性

人为机械特性是指人为地改变电动机电枢外加电压 U 和励磁磁通 Φ 的大小以及电枢回路串接附加电阻 R_{ad} 所得到的机械特性。

1. 电枢回路中串接附加电阻时的人为特性（$U = U_N$，$\Phi = \Phi_N$）

人为机械特性方程式为

$$n = \frac{U_N}{C_e \Phi_N} - \frac{R_a + R_S}{C_e C_T \Phi_N^2} T_{em}$$

2. 改变电枢电压 U 时的人为特性（$\Phi = \Phi_N$，$R = R_a$）

人为机械特性方程式为

$$n = \frac{U}{C_e \Phi_N} - \frac{R_a}{C_e C_T \Phi_N^2} T_{em}$$

3. 改变磁通 Φ 时的人为特性（$U = U_N$，$R = R_a$）

人为机械特性方程式为

$$n = \frac{U_N}{C_e \Phi} - \frac{R_a}{C_e C_T \Phi^2} T_{em}$$

3-18　并励直流电动机的机械特性有什么特点？

答：（1）由于励磁线圈发热和电动机磁饱和的限制，电动机的励磁电流和它对应的磁通只能在低于其额定值的范围内调节。

（2）当磁通过分削弱后：

1）如果负载转矩不变，将使电动机电流大大增加而严重过载。

2）当$\Phi=0$时，从理论上说，空载时电动机速度趋近∞，通常称为"飞车"。

（3）当电动机轴上的负载转矩大于电磁转矩时，电动机不能起动，电枢电流为I_{st}，长时间的大电流会烧坏电枢绕组。

因此，直流他励电动机起动前必须先加励磁电流，在运转过程中，决不允许励磁电路断开或励磁电流为零，为此，直流他励电动机在使用中，一般都设有失磁保护。

3-19　串励直流电动机的机械特性是怎样的?

答：一、转速特性

当$U=U_N$，$I_f=I_{fN}$时，$n=f(I_a)$的特性方程：

$$n=\frac{U}{C_e\Phi}-\frac{R_a+R_{fc}}{C_e\Phi}I_a$$

$$\Phi=K_fI_f,\qquad I_f=I_a$$

二、转矩特性

当$U=U_N$，$I_f=I_{fN}$时，$T_{em}=f(I_a)$的特性方程：

$$T_{em}=C_TK_fI_fI_a=C'_TI_a^2$$

3-20　串励直流电动机的机械特性有什么特点?

答：电压不变时，n与T反比，当负载转矩增大时，转速n下降很快（软特性）。这是在负载较小、电流较小电动机不饱和的情况下得出的。

当电流增加到一定程度时，磁路饱和，变化甚微，$n=f(T)$变成斜率很小的一次曲线（特性变硬）。当负载转矩很小时，T也很小，n会达到危险的高度，所以串励电动机不允许空载起动和运行。

同样大的起动电流时，串励电动机能产生更大的起动转矩，常用于起动较为困难的场合。串励电动机转矩增大时转速在减少，功率增加缓慢，故转矩过载能力较强、起动性能好。另外，串励电动机转速高，调速方便，换向性能差。

因此串励电动机不适用于转速要求稳定的场合，但在电动工具和诸如吸尘器等日用电器中，这种特性却可以起到自动调整转速的作用。当负载加重时，转速自动降低；当负载变轻时，转速自动升高。

3-21　单相串励电动机有哪些调速方法?

答：一、改变电枢电压调速

常用的方法有：

（1）电子调速器调速：调整晶闸管导通角，属调压调速。

（2）整流器调速：交流供电时，串入一个整流二极管，如图3-14所示，低速时只让半波通过电

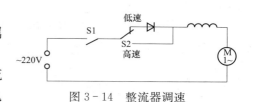

图3-14　整流器调速

动机，则只得到一半的功率，高速时全波通过电动机。常用于电吹风、电动按摩器、食品搅拌机等小型家用电器中。

此外，还有采用自耦变压器和串入电抗器等调压调速方法。

二、串联电阻调速

如图 3-15 所示，在电路中串入可变电阻器，改变电动机的转速。常用于家用电动缝纫机的调速控制。

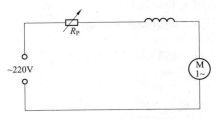

图 3-15　串联电阻调速

三、改变磁通调速（增加 Φ 速度下降；减小 Φ 速度增加）

特点：（1）调速平滑，可做到无级调速，但只能向上调，受机械本身强度所限，n 不能太高。

（2）调的是励磁电流（该电流比电枢电流小得多），调节控制方便。

1）如图 3-16（a）：改变励磁绕组的串、并联接法。并联接法，励磁电流为电枢电流的一半，Φ 减小，转速升高；串联接法，Φ 增加，转速降低。

2）如图 3-16（b）：抽头位置不同，改变励磁绕组匝数调速。

以上这两种调磁调速的方法常用于食物搅拌器的单相串励电动机。

3）如图 3-16（c）：电阻与励磁绕组并联，调解电阻，改变励磁电流调速。这种方法由于电阻消耗功率使效率降低，所以较少采用。

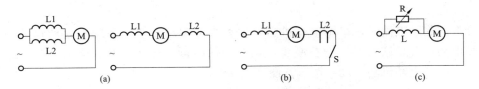

图 3-16　改变磁通调速

（a）改变励磁绕组的串、并联接法；（b）改变励磁绕组匝数调速；（c）改变励磁电流调速

3-22　串励电动机常见故障如何检修？

答：串励电动机的结构与其他励磁式直流电动机相似，因此其故障检修可以参照直流电动机同类故障的检修方法进行，在此只介绍串励电动机故障检修的一些特殊之处。

一、定子绕组和电枢绕组的检修

串励电动机定子绕组、电枢绕组的常见故障也是断路、短路、接地等，其检查方法也与直流电动机基本相同。但串励电动机的定子线圈表面涂有瓷漆，十分坚硬，难以拆卸，所以如果发现有故障，一般只能更换线圈。

串励电动机由于转速较高，绕组中的电流方向急剧改变，而电枢绕组处于电动机的中心，散热困难，所以发生故障的可能性较大，应注意检查。

串励电动机电枢绕组的匝间绝缘和对地绝缘都要求较高（特别是电动工具用电动机），在更换绕组后应对匝间绝缘电阻和对地耐压进行检查。

二、电刷等部件的检修

串励电动机的换向性能要比直流电动机差，因此其电刷、换向器等都是容易产生故障的部件。

（1）电刷下火花较大：可能是电刷与换向器接触不良所致，如果是换向器表面不光洁，则应清洁换向器的表面；如果是刷握的弹簧疲劳或者断裂，则应更换弹簧；如果是电刷磨损严重，则要更换电刷。

（2）电刷磨损：串励电动机电刷的磨损程度要比直流电动机更厉害，因此电刷的更换也更频繁。串励电动机的电刷材料要求较高，注意更换新电刷的型号、规格应与原来的相同。在电刷更换后，应对电刷与换向器的接触表面进行研磨。

（3）刷握通地：刷握通地也是串励电动机的常见故障，可用万用表或绝缘电阻表进行检查，如发现刷握通地，应进行绝缘处理或更换刷握。

（4）换向器通地：在用绝缘电阻表查出后，应进行绝缘处理或更换换向器。

此外，串励电动机由于转速较快，其机械部分如轴承、减速装置的齿轮都容易产生故障。在检修电动机时，应注意区分是电气故障还是机械故障。

3－23　并励直流电动机与串励直流电动机有何区别？

答：主要表现在以下三方面：

（1）机械特性不同。并励直流电动机的机械特性为硬特性，在转矩变化时转速变化很小；串励电动机的机械特性为软特性，转速随转矩的变化而剧烈变化。

（2）适用场合不同。并励直流电动机主要用于转速要求恒定的场合，适用于恒转速负载；串励直流电动机主要用于负载转矩在大范围内变化的场合，适用于恒功率负载。

（3）起动时对负载的要求不同。并励直流电动机适用于空载起动或轻载起动；串励直流电动机不允许空载起动，同时不允许用皮带或链条传动。

3－24　复励直流电动机的机械特性有什么特点？

答：复励直流电动机既有并励绕组又有串励绕组。其机械特性介于并励和串励电动机之间。

如果并励绕组起主导作用，则特性接近并励电动机。如果串励绕组起主导作用，则接近串励电动机。复励电动机空载时，由于有并励绕组接通，所以空载转速不会太快。

3－25　直流电动机如何起动？

答：在研究直流电动机的起动前，首先明确几个概念：

起动过程：电动机接通电源后，由静止状态加速到稳定运行状态的过程。

起动转矩 T_{st}：电动机起动瞬间的电磁转矩。

起动电流 I_{st}：起动瞬间的电枢电流。

一、一般情况下直流电动机不允许直接起动

直流电动机起动时直接起动电流很大，能够达到 $10\sim20$ 倍的额定电流，这将引起严重的后果。

起动时，$n=0\rightarrow E=K_e\Phi_n=0$，$I_{st}=U_n/R_a=(10\sim20)I_{an}$，$I_{st}$ 太大会使换向器产生严重的火花，烧坏换向器，因此应设法限制电枢电流的不超过额定电流的 $1.5\sim2$ 倍。

直接起动转矩大，$T\propto I_{st}$，起动时，起动转矩为 $(10\sim20)T_N$，造成机械冲击，使传动机构遭受损坏。

二、解决方法

（1）对直流电动机起动的要求：足够大的 T_{st}，I_{st} 要限制在一定的范围内，起动设备要简单、可靠。

（2）限制 I_{st} 的方法：电枢回路串电阻起动，降低电枢电压起动。

无论哪种方法都应保证电动机的磁通达到最大值。

三、电枢回路串电阻起动（见图3-17）

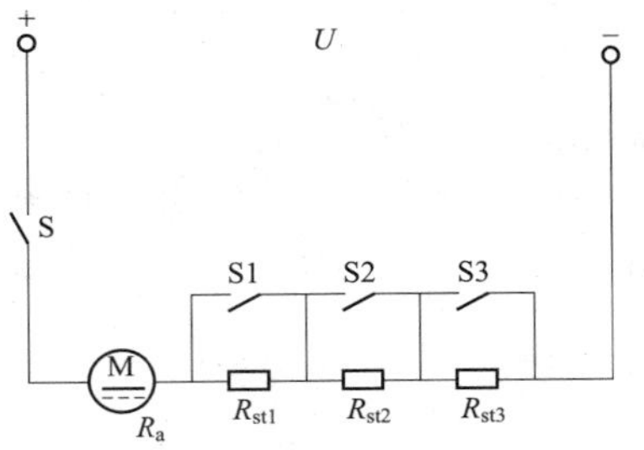

图3-17 电枢回路串电阻起动

计算各级起动电阻的步骤：

（1）求 R_a。

（2）根据过载倍数求 T_1，I_1。

（3）选取 m。

（4）计算 β。

（5）求 $\beta=T_1/T_2$，检验是否满足 $T_2\geqslant(1.1{-}1.3)T_L$，若不满足，另选 T_1 或 m 值，直到满足条件。

然后在已知起动电流比 β 和电枢电阻前提下，经推导可得各级串联电阻为

$$R_{st1}=(\beta-1)R_a$$
$$R_{st2}=(\beta-1)\beta R_a=\beta R_{st1}$$
$$R_{st3}=(\beta-1)\beta^2 R_a=\beta R_{st2}$$
$$\cdots$$
$$R_{stm}=(\beta-1)\beta^{m-1}R_a=\beta R_{stm-1}$$

四、降压起动

当直流电源电压可调时可采用降压起动方法。

发展：过去可调的直流电源采用直流的发电机-电动机组，现在多用晶闸管整流电源代替。

优点：起动平稳，起动过程中能量损耗小。常用于对调速性能要求较高的中大容量拖动系统，例如重型机床（龙门刨）、精密机床和轧钢机等。

五、电动机起动时的注意事项

直流电动机在起动和工作时，励磁电路一定要接通，不能让它断开，而且起动时要满励磁。否则，磁路中只有很少的剩磁，可能产生事故：

（1）如果电动机是静止的，由于转矩太小（$T=KT\Phi I_a$），电动机将不能起动，这时反电动势为零，电枢电流很大，电枢绕组有被烧坏的危险。

（2）如果电动机在有载运行时断开励磁回路，反电动势 E 立即减小而使电枢电流增大，

同时由于所产生的转矩不满足负载的需要，电动机必将减速而停转，更加促使电枢电流的增大，以致烧毁电枢绕组和换向器。

（3）如果电动机在空载运行，可能造成飞车，使电动机遭受严重的机械损伤，而且因电枢电流过大而将绕组烧坏。

3-26　直流电动机如何制动？

答：制动：从某一稳定转速开始减速到停止或限制位能负载下降速度的一种运行过程。

注：串励电动机由于理想空载转速无穷大，所以没有回馈制动运行状态，只能进行能耗和反接制动。

电动机的两种运行状态：

（1）制动状态：电磁转矩 T_{em} 的方向与转速 n 的方向相反。

（2）电动状态：电磁转矩 T_{em} 的方向与转速 n 的方向相同。

制动的方式有能耗制动、反接制动、回馈制动三种。

一、能耗制动

1. 实现能耗制动的方法（见图 3-18）

将电枢从电源上断开，接通制动开关，将制动电阻 R 闭合接入电动机，电枢电流 I_a 变为由 E_a 产生，与原来方向相反，电磁转矩随之反向，T_{em} 与 n 反向，进入制动状态，制动过程中，电动机靠系统的动能发电，消耗在电枢回路的电阻上，故称为能耗制动。

2. 能耗制动时的机械特性（见图 3-19）

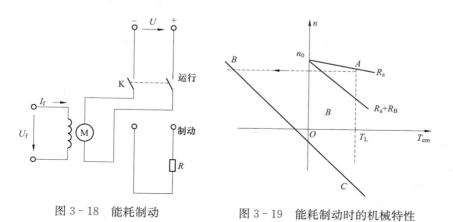

图 3-18　能耗制动　　　　图 3-19　能耗制动时的机械特性

二、反接制动

1. 电压反接制动

（1）实现方法。如图 3-20 所示，当转换开关打到制动位置时，使电枢电源反接的同时串入一个制动电阻 R，电阻 R 的作用是限制电源反接制动时电枢的电流过大。这时由于 U 反向，反向的电枢电流很大，产生很大的反向 T_{em}，从而产生很强的制动作用，进入制动状态。

（2）机械特性（见图 3-21）。

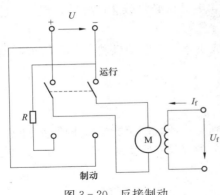

图 3-20　反接制动　　　　　图 3-21　反接制动机械特性

2. 倒拉反转反接制动（只适用于位能性恒转矩负载）

倒拉反转反接制动是指制动时在电枢回路中串入大电阻，使电磁转矩小于负载转矩的制动过程，倒拉反转反接制动只能适用于位能性负载，如图 3-22 所示。

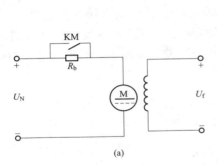
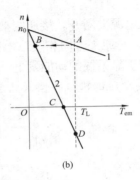

（a）　　　　　　　　　　　　（b）

图 3-22　倒拉反转反接制动
（a）电路原理图；（b）机械特性

三、回馈制动

1. 实现方法

他励直流电动机在电动状态下提升重物时，将电源反接，电动机进入电压反接制动状态由于 $E_a > U$，电流 I_a 与 E_a 同方向，与 U 反方向，所以电动机将位能转换为电能回馈电网，故称回馈制动，如图 3-23 所示。

2. 机械特性

（1）正向回馈制动。电动机通过降低电压来减速时，若电压下降幅度较大，会使得工作点经过第Ⅱ象限，如图 3-24 中的 BC 段，转速为正而电磁转矩为负，电动机运行于制动状态。在这一过程中，由于电源电压下降，使得 $E_a > U$，电流方向改变，电能从电动机回馈到电源。

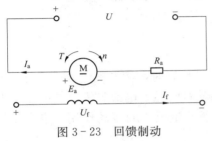

图 3-23　回馈制动

（2）反向回馈制动。电动机拖动位能性恒转矩负载运行。反接电源电压并给电枢支路串入限流电阻。工作点将会稳定在第Ⅳ象限，如图3-25所示。在 D 点，电动机的转速高于理想空载转速，$E_a > U$，电流流向电源，属于反向回馈制动。反向回馈制动常用于高速下放重物时限制电动机转速。为了限制高速下放速度，一般在回馈制动时，将电枢回路串联的电阻切除。

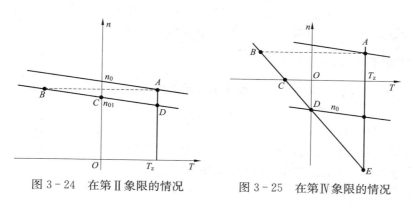

图3-24　在第Ⅱ象限的情况　　　　图3-25　在第Ⅳ象限的情况

3. 使用场合

用于高速匀速下放重物和降压、增加磁通调速过程中自动加快减速过程。

3-27　直流电动机的反转控制是怎样的？

答：电动机的原理是通电导线在磁场中受到力的作用，这个力的方向与通电的电流方向和磁感线的方向有关，电动机的转向与线圈的受力有关，因而转向与电流方向和磁感线的方向有关，与通过线圈的电流和电源的电压大小无关。

有两种改变直流电动机转向的方法：一种是电枢电流方向不变，改变励磁电流方向，由于励磁绕组匝数多，在改变电流方向的瞬间会产生很高的自感电动势，有可能引起绕组匝间的击穿，因此较少采用。常用方法是励磁电流方向不变，改变电枢电流的方向。注意：改变转动方向时，励磁电流和电枢电流两者的方向不能同时变。

下面介绍一下电枢电源反接改变电动机转向的电路（见图3-26）：

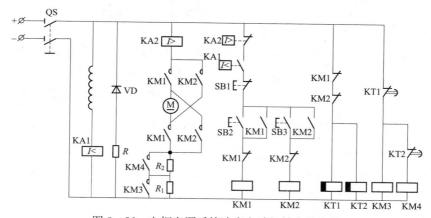

图3-26　电枢电源反接改变电动机转向的电路

（1）正反向起动过程分析：（在 QS 合上状态下）按动正转按钮 SB2→KM1 线圈通电自锁→M 串R_1、R_2 正向起动；KT1、KT2 线圈断电延时，KT1 延时时间到→KM3 线圈通电→切除电枢电阻 R_1。KT2 延时时间到→KM4 线圈通电→切除电枢电阻 R_2，M 电枢全压正向运行。

（2）按动反向按钮 SB3→KM2 线圈通电自锁→电动机 M 串 R_1、R_2 反向起动；KT1、KT2 线圈断电延时，KT1 延时时间到→KM3 线圈通电→切除电枢电阻 R_1。KT2 延时时间到→KM4 线圈通电→切除电枢电阻 R_2，M 电枢全压反向运行。

3-28　直流电动机如何接线？

答：直流电动机有 4 个出线端，电枢绕组、励磁绕组各两个，可通过标出的字符和绕组电阻的大小区别。

一、绕组的阻值范围

电枢绕组的阻值在零点几欧姆到 1～2Ω；他励/并励电动机的励磁绕组的阻值有几百欧姆；串励电动机的励磁绕组的阻值与电枢绕组的相当。

二、绕组的符号及名称

绕组的符号及名称见表 3-1。

表 3-1　　　　　　　　　　　绕组的符号及名称

始端	末端	绕组名称
S1	S2	电枢绕组
T1	T2	他励绕组
B1	B2	并励绕组
C1	C2	串励绕组
H1	H2	换向极绕组
BC1	BC2	补偿绕组
Q1	Q2	起动绕组

3-29　如何选择直流电动机的特性类型？

答：（1）恒转矩的生产机械（T_L 一定，和转速无关）要选硬特性的电动机，如金属加工、起重机械等。

（2）通风机械负载，机械负载 T_L 和转速 n 的平方成正比。这类机械也要选硬特性的电动机拖动。

（3）恒功率负载（P 一定时，T 和 n 成反比），要选软特性电动机拖动。如电气机车等。

3-30　什么是直流电动机的换向？

答：电枢旋转时，被电刷短路的元件从短路开始到短路结束，从一条支路转换到另一条支路，电流改变了方向。换向元件中电流的这种变化过程称为换向过程。从换向开始到换向结束所需的时间称为换向周期。

3-31　什么是直线换向？

答：如果换向元件中电动势为零，则在被电刷短路的闭合回路中不会有环流。换向元件中的电流由电刷与相邻两换向片的接触面积决定。变化曲线时一条直线称为直线换向。

3-32　直流电动机的换向火花等级有哪几级？怎样判断火花等级？

答：直流电动机运行时要注意观察电刷与换向器表面的火花情况。在额定负载工况下，一般直流电动机只允许有不超过 3/2 级的火花，电刷下火花的等级见表 3-2。

表 3-2　　　　　　　　　　　　　　　电刷下火花的等级

火花等级	电刷下火花程度	换向器及电刷的状态	允许运行方式
L	无火花		
$\frac{5}{4}$	电刷边缘仅小部分有微弱的点状火花或有非放电性的红色小火花	换向器上没有黑痕；电刷上没有灼痕	允许长期连续运行
3/2	电刷边缘大部分或全部有轻微的火花	换向器上有黑痕出现，用汽油可以擦除；在电刷上有轻微灼痕	
2	电刷边缘大部分或全部有较强烈的火花	换向器上有黑痕出现，用汽油不能擦除；电刷上有灼痕。短时出现这一级火花，换向器上不出现灼痕，电刷不致烧焦或损坏	仅在短时过载或有冲击负载时允许出现
3	电刷的整个边缘有强烈的火花，即环火，同时有大火花飞出	换向器上有黑痕且相当严重；用汽油不能擦除；电刷上有灼痕。如在这一级火花短时运行，则换向器上将出现灼痕，电刷将被烧焦或损坏	仅在直接起动或逆转的瞬间允许出现但不得损坏换向器和电刷

3-33　直流电动机换向时，产生火花的原因有哪些？

答：直流电动机良好的换向，是保证电动机可靠运转的必要条件，其火花是反映直流电动机故障最明显的标志，换向火花产生的因素很多，可大致归结为以下面三方面的原因：

一、电磁方面的原因

（1）当换向绕组补偿线圈极性错误时，将使换向元件中合成电动势增加，并使电枢反应造成主磁场波形畸变加剧，从而使电动机产生强烈火花，即使电动机空载运行火花也很大。

（2）当主极、换向极、补偿绕组短路或接反时，由于换向磁场削弱，将使电动机换向火花加大。这三个绕组要识别极性，主极、补偿绕组相对好区分，因为主极和补偿绕组在一个铁心上，用电磁感应原理很容易就找出来了。

（3）当检修电动机后电刷几何中心线错位时，由于换向元件不在中性区换向而进入主极区，换向元件切割主磁通，这时会产生空载火花。

（4）当电动机突然过载时，换向磁通滞后，严重的负载使换向饱和、电刷跳动、换向器表面破坏等，都会引起严重的火花。

（5）当电动机重绕和更换换向器时，没有弄清铁心槽与换向器铜片或云母片中心之间的定位关系，因为这个问题没搞清造成偏差，那就是相当于电刷偏离了几何中心线，它的偏差加剧了磁场的畸变及各支路电势的不均匀度，引起了换向火花。

二、机械方面的原因

（1）当换向器表面工作状态不良，电枢动平衡不好，运行时电机跳动，造成了电刷与换向器无法平滑、稳定地滑动接触而产生火花。

（2）电刷与刷握间隙不合理，电刷压力不合适，影响了滑动接触，产生了火花。

三、电动机的负载和其他环境因素的原因

（1）当电动机遇到过载和冲击性的负载、电流变化频繁时，将会造成换向困难而产生火花。

（2）在电动机运行中，某些部件的工作状态发生了改变，从而破坏了滑动接触，导致了换向的恶化。

3-34 改善换向、减小火花应采取哪些措施？

答：根据 3-33 中阐述的原因，也将其分为机械性原因和电磁性原因造成的火花来采取措施。

一、机械性火花的处理和调整

1. 电动机振动的检查

电动机振动的检查，应在空载及负载下进行，使其在任何情况下（临界转速及附近除外）不超过电动机振动允许值，并尽可能使振动减小。使电动机振动值超过允许值的影响因素很多，其处理方法应有针对性。

2. 换向器摆度测量及修正

换向器摆度应包括换向器的不同心度、椭圆及个别换向片或片间云母片的凸出等。

有同心度及椭圆度超差引起的换向器摆度。在电动机旋转时，摆度是逐渐变化的，在半径方向的变化梯度较小，对电刷的跳动影响较小，因此由此所引起的摆度允许值较大，见表 3-3。

表 3-3   换向器的允许摆度   mm

电枢状态	换向器圆周速度≥15m/s	换向器圆周速度<15m/s
热态	0.06	0.10
冷态	0.05	0.09

由云母凸片造成的换向器摆度，在半径方向的变化是呈突变性的，其变化梯度较大，对电刷的跳动影响较大，故凸片所造成的摆度允许值要小。按照运行实践经验，大型直流发电机，在换向器圆周速度 v_k 大于 30m/s，凸片值为 0.02mm，就会产生火花，故凸片数值 δ 最好限制在下列范围：

$v_k \geq 40m/s$，$\delta < 0.01mm$；

$15m/s \leq v_k \leq 40m/s$，$\delta < 0.02mm$；

$v_k < 15m/s$，$\delta < 0.05mm$；

$v_k < 15m/s$，$\delta < 0.05mm$。

对换向器摆度的测量，可利用百分表。但由于换向片间的云母被刮至某一深度，因此通常的百分表不能用来进行连续测量，而只能测量一片后提起百分表再测量另一片，如要连续测量，应将普通百分表测量尖端改装。

对换向器摆度进行测量时，应将换向器沿轴向分成若干测量段，然后对每一测量段进行摆度测量，并做好记录。对大电动机或通轴式汽轮发电机励磁机，可用盘车旋转电枢；对大型直流电动机，也可在低速旋转时测量。

产生换向器摆度过大和凸片的原因有多种。一般是因为换向器长期与电刷接触，由磨损和电蚀所造成，这时，换向器未磨损部分的摆度应符合表 3-2 的要求。也有的是由于电动机运行多年后，片间云母和 v 形云母环中所含胶量挥发而干缩，拉紧螺杆拉力减小，片间压力逐渐降低，换向片或片间云母在离心力作用下甩出，这时也会产生摆度和凸片，此时，在磨损部分和未磨损部分，其摆度均会大于允许值。换向器因定位销钉和紧固螺钉松动也会产生偏心。消除换向器的摆度过大，通常采用重新精车换向器的方法。片间云母在径向必须低于换向片，这除了防止电刷跳动外，也是为了避免较硬的云母损伤较软的电刷。

3. 刷距和刷握间隙的检查和磨光

各排电刷沿换向器表面应力求分布均匀，通常在大中型直流电动机中允许的刷距误差为 ±0.5mm，同一刷架上的电刷应排列在与机轴平行的直线上，刷握离换向器表面距离应为（2.5±0.5）mm。

刷距的通常检查方法是，首先将某一刷架上的全部电刷的一个边缘与一片换向片的边缘相重合，然后紧贴换向器表面沿换向器圆周铺上一张与换向器等宽的纸，在纸的接缝处做好搭接记号后，把纸取下，以磁极数或刷架数划等分线。划好等分线后，再将纸铺在换向器表面上，纸的重叠处用糨糊粘贴。移动纸的位置，使等分线之一与已调整好的一排电刷的边缘重合，然后依次调整其余各排电刷，使全部电刷的边缘与等分线相重合。

在调整刷距的同时，也应调整刷握与换向器表面的距离。此时可在刷握与换向器表面间垫上一层 2mm 厚的石棉纸板或橡皮，使刷握与橡皮轻轻接触，然后固定刷握位置，抽出橡皮。

电刷与刷握之间应有一定的间隙，故电刷在制造时采用负公差，刷握则采用正公差，如果电刷与刷把尺寸均符合制造要求，则电刷与刷握的配合间隙能满足运行。按照运行经验，电刷与刷握之间的间隙，在轴向也即电刷宽度方向应为 0.2~0.5mm，在径向也即电刷厚度方向应为 0.1~0.3mm。对电刷厚度 8mm 以下的及可逆电动机，应保持较小的轴向和径向间隙。

现场检测时，发现间隙过大的刷握应进行更换，更换下来的刷握可在刷握内部的某一面进行铜焊，然后修整至标准刷握尺寸或将电刷适当磨小一些。但磨小电刷时应注意，其上、下部的尺寸应一致，避免在电刷磨损后卡死。

4. 电刷的压力测量调整

每一种牌号的电刷，都规定有一定的压力范围。对大中型直流电动机，其电刷的单位压力一般为 14.71k~24.52kPa，并且要求全部电刷的压力差不超过 ±10%。

5. 电刷接触面的检查与修正

电刷接触面一般称为镜面，应该是平滑明亮，不允许只有部分接触或有灼痕、粗糙、镀铜、碎裂等情况，否则就得修磨电刷。

在机组静止时，可将所要修磨的电刷及其相邻的电刷提起，并在要修磨的电刷下放入一张比刷握宽 2~3cm 的细砂纸，纸面朝换向器，然后将此电刷放入刷握并压好压指。用两手拉住砂纸两端并使砂纸紧贴换向器表面，沿换向器表面来回拉动，直至整个镜面都有砂纸磨出的痕迹。如果是单向旋转电动机，此时应再将砂纸沿电枢转向移动时，应稍提起电刷使其不与电刷镜面接触，防止砂纸来回拉动时损伤电刷的边缘。

二、电磁性原因火花的处理和调整

（1）测量换向器片间电阻。换向器片间电阻偏差不能超过 ±5%。对于升高片或并头套开焊或由于脏污引起的匝间短路，应处理。

（2）极距的检查和调整。检查极距的方法有两种：一种是在主极极靴和换向极上划中心线，然后用卡钳或划规来进行测量；另一种是测量各主磁极极靴边缘之间的距离、各换向极边缘之间的距离、主磁极极靴边缘与换向极边缘之间的距离。在电枢未装配而磁极长度又较大时，应在磁极两端测量极距、防止在中间或一端测量时，由于磁极歪斜而引起测量结果不正确。

极距的等分偏差，对大、中型电动机，通常允许为±0.75mm。如等分偏差超过允许值，则应进行调整。调整时，可以以一极或数极为基准。作为基准的磁极，其磁极中心线或极靴边缘必须与机座止口垂直，也好与电枢轴线平行，不得歪斜。然后略微松开被调磁极的固定螺钉，按计算所要求尺寸（最好做成卡板）进行调整。调整合适后拧紧螺钉，并重复测量尺寸有无变化，直至合格。由于制造时工艺不良而个别极距偏差过大时，通常应将机座上的磁极固定孔进行修正，此时应拆除该极的连线、磁极及线圈，然后修正孔距。在调整装配时，应注意主极垫片的位置，尤其要注意对装有四个小铁片的调整磁饱和程度用的垫片的位置，要使这种垫片的四个小铁片与主极中心线对称，否则孔距虽正，垫片歪斜也会使磁极偏斜。

（3）气隙的检查和调整。主磁极或换向磁极气隙的测量，一般用塞尺进行，对磁极较长的电动机应从两端测量。测量时，塞尺应位于电枢齿上的磁极中心附近，不允许在槽上和机靴边缘上测量；塞尺的深度和松紧程度应使各极大致相等。也可以以某一齿为基准，旋转电枢对各极进行测量，这样更正确，但也更麻烦。气隙的允许偏差，主极之间偏差应不大于±5%，换向极之间的偏差也应不大于±5%。气隙偏差超过规定时应进行调整。调整的方法有两种：一种是改变机座相对电枢的位置；另一种是改变磁极后面的磁性垫片厚度。气隙的公称尺寸应按制造厂图纸或以经过运行实践修改后的公称尺寸为准，不得任意修改。

3-35　什么是换向条件正常化检查？有哪些方法？

答：换向火花产生的原因是多种多样的，必须在众多的因素中找到主要原因，才能排除故障，改善换向。

检查换向恶化原因的方法，通常称换向条件正常化检查和调整，是直流电动机换向事故处理中最常用的方法。其原理如下：一台直流电动机在刚投入运行或过去运行中，换向一直是正常的，而在以后的运行过程中，逐渐变坏或突然恶化，说明电动机在换向恶化前，其滑动接触、电动机结构和电动机各部件工作情况是正常的。在电动机运行过程中，某些部件的工作状态发生了改变，或周围环境发生变化，从而破坏了滑动接触，改变了正常的换向状态，而导致换向恶化。如果对这些影响电动机换向的因素进行全面检查和调整，使其能恢复原来的正常状态，则换向即能恢复正常。

换向正常化检查是直流电动机寻找换向事故原因和排除故障的常用方法，它包括下面几个主要项目：

一、换向器片间电阻测量

测量换向器片间电阻，能发现电枢绕组是否断线、开焊和匝间短路，升高片是否断裂以及是否存在换向器片间短路。片间电阻检查通常采用压降法，也可采用专用片间电阻测量仪。

二、换向器摆度测量

当换向器变形或偏心时，在运行时将会使电刷跳动，滑动接触就不理想，超过一定数值后，将导致换向恶化。高速电动机和多重路电枢绕组电动机更为敏感。

三、电刷中性面的检查

直流电动机电刷中性线位置，一般应严格在主磁极几何中心线上，对于大型电动机、可逆运行电动机和高速电动机尤其如此。因为当电刷偏离主机中性线时，换向将发生超前和延迟。纵轴电枢反应使电动机的外特性发生变化，对可逆转电动机来说，两个转向下转速不同，而且外特性也不同，两个转向时换向强弱也不同。在电刷偏离中性位置较大时，由于换向元件进入主极磁通区，电动机将产生空载火花。

四、极距、刷距和气隙的检查与调整

直流电动机各排电刷之间的距离，主极之间和换向极之间的距离应力求相等。因为刷距和极距不等会造成各排电刷下被短路元件在磁场中位置不同，换向极磁场和换向元件电抗电势波形不重合，各个刷架下火花不等会使电动机换向不正常。

（1）刷距允许误差通常为±0.5mm，一般用铺纸等分法来检查和调整。方法如下：首先将电动机上一排刷架电刷位置调整好，使这排电刷边缘正好与一个换向片边缘组合，然后在换向器表面铺一张纸，在一接缝处做好搭接标记后取下，将纸以极数进行等分，划好等分线后，再铺在换向器上，使调整好位置电刷的边缘正好压在一条等分线上，再将全部电刷落下，电刷边缘与等分线的距离就是刷距等分的误差，如将全部电刷按等分线调整，则可以纠正刷距的误差。

（2）极距检查与调整。极距允许误差为±0.75 mm。极距较准确的测量一般采用磁极靴上划中心线，再用游标卡尺和卡钳等进行测量，可以得到较精确的结果。当电动机装配完后，电枢不能抽出的情况下，可以用卡钳测量极靴边缘之间的距离，也可以检查极距等分误差。

（3）气隙检查与调整。直流电动机主极和换向极气隙必须均等，如气隙不均，则各极下磁阻不等，在相同的励磁磁势下，磁流不相等，在部分刷架下火花就会较大。同时，由于主极下磁通量不等，还将出现电枢绕组内环流和单边磁拉力。直流电动机主极和换向极的允许偏差均为±5%。气隙检查通常用普通塞尺和专用固定斜度塞尺进行测量，当气隙超过规定公差时，可将主极或换向极固定螺钉松开，依靠调节极顶磁性垫片来调整气隙，以符合规定的公差。

五、电刷和刷握工作性能检查

（1）弹簧压力的调整。直流电动机电刷单位压力，一般规定在 $1.6\sim2.4N/cm^2$，并且要求全部电刷压力差不超过±10%。电刷压力也是保证正常换向的重要条件。电刷压力过小，会造成电刷跳动和接触压降不稳定；压力大，接触压降减小；但压力过大，则可能造成电刷机械磨损增加，换向器温升增高。

（2）刷握间隙检查。电刷与刷握的间隙应符合一定公差，间隙过大，电刷在刷握内晃动，影响接触的稳定，有时还产生"啃边"现象；但间隙过小时，影响电刷在刷握内的自由滑动，甚至被卡死。

（3）刷握离换向器表面距离的检查。刷握离换向器表面距离应保持在（2.5±0.5）mm范围内。刷握离换向器表面距离与电刷保持稳定、防止电刷振动有很大关系。双斜刷握与换向器表面的距离，还影响电刷宽度，当距离过大时，电刷还将产生"顶角"，影响工作。刷握距离可用厚度为 2mm 和 3mm 的绝缘板条进行检查，当距离超过允许值时，可用 2.5mm 厚绝缘板垫在刷握下，作为调整基准进行调整。

（4）电刷材质和镜面检查。电刷是构成滑动接触的重要部件，电刷材质和工作状态不正常，将影响滑动接触，或造成换向恶化。一般说，不同型号的电刷，最好不要混用。电刷镜

面在换向正常时是平滑光亮的。换向火花较大时，就会出现雾状和灼痕。当电刷中含有碳化硅和金刚砂等杂质时，镜面中就会出现白色斑点或在旋转方向留下细沟。

六、 换向器表而工作状态的检查

以保持良好滑动接触、减少电刷磨损和防止片间闪络的可能性。

七、 主极、 换向极绕组极性与匝间短路的检查

直流电动机定子绕组个别极性错误和匝间短路都将影响换向。尤其当换向极极性相反时，由于换向电势和电抗电势不能抵消，反而相加，因此即使在很小负载时也将出现严重的火花。极性检查可按图纸核对，也可用电阻磁针检查。主极匝间短路通常用交流压降法检查。补偿和换向极绕组匝间短路一般可用外观检查发现。例如：当端部连接线因变形相碰短路时，通过仔细观察都可以发现。不易发现的短路故障，可在绕组中通入适当的电流，用直流压降法检查出来。

3-36 直流电动机使用前应做哪些准备和检查？

答：直流电动机在使用之前是需要进行充足的准备和检查的，只有这样才能确保在电动机工作的过程中最大限度地避免出现故障，这也是最大限度地确保操作人员的工作安全，以及延长电动机的使用寿命。具体操作方法如下：

（1）在使用电动机之前，清扫电动机内部灰尘、电刷粉末等，清除污物及杂质。

（2）清除完之后，就开始拆除与电动机连接的所有接线，检查电动机绕组对机壳的绝缘电阻，一定要高于 $0.5M\Omega$，若小于 $0.5M\Omega$，需要进行烘干后再使用。

（3）检查电刷是否因磨损而太短，刷握的压力是否适当，刷架的位置是否符合规定。

（4）检查换向器表面是否光洁，若发现有机械损伤或火花烧灼痕，应及时对换向器进行维修及表面处理。

（5）电动机运转时，应注意测量轴承温度，并倾听其转动声音，如有异常也应及时进行处理。

只有做好电动机工作前的准备和检查才能让工作更放心，更有效率。

3-37 为什么串励直流电动机不允许在空载或轻载的情况下运行？

答：对于串励直流电动机，空载起动时因为电流很小，相对于弱磁，如果电流很小，空载运行会出现"飞车"现象。因此，串励电动机是不允许空载或轻载运行或用皮带传动的。

3-38 为什么他励直流电动机起动前先加额定励磁电压？

答：他励电动机不能在全压下起动，若采用全压起动，起动电流非常大会使电动机换向情况恶化，导致起动转矩过大使电动机遭受机械损坏，所以应在起动前先加额定励磁电压。

3-39 如何用移动电刷位置（确定电刷的中性点）的方法来改善直流电动机的换向？

答：电刷的中性位置是当电动机作空载发电机运行时，励磁电流和转速不变的情况下，在电刷上量得最大感应电动势时电刷的位置。

直流电动机靠设置换向极来改善换向情况，电刷的位置应严格控制在中性线位置。当不在中性线位置上时，电动机在运行中电刷和换向片之间将会产生火花。严重时产生环火将电

刷和换向片烧损。

　　所以每当电动机大修时，电刷架位置被移动，都必须将电刷再次准确地调整到它的中性位置。直流感应法因其在试验过程中对设备仪器要求不高以及操作简单，通常将直流感应法作为确定电刷中性位置的常用方法，直流感应法原理如图 3 - 27 所示。

　　当用直流感应法时，电枢静止，一开关 K 交替地接通和断开电动机的励磁电流，用一块毫伏表在换向器的不同位置上分别测量电枢绕组的感应电动势。

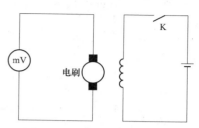

　　如果电刷的位置正处在中性线位置时，电压表指针几乎不动。

　　而电刷不处在中性线位置上时，当励磁电流接通时电枢绕组将会产生电动势。这时电压表的指针将向一方偏转。而断开时会向另一方偏转。也就是说，当接通励

图 3 - 27　直流感应法原理图

磁电流时观察毫伏表的指示大小，如果指针偏转较大（一般为 3mV 以下）则调整刷架位置，调整结束后再次测量直到电压指示为最小值时为止。这时调整换向器至另一位置重复以上方法使电压表指示为最小值。这时为测量更加精确、快捷，可将电动机以记号笔将其换向器旋转的一周分为 8 等份（小电机也可分为 4 等份）。将换向器依次旋转至每个记号笔标记处进行测量。使每个等份的电压显示均为最小值。这时电刷的位置正处在中性线位置上。

3 - 40　直流电动机有哪些常见故障？应该如何排除？

　　答：直流电动机的常见故障及排除方法见表 3 - 4。

表 3 - 4　　　　　　　　　　直流电动机的常见故障及排除方法

常见故障		可能原因	排除方法
直流发电机	发电机电压不能建立	1) 并励绕组两出线端接反。 2) 励磁回路电阻过大或有开路。 3) 并励或复励电动机中没有剩磁。 4) 励磁绕组短路或并励绕组与串励绕组，换向极绕组之间短路。 5) 电动机旋转方向错误。 6) 转速太低。 7) 电枢绕组短路或换向片之间短路。 8) 电刷偏离中性线太多。 9) 电刷过短或弹簧压力过小，使电刷与换向器接触不好	1) 对调并励绕组两出线端。 2) 调节磁场变阻器到最小，检查回路中有无断线及松动。 3) 重新充磁：用外加直流电源与励磁绕组瞬时接通，充磁时，注意电源极性应与绕组极性相同。 4) 查出短路点并排除。 5) 改变电动机的转向。 6) 测量电动机转速是否与铭牌相符，否则应提高转速。 7) 查出短路点并排除。 8) 调整电刷位置，使之接近中性线。 9) 更换成新的电刷或调整弹簧压力
	发电机空载电压正常达不到的额定值	1) 发电机转速低于额定转速。 2) 磁场变阻器太大。 3) 励磁绕组匝间短路。 4) 串励绕组和并励绕组相互接错。 5) 电刷不在中性线上	1) 检查原动机转速是否太低；原动机与发电机间的传动带是否过松；修理、更换后速比是否正常。 2) 调节变阻器，若阻值不能调节则应检查变阻器是否接触不良或被卡住，并予以修复。 3) 检查短路情况，并修复。 4) 应拆开重新接线。 5) 调整电刷位置，选择在电压最高处

常见故障		可能原因	排除方法
直流发电机	发电机空载电压正常，负载后明显下降	1) 复励发电机串励绕组极性接反。 2) 电刷与换向器接触不良，或接触电阻过大。 3) 电刷不在中性线上。 4) 发电机过载	1) 调换串励绕组两出线端。 2) 观察换向火花，擦拭换向器表面；修磨电刷消除电阻过大的故障点。 3) 调整电刷位置，使之靠近位置。 4) 减去一部分负载
直流电动机	电动机不能起动	1) 因电路发生故障，使电动机未通电。 2) 电枢绕组断路。 3) 励磁绕组回路断路或接错。 4) 电刷与换向器接触不良或换向器表面不清洁。 5) 换向极或串励绕组接反，使电动机在负载下不能起动，空载下起动后工作也不能稳定。 6) 起动器故障。 7) 电动机过载。 8) 起动电流太小。 9) 直流电源容量太小。 10) 电刷不在中性线上	1) 检查电源电压是否正常；开关触点是否完好；熔断器是否良好；查出故障，予以排除。 2) 查出断路点，并修复。 3) 检查励磁绕组和磁场变阻器有无断点；回路直流电阻值是否正常；各磁极的极性是否正确。 4) 清理换向器表面，修磨电刷，调整电刷弹簧压力。 5) 检查换向极和串励绕组的极性，对错接者予以调换。 6) 检查起动器是否接线有错误或装配不良；起动器接点是否被烧坏；电阻丝是否烧断，应重新接线或整修。 7) 检查负载机械是否被卡住，使负载转矩大于电动机堵转转矩；负载是否过重，针对原因予以消除。 8) 检查起动电阻是否太大，应更换合适的起动器，或改接起动器内部接线。 9) 起动时如果电路电压明显下降，应更换直流电源。 10) 调整电刷位置，使之接近中性线
	电动机转速太高	1) 电源电压过高。 2) 励磁电流太小。 3) 励磁绕组断线，使励磁电流为0，电动机飞速。 4) 串励电动机空载或轻载。 5) 电枢绕组短路。 6) 复励电动机串励绕组极性接错	1) 调节电源电压。 2) 检查磁场调节电阻是否过大；该电阻接点是否接触不好；检查励磁绕组有无匝间短路，使励磁磁动势减小。 3) 查出断线处，予以修复。 4) 避免空载或轻载运行。 5) 查出短路点，予以修复。 6) 查出接错处，重新连接
发电机及电动机共有故障	励磁绕组过热	1) 励磁绕组匝间短路。 2) 发电机气隙太大，导致励磁电流过大。 3) 电动机长期过电压运行	1) 测量每一磁极的绕组电阻，判断有无匝间短路。 2) 拆开电机，调整气隙。 3) 恢复正常额定电压运行
	电枢绕组过热	1) 电枢绕组严重受潮。 2) 电枢绕组或换向片间短路。 3) 电枢绕组中，部分绕组元件的引线接反。 4) 定子、转子铁心相摩擦。 5) 电动机的气隙相差过大，造成绕组电流不均衡。 6) 电枢绕组中均压线接错。 7) 发电机负载短路。 8) 电动机端电压过低。 9) 电动机长期过载。 10) 电动机频繁起动或改变转向	1) 进行烘干，恢复绝缘。 2) 查出短路点，予以修复或重绕。 3) 查出绕组元件引线接反处，调整接线。 4) 检查定子磁极螺栓是否松脱，轴承是否松动，磨损；气隙是否均匀，予以修复或更换。 5) 应调整气隙，使气隙均匀。 6) 查出接错处，重新连接。 7) 应迅速排除短路故障。 8) 应提高电源电压，直至额定值。 9) 恢复额定负载下运行。 10) 应避免起动，变向过于频繁

续表

常见故障		可能原因	排除方法
发电机及电动机共有故障	电刷与换向器之间火花过大	1) 电刷磨得过短，弹簧压力不足。 2) 电刷与换向器接触不良。 3) 换向器云母凸出。 4) 电刷牌号不符合要求。 5) 刷握松动。 6) 刷杆装置不等分。 7) 刷握与换向器表面之间的距离过大。 8) 电刷与刷握配合不当。 9) 刷杆偏斜。 10) 换向器表面粗糙，不圆。 11) 换向器表面有电刷粉、油污等。 12) 换向片间绝缘损坏或片间嵌入金属颗粒造成短路。 13) 电刷偏离中性线过多。 14) 换向极绕组接反。 15) 换向极绕组短路。 16) 电枢绕组断路。 17) 电枢绕组和换向片脱焊。 18) 电枢绕组或换向片短路。 19) 电枢绕组中，有部分绕组元件接反。 20) 电动机过载。 21) 电压过高	1) 更换电刷，调整弹簧压力。 2) 研磨电刷与换向器表面，研磨后轻载运行一段时间进行磨合。 3) 重新下刻云母片。 4) 更换与原牌号相同的电刷。 5) 紧固刷握螺栓，并使刷握与换向器表面平行。 6) 可根据换向片的数目，重新调整刷握杆间的距离。 7) 一般调到2～3mm。 8) 不能过松或过紧，要保证在热态时，电刷在刷握中能自由滑动。 9) 调整刷握与换向器的平行度。 10) 研磨或车削换向器外圆。 11) 清洁换向器表面。 12) 查出短路点，消除短路故障。 13) 调整电刷位置，减小火花。 14) 检查换向极极性，在发电机中，换向极的极性应为沿电枢旋转方向，与下一个主磁极的极性相同；而在电动机中，则与之相反。 15) 查出短路点，恢复绝缘。 16) 查出断路元件，予以修复。 17) 查出脱焊处，并重新焊接。 18) 查出短路点，并予以消除。 19) 查出接错的绕组元件，并重新连接。 20) 恢复正常负载。 21) 调整电源电压为额定值

3-41 如何选择直流电动机的使用场合？

答： Z2 系列使用于恒速或调速范围不大于 2∶1 的电力拖动系统中，为自扇冷结构。

ZO2 系列用于多尘埃及金属切削等场合，为全封闭结构。

ZT2 系列用于削弱磁场向上恒功率调速，调速范围为 1∶3 及 1∶4 的电力拖动中。

Z2C 系列用于船舶恒速电力拖动系统中，也可作为海洋或内河船舶各种辅机电力拖动和供电电源之用。

Z3 系列用于恒速或转速调节范围不大于 3∶1 的电力拖动系统中，有自扇冷却和强迫通风结构两种。

Z4 系列采用全选片结构，适用于静止整流电源供电，具有转动惯量小，有较好的动态性能，为强迫通风结构，也可以用作管道通风或空水冷结构。

ZSL4 系列为自扇冷结构，可弱磁恒功率向上调速，达额定转速的 1～2 倍。已生产电动机的机座号 132～200，共 3 个机座号。

ZBL4、ZLZ4 系列采用全封闭结构，机座带散热片。用于多尘埃的场合。

ZZJ-800 系列能承受频繁的起动、制动、正/反转，过载能力大，用于金属轧机的辅传动机械及冶金起重，有全封闭结构，有强迫通风结构和空水冷结构。过载能力约为 3 倍。

ZZJ-900 系列具有 ZZJ-800 系列的特点，且转动惯量为 ZZJ-800 系列的 60%。

Z 系列中型直流电动机可用于普通工业和传动金属轧机及其辅助机械，有强迫通风结构和空水冷结构。

ZSN4 系列为水泥回转窑主传动专用直流电动机，有强迫通风结构和管道通风结构。

3-42 电动机在运转中应定期进行哪些检查？

答：电动机在运转中应定期进行检查，检查时应特别注意下列事项：

(1) 电动机周围应保持清洁干燥，其内外部均不应放置其他物件。

电动机的清洁工作每月不得少于一次，清洁时应以压缩空气吹净内部的灰尘，特别是换向器、线圈联接线和引出线部分。

(2) 换向器的保养。

1) 换向器应是呈正圆柱形光洁的表面，不应有机械损伤和烧焦的痕迹。

2) 换向器在负载下经长期无火花运转后，在表面产生一层暗褐色有光泽的坚硬薄膜，这是正常现象，它能保护换向器的磨损，这层薄膜必须加以保持，不能用砂布摩擦。

3) 若换向器表面出现粗糙、烧焦等现象时，可用"0"号砂布在旋转着的换向器表面上进行细致研磨。若换向器表面出现过于粗糙不平、不圆或有部分凹进现象时应将换向器进行车削，车削速度不大于 1.5m/s，车削深度及每转进刀量均不大于 0.1mm，车削时换向器不应有轴向位移。

4) 换向器表面磨损很多时，或经车削后，发现云母片有凸出现象，应以铣刀将云母片铣成 1～1.5mm 的凹槽。

5) 换向器车削或云母片下刻时，须防止铜屑、灰尘侵入电枢内部。因而要将电枢线圈端部及接头片盖覆。加工完毕用压缩空气做清洁处理。

(3) 电刷的使用。

1) 电刷与换向器工作面应有良好的接触，电刷压力正常为 $1.47 \times 10^4 \sim 2.45 \times 10^4 Pa$。电刷在刷握内应能滑动自如，其与刷盒之间间隙应适量（0.15mm 左右）。电刷磨损或损坏时，应以牌号及尺寸与原来相同的电刷更替之，并且用"0"号砂布进行研磨，砂面向电刷，背面紧贴于换向器，研磨时随换向器作来回移动。

2) 电刷研磨后用压缩空气做清洁处理，再使电动机作空载运转，然后以轻负载（为额定负载的 1/4～1/3）运转 1h，使电刷在换向器上得到良好的接触面（每块电刷的接触面积不小于 75%）。

(4) 轴承的保养。

1) 轴承在运转时温度太高，或夹有不均匀有害杂声时，说明轴承可能损坏或有外物侵入，应拆下轴承清洗检查，当发现钢珠、钢粒或滑圈有裂纹损坏或轴承经清洗后使用情况仍未改变时，必须更换新轴承。用拉杆在冷态时从转轴上取下不良的轴承，新轴承要用汽油洗净，放在油槽内预热到 80～90℃，然后套入转轴。轴承安装后，在轴承盖油室内填入约等于 2/3 空间的润滑脂。轴承工作 2000～2500h 后应更换新的润滑脂，但每年不得少于一次，同时应防止异物夹入润滑脂。

2) 轴承在运转时须防止灰尘及潮气侵入，并严禁对轴承内圈或外圈的任何冲击。

(5) 绝缘电阻。

1) 应当经常检查电动机的绝缘电阻，如果绝缘电阻小于 1MΩ 时，应仔细清除绝缘上的脏物和灰尘，并用汽油、甲苯或冷的四氯化碳（CCl4）清除之，待其干燥后再涂绝缘漆。

2）必要时可采用热空气干燥法，用通风机将热空气（80℃）送入电动机进行干燥，开始绝缘电阻降低，然后升高，最后趋于稳定。

（6）通风系统。应经常检查定子温升，判断通风系统是否正常，风量是否足够（或冷却器是否正常运行），如果温升超过允许值，应立即停车检查通风系统。

自通风、强迫通风或管道通风电机时进风温度应不高于40℃；带空水冷却器的进水温度应不高于32℃。

带鼓风机强迫通风的电动机，如果鼓风机上带过滤空气尘埃的过滤网灰尘太多，应清洗过滤网或更换之。过滤网灰尘太多会造成电动机运行时温度增高。

空水冷却器的顶部不允许放置另外物件或覆盖，并应保持清洁。

第四章

低压电气控制线路

4-1 什么是电气控制线路?

答：电气控制线路：是把各种有触点的接触器、继电器以及按钮、行程开关等电器元件，用导线按一定方式连接起来组成的控制线路。

组成：分为主电路与辅助电路（也称控制回路）两部分。

主电路是电气控制线路中强电流通过的部分，是由电动机以及与它相连接的电气元件如组合开关、接触器的主触点、热继电器的热元件、熔断器等组成的线路。

辅助电路中通过的电流较小，由按钮、继电器和接触器的吸引线圈和辅助触点等组成。

4-2 电气控制线路有哪些具体的组成部分?

答：常用的控制线路的基本回路由以下几部分组成。

（1）电源供电回路。供电回路的供电电源有 AC 380V 和 220V 等多种，为主回路和控制回路提供工作电源。

（2）保护回路。保护（辅助）回路的工作电源有单相 220、36V 或直流 220、24V 等多种，对电气设备和线路进行短路、过载和失电压等各种保护，由熔断器、热继电器、失电压线圈、整流组件和稳压组件等保护组件组成。

（3）信号回路。能及时反映或显示设备和线路正常与非正常工作状态信息的回路，如不同颜色的信号灯，不同声响的音响设备等。信号电路是附加的，如果将它从辅助电路中分开，并不影响辅助电路工作的完整性。

（4）自动与手动回路。电气设备为了提高工作效率，一般都设有自动环节，但在安装、调试及紧急事故处理中，控制线路中还需要设置手动环节，通过组合开关或转换开关等实现自动与手动方式的转换。

（5）制动停车回路。切断电路的供电电源，并采取某些制动措施，使电动机迅速停车的控制环节，如能耗制动、电源反接制动、倒拉反接制动和再生发电制动等。

（6）自锁及闭锁回路。起动按钮松开后，线路保持通电，电气设备能继续工作的电气环节称为自锁环节，如接触器的动合触点串联在线圈电路中。两台或两台以上的电气装置和组件，为了保证设备运行的安全与可靠，只能一台通电起动，另一台不能通电起动的保护环节，称为闭锁环节。如：两个接触器的动断触点分别串联在对方线圈电路中。

4-3 电气控制原理图有哪些读图方法?

答：（1）电路的结构形式和所能完成的任务是多种多样的，就构成电路的目的来说一般有两个：①进行电能的传输、分配与转换；②进行信息的传递和处理。

（2）电气图的布局要求重点突出信息流及各功能单元间的功能关系，因此图线的布置应有利于识别各种过程及信息流向，并且图中各部分之间的间隔要均匀。对于因果关系清楚的电气图，其布局顺序应使信息的基本流向为自左至右或从上到下，在电子线路中，输入在左边，输出在右边。

（3）电器元件工作状态的表示方法。所有电器元件均按自然状态表示。自然状态或自然位置是指电器元件或设备的可动部分处于未得电、未受外力或不工作的状态或位置。

1）继电器、接触器和电磁铁的线圈未得电时，动铁心未被吸合，因而其触头处于尚未动作的位置。

2）断路器、负荷开关和隔离开关处在断开位置。

3）零位操作的手动控制开关在零位状态或位置，不带零位的手动控制开关在图中规定的位置。

4）机械操作开关、按钮和行程开关处在非工作状态或不受力状态时的位置。

5）保护用电器处在设备正常工作状态时的位置，如继电器处在双金属片未受热而未脱扣时的位置；速度继电器处在主轴转速为零时的位置；标有 OFF 位置的有多个稳定位置的手动开关处在 OFF 位置；未标有断开 OFF 位置的控制开关处在图中规定的位置。

（4）电气控制图是指以电动机或生产机械的电气控制装置为主要描述对象，表示其工作原理、电气接线、安装方法等的图样。

电气控制图分为：①电气控制原理图即电气控制电路图，电气控制电路图一般分为主电路和控制电路（即辅助电路）两部分；②电气安装接线图；③电气元件布置图。

（5）看电路图（电气原理图）的一般方法是先看主电路（主电路主要有"用电设备""控制电器设备""保护电器""电源"），再看辅助电路（辅助电路主要有"电源""继电器、接触器""控制电路来研究主电路的动作""电器元件之间的相互关系""其他电气设备和电器元件"），并用辅助电路去研究主电路的控制程序。

（6）阅读和分析电气控制电路图的方法（查线看图法和逻辑代数法）。

1）查线看图法（又名直接看图法或跟踪追击法）。看图要点：分析主电路，分析控制电路，分析信号、显示电路与照明电路，分析连锁与保护环节，分析特殊控制环节，总体检查。

2）逻辑代数法（又名间接看图法或布尔代数法或开关代数法）。逻辑代数法通过对电路的逻辑表达式的运算来分析控制电路，其关键是正确写出电路的逻辑表达式。

（7）看电气控制安装接线图的方法。

1）分析主电路和辅助电路所含有的电器元件。

2）弄清楚电气控制电路图和安装接线图中电器元件的对应关系。

3）弄清楚安装接线图中接线导线的根数和所用导线的具体规格。

4-4 常用的电气联锁控制线路有哪几种？

答：电气控制线路主要有：点动控制、单向起动停止控制、正/反向控制、顺序起动，同时停止；顺序起动，顺序停止；顺序起动，逆序停止、多地控制等几种控制线路。

4-5　什么是寄生电路？为什么在控制线路中应避免出现寄生电路？

答：寄生电路，是指很容易被人忽略而又存在的电路，如寄生电容、寄生电感、泄漏电阻、导线内阻等。寄生电路有并联也有串联，而旁路是指并联电路。也就是控制电路正常工作的过程中，出现了不是预期的非正常震荡，使正常的控制过程受到影响，甚至被破坏，之所以称为寄生，是因为只要控制电路工作，非正常震荡就会出现；控制电路停止工作，非正常震荡也会停止，他总是寄生于控制电路之上的。

同时，在高压线输送电源时，导线、空气和大地也会构成寄生电容，从而产生寄生电路；变频器运行时，和变频器连接的电动机内的线圈、电动机里的绝缘空间和电动机机壳之间也会构成寄生电容。

在设计中，对于高频信号或者数字脉冲电路，应当特别注意寄生电容和寄生电感的影响，例如，两条导线距离越近，寄生电容越大，信号就会通过寄生电容形成电流。线绕电阻的线间，电感或者变压器的线间都存在寄生电容，也称为分布电容。导线、引脚、印制电路板的导线、电阻器件、电容器件都存在寄生电感（也称分布电感）。器件和绝缘材料表面存在灰尘或杂质并受潮后，表面会形成泄漏电阻，绝缘材料不是理想的绝缘体，如电路板的体电阻率为 10^9，也会形成泄漏电阻。

4-6　寄生电路产生的原因和解决方法有哪些？

答：（1）电路设计不合理。

（2）印刷电路板设计不合理，如：信号的接地位置不合理，前后级信号的传输，强弱信号等纵横交错没有规律，发生了不必要的交联、虚拟出一些看不见的非物理电子元器件。由真正物理上的电子元器件和虚拟的元器件共同组成了寄生电路。

要消除寄生电路，解决寄生电路的影响一般可以采取如下办法：①应当分析信号和电路及其结构特点；②确定分布参数的影响程度，没有影响就不用考虑。合理设计电路，合理设计印制电路板元器件的位置以及导线的走向，信号的流程等。

如果有影响可以通过改变器件、结构减小寄生参数，或者采用屏蔽措施进行引流，克服寄生参数的影响。特别是泄漏电阻，屏蔽措施是非常有效的。

4-7　电气线路中的保护环节有哪些？

答：电动机保护就是对电动机的各个方面进行保护，即过载、缺相、堵转（过电流）、短路、过电压、欠电压、漏电、三相不平衡、过热、轴承磨损、定转子偏心时，予以报警或保护；为电动机提供保护的装置是电动机保护器，包括热继电器、电子过流继电器，这是一种是保护器和智能型保护器，目前大型和重要电动机一般采用智能性保护装置。

4-8　什么是电动机的短路保护电路？

答：短路保护是提供一种当被保护电路中发生短路故障时，能自动切断电源，保护电力线路和负载设备不受损失的一种保护电路。进行短路保护的原件主要是熔断器和空气断路器。

4-9　什么是电动机的过载保护电路？

答：过载保护主要采用热继电器作为过载保护元件，由于热惯性的关系，热继电器不会受短路电流的冲击而瞬时动作，当有 8～10 倍额定电流通过热继电器时，有可能使热继电器的发热元件烧坏，所以，在使用热继电器作过载保护时，还必须装有熔断器或过电流继电器配合使用。

4-10　电动机的过电流保护电路是怎样的？它是怎样工作的？

答：过电流保护是区别于短路保护的另一种电流型保护，一般采用过电流继电器，过电流继电器的特点是动作电流值比短路保护的电流值小，一般不超过 $2.5I_n$。

过电流保护也要求有瞬动保护特性，即只要过电流值达到整定值，保护电器立即切断电源。

4-11　电动机的欠电压保护和失电压保护电路是怎样的？

答：欠电压保护是指当达不到电动机额定电压时保护就会自动跳开电源；也就是当电动机失去电压时保护就会自动跳开电源，从而对电动机起到保护，一般情况下电压降低到额定电压的 60％～80％时保护机构就会动作。常用电磁式电压继电器实现欠电压保护。

电网电压降低对控制线路的影响：

（1）在负载一定的情况下，电动机电流将增加，长时间会造成电动机的损坏。

（2）电网电压降低到额定值的 60％时，控制线路中的各类交流接触器、继电器既不释放又不能可靠吸合，处于抖动状态（有很大噪声），线圈电流增大，既不能可靠工作，又可能造成电气元件和电动机的烧毁。

失电压保护是指电压异常、突然失电，为防止突然来电引发其他事故而起到的彻底断开电动机的保护，来电时工作人员检明原因后再重新起动电动机。失电压保护一般采用接触器的自锁控制电路来实现。

电动机的欠电压和失电压保护一般都用在较大的电动机保护上，当电压低于一定值时（欠电压），或三相由于某种因数少了一相（失电压），这些都将会造成电动机电流上升而烧毁，为此在回路上加装保护及时切断电源从而保护电动机。它有取样电路（监测电流或电压），反馈电路（将监测的结果送到执行机构），执行机构（将电源及时切断）。现在有许多开关或断路器都同时带以上功能，如 DW15 系列等。

4-12　如何对生产机械进行位置保护？

答：一些生产机械的运动部件的行程和相对位置，往往要求限制在一定范围内，必须有适当的位置保护。

可以采用行程开关、非接触式接近开关（感应式接近传感器）等电气元件。通常是将开关元件的动断触点串联在接触器控制电路中，当运动部件到达设定位置时，开关动作动断触点打开而使接触器失电释放，于是运动部件停止运行。

4-13　点动控制如何进行？

答：点动控制线路：是一种调整工作状态，要求是一点一动，即按一次按钮动一下，连续按则连续动，不按则不动，这种动作常称为"点动"或"点车"。能够执行这种动作的线路称为点动控制线路，点动控制线路是最基本的电力拖动控制线路，如图4－1所示。

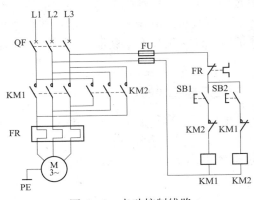

图4－1 点动控制线路

这是一个可以使电动机进行两个方向运行的点动控制线路，具体工作过程：合上自动空气开关QF接通三相电源，电源通过熔断器FU→热继电器FR→按下按钮（SB1）→线圈（KM1）通电吸合→（KM1）主触头闭合→电动机转动；（SB1）按钮松开→线圈（KM1）断电→（KM1）主触头打开→电动机停转。反方向同理：（SB2）按下→（KM2）吸合→（KM2）触头闭合→电机反向转动；（SB2）松开→（KM1）断电→（KM1）触头断开→电动机停止。在运行过程中只要松开按钮控制电路立即无电，接触器断电主触头释放，电动机停止运行。另外，电动机的过载保护由热继电器FR完成，短路保护由熔断器完成。

4－14 如何用接触器和按钮实现对电动机的单向起动、停止控制？

答：具有接触器自锁的单方向运行的控制线路。

点动控制线路电路结构简单，但是只适合电动机短时间、短距离运行的场合，如果要使电动机长时间运行，起动按钮SB就必须长时间按住，显然这是不符合生产实际要求的，因此为了使电动机连续运行，就需要采用具有接触器自锁的控制线路，如图4－2所示。

该线路中增加了停止按钮，并且在"起动"按钮两端并联了一对接触器的动合触点，这样在接触器吸合之后，即使松开"起动"按钮，由于接触器动合触点的闭合，可以为接触器供电，电动机也不会失电停止运行。具体的工作过程如下。

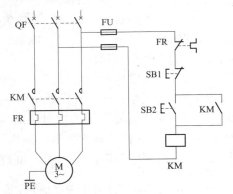

图4－2 具有接触器自锁的
单方向运行的控制线路

起动过程：按下控制"起动"按钮SB2，接触器KM线圈得电铁心吸合，主触点闭合使电动机得电运行，其辅助动合接点也同时闭合实现了电路的自锁，电源通过熔断器FU→热继电器FR→SB1的动断→按下"起动"按钮SB2（KM的动合接点闭合）→接触器KM的线圈；松开SB2，KM也不会断电释放。

停止时：当按下"停止"按钮SB1时，SB1动断接点打开，KM线圈断电释放，主、辅接点打开，电动机断电停止运行。FR为热继电器，当电动机过载或因故障使电动机电流增大，热继电器内的双金属片会温度升高使FR动断接点打开，KM失电释放，电动机断电停止运行，从而实现过载保护，同样，短路保护也是由熔断器完成的。

4-15　怎样实现两台接触器之间的互锁、自锁控制？

答： 具有接触器自锁的正/反向控制线路。

点动控制和具有自锁的控制线路，虽然都可以使电动机运行进行生产作业，但是在生产中，多数时候还是需要电动机进行两个方向运行来实现更多的作业的，我们知道，若要改变三相异步电动机的旋转方向，只要将三根电源线中的任意两根对调即可。因此，可利用两个接触器和三个按钮组成正/反转控制电路，安装成控制电动机正/反向的控制线路，最常见的是接触器自锁正/反向控制线路，如图4-3所示。

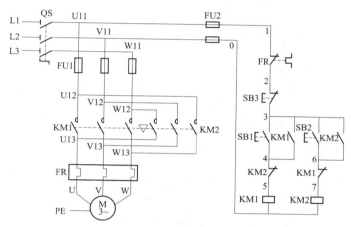

图4-3　正/反向控制线路

它由刀开关 QS、KM1 正转接触器、KM2 反转接触器、SB2 正转按钮、SB1 反转按钮、SB3 停止按钮、熔断器 FU2、热继电器 FR，以及电动机 M 组成。正转接触器 KM1 的三对主触头把电动机按相序 U1、V1、W1 与电源相接；反转接触器 KM2 的三对主触头把电动机按相序 U1、W1、V1 与电源相接。因此，正转的工作原理：当按下正转"起动"按钮 SB2 后，电源相通过热继电器 FR 的动断接点、"停止"按钮 SB1 的动断接点、正转"起动"按钮 SB2 的动合接点、反转交流接触器 KM2 的动断辅助触头、正转交流接触器线圈 KM1，使正转接触器 KM1 带电而动作，其主触头闭合使电动机正向转动运行，并通过接触器 KM1 的动合辅助触头自保持运行。反转起动过程与上面相似，只是接触器 KM2 动作后，调换了两根电源线 U、W 相（即改变电源相序），从而达到反转的目的。

何谓互锁？在一个接触器得电动作时，通过其动断辅助触头使另一个接触器不能得电动作的作用称为联锁（或互锁）。实现联锁作用的动断触头称为联锁触头（或互锁触头）。就是接触器 KM1 和 KM2 的主触头决不允许同时闭合，否则造成两相电源短路事故。为了保证一个接触器得电动作时，另一个接触器不能得电动作，以避免电源的相间短路，就在正转控制电路中串接了反转接触器 KM2 的动断辅助触头，而在反转控制电路中串接了正转接触器 KM1 的动断辅助触头。当接触器 KM1 得电动作时，串在反转控制电路中的 KM1 的动断触头分断，切断了反转控制电路，保证了 KM1 主触头闭合时，KM2 的主触头不能闭合。同样，当接触器 KM2 得电动作时，KM2 的动断触头分断，切断了正转控制电路，可靠地避免了两相电源短路事故的发生。

4-16　按钮连锁的正/反向控制电路是怎样的?

答：使用按钮连锁，首先使用和动合触点联动的动断触点的断开对方支路线圈电流，再利用动合触点的闭合接通通电线圈电流。可以很方便地使电动机由正转进入反转，或由反转进入正转，如图4-4所示。

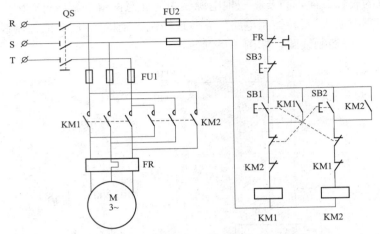

图4-4　按钮连锁的正反向控制电路

4-17　怎样实现电动机的多地点操作控制?

答：定义：多地点操作控制电路设置多套起、停按钮，分别安装在设备的多个操作位置，故称多地控制。

特点："起动"按钮的动合触点并联，"停止"按钮的动断触点串联。

操作：无论操作哪个起动按钮都可以实现电动机的起动；操作任意一个"停止"按钮都可以打断自锁电路，使电动机停止运行。其控制电路如图4-5和图4-6所示。

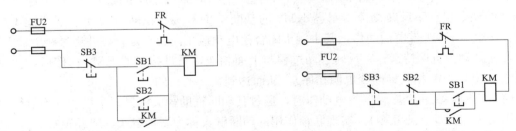

图4-5　电动机的多地点操作控制（两地起动）电路　　图4-6　电动机的多地点操作控制（两地停车）电路

4-18　怎样实现多台电动机的顺序控制?

答：用途：用于实现机械设备依次动作的控制要求。

一、主电路顺序控制

KM2串在KM1触点下，故只有M1工作后M2才有可能工作，如图4-7所示。

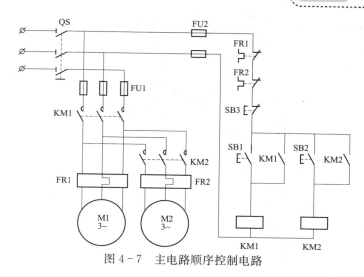

图 4-7 主电路顺序控制电路

二、控制电路的顺序控制

（1）KM1 的辅助动合触点起自锁和顺控双重作用。

（2）单独用一个 KM1 的辅助动合触点作顺序控制触点。

（3）M1→M2 的顺序起动、M2→M1 的顺序停止控制。

顺序停止控制分析：图 4-8（c）是典型的顺起逆停控制电路，KM2 线圈断电，SB1 动断点并联的 KM2 辅助动合触点断开后，SB1 才能起停止控制作用，所以，停止顺序为 M2→M1。图 4-8（a）、（b）是另外两种不同的控制方式，也可以实现电动机的顺序控制，只是控制方式与图（c）有所区别。图（a）中，M1 起动后 M2 才能起动，停止时，M1、M2 同时停止；图（b）中，起动顺序是 M1 起动后，M2 才能起动，停止时，M1、M2 可单独停止。

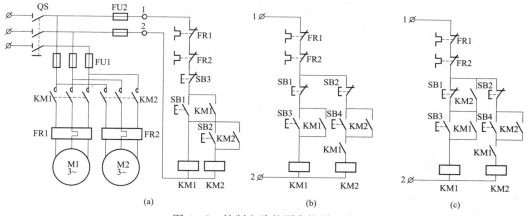

图 4-8 控制电路的顺序控制电路

（a）M1 起动后 M2 才能起动；（b）M1 起动后 M2 才能起动；（c）顺起逆停控制电路

4-19 什么是电动机多条件控制？

答：电路用途：多条件起动控制和多条件停止控制电路，适用于电路的多条件保护，如图 4-9 所示。

电路特点：按钮或开关的动合触点串联，动断触点并联。多个条件都满足（动作）后，才可以起动或停止。

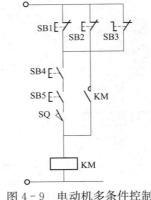

图 4-9　电动机多条件控制

4-20　行程控制线路是怎样的？它是怎样工作的？

答：根据运动部件的行程位置，由行程开关自动转换控制线路，这种电路称为行程控制电路。该电路主要由行程开关进行位置控制。（行程开关在第一章已进行过详细介绍）

下面是一个由行程开关控制的自动往返的控制电路，自动往返的控制线路是在电动机正/反转的基础上加入行程控制和限位控制而得到的；而主回路的电路则可根据需要，采用直接起动和降压起动；降压起动时可以采用串电阻降压起动、Y-△降压起动、自耦变压器降压起动等；制动时可以采用机械制动、电气制动；电气制动可以采用反接制动、能耗制动，如图 4-10 所示。

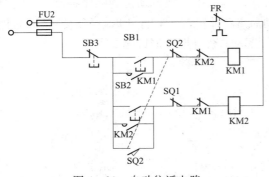

图 4-10　自动往返电路

在上电路中，SQ2 为行程开关，对电动机进行往返运行，从而控制生产机械进行往复运动。如果需要进行循环性的往复运动，把行程开关 SQ1 的动合触点与按钮 SB1、KM1 的动合触点进行并联即可。

4-21　什么是双速电动机？

答：双速电动机属于异步电动机变极调速，是通过改变定子绕组的连接方法达到改变定子旋转磁场磁极对数，从而改变电动机的转速。

双速电动机的变速原理：电动机的变速采用改变绕组的连接方式，也就是说用改变电动机旋转磁场的磁极对数来改变它的转速。双速电动机主要是通过以下外部控制线路的切换来改变电动机线圈的绕组连接方式来实现。

（1）在定子槽内嵌有两个不同极对数的共有绕组，通过外部控制线路的切换来改变电动机定子绕组的接法来实现变更磁极对数。

（2）在定子槽内嵌有两个不同极对数的独立绕组。

（3）在定子槽内嵌有两个不同极对数的独立绕组，而且每个绕组又可以有不同的联接。

4-22　怎样控制双速异步电动机？

答：（1）双速异步电动机的基本结构，如图4-11和图4-12所示。

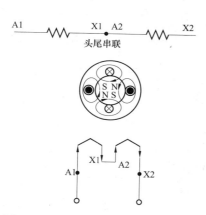 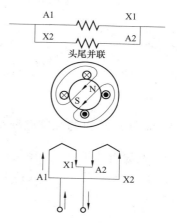

图4-11　磁极4极，磁极对数 $P=2$　　　　图4-12　磁极2极，磁极对数 $P=1$

（2）第一种组合接法：①三角形接法（低速-△接法）。三个电源线连接在接线端U、V、W 每根绕组的中点接出的接线端空着不接，此时磁极为4，磁极对数为2对，电动机同步转速为1500r/min，图4-13（a）所示。②双星形接法（高速-丫丫接法）。接线端U、V、W 短接，U″、V″、W″三个接线端接上电源，此时磁极为2，磁极对数为1对，同步转速为3000r/min，图4-13（b）所示。

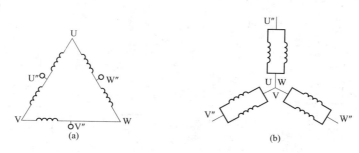

图4-13　双速异步电动机的△/丫丫接法

（a）三角形接法；（b）双星形接法

这种接法的特点：当电动机转速从低速切换到高速时，转速升高一倍，功率只提高15%，可近似看成恒功率调速，高速时输出转矩比低速时几乎减少一半，称为△/丫丫接法。

（3）第二种组合接法，如图4-14所示。

特点：两种转速下电动机的额定转速近似不变，而高速时输出功率将比低速时增大一倍，在轻工业系统中的运输带、起重机负载是恒定的，称为丫/丫丫接法。

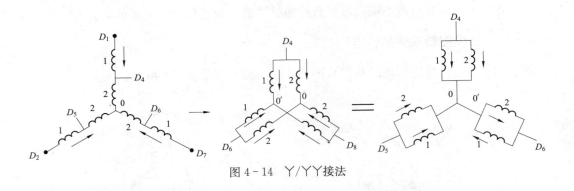

图 4-14 丫/丫丫接法

4-23 双速电动机的控制电路是怎样的?

答:一、双速电动机△/丫丫接法控制电路

如图 4-15 所示,当 KM1 吸合工作时,为△接法,当 KM2、KM3 吸合工作时,为丫丫接法。

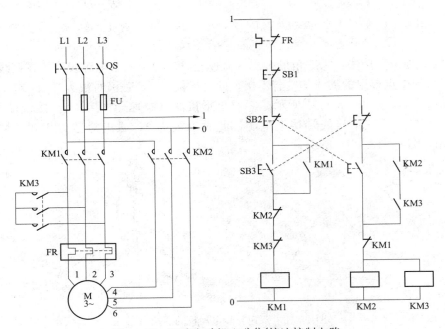

图 4-15 双速电动机△/丫丫接法控制电路

二、电路分析

(1)合上自动空气开关 QS 引入三相电源。

(2)按下"起动"按钮 SB3,交流接触器 KM1 线圈回路通电并自锁,KM1 主触头闭合,为电动机引进三相电源,L1 接电机绕组的 1,L2 接 2,L3 接 3,4、5、6 悬空。电动机在△接法下运行,此时电动机 $p=2$、$n_1=1500\text{r/min}$。

(3)当按下 SB2 按钮,SB2 的动断触点断开使接触器 KM1 线圈断电,KM1 主触头断开使 1、2、3 绕组与三相电源 L1、L2、L3 脱离。其辅助动断触头恢复为闭合,为 KM3 线圈回路通电准备。同时接触器 KM2 线圈回路通电并自锁，其动合触点闭合，将定子绕组三个首端 1、2、3 连在一起，这时 KM3 把三相电源 L1、L2、L3 引入接 4、5、6，此时电动机在丫丫接法下运行，这时电动机 $p=1$，$n_1=3000\text{r/min}$。KM2 的辅助动合触点断开，防 KM1 误动。

（4）FR 为电动机△运行和丫丫运行的过载保护元件。

（5）此控制回路中 SB3 的动合触点与 KM1 线圈串联，SB3 的动断触点与 KM2 线圈串联，同样 SB2 按钮的动断触点与 KM1 线圈串联，SB2 的动合于 KM2 线圈串联，这种控制就是按钮的互锁控制，保证△与丫丫两种接法不可能同时出现，同时 KM2 辅助动合触点接入 KM1 线圈回路，KM1 辅助动合触点接入 KM2 线圈回路，也形成互锁控制。

4-24 怎样用凸轮控制器控制线路？

答：中、小容量绕线转子异步电动机的起动、调速及正/反转控制，常采用凸轮控制器来实现，以简化操作，如主要在桥式起重机上采用这种控制线路。

图 4-16 是一个凸轮控制器控制电动机运行的电气原理图，当控制器置于零位时，零位保护触点是接通的。当急停开关 SB2、行程限位开关 SQ1、SQ2 和过电流继电器 KA1、KA2 的辅助动断触点在闭合位置时满足起动条件。这时按下按钮 SB1 后，接触器 KM 得电，其主触点接通主电路。AC10、AC11、AC12 分别是凸轮控制器内控制电动机正/反向运行的控制触点，AC1、AC2、AC3、AC4 是凸轮控制器内控制电动机正/反向运行的主触点，电路具有如下保护功能：

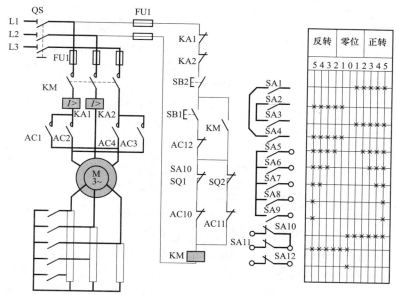

图 4-16 凸轮控制器控制电动机运行的电气原理图

（1）短路保护。KM 的线圈支路采用熔断器 FU1 做短路保护。

（2）欠电压保护。接触器 KM 本身具有欠电压保护功能，当电源电压不足时（低于额定电压的 85%），KM 因电磁吸力不足而复位，其动合主触点和自锁触点都断开，从而切断电源。

（3）过电流保护。起重机的控制电路往往采用过电流继电器作过电流（包括短路、过载）保护，过电流继电器的动断触点串联在 KM 线圈支路中，一旦出现过电流便切断 KM，从而切断电源。

（4）行程位置极限保护。在 KM 线圈支路中，串入了行程开关 SQ1、SQ2，提供电动机运行的行程终端限位保护。

（5）零位保护。采用按钮 SB1 起动，SB1 动合触点与 KM 的自锁动合触点相并联的电路，都具有零电压（失电压）保护功能，在操作中一旦断电，必须再次按下 SB1 才能重新接通电源。采用凸轮控制器控制的电路在每次重新起动时，还必须将凸轮控制器旋回中间的零位，这一保护作用称为零位保护。

4-25 什么是三相异步电动机的起动控制线路？

答：一、笼型异步电动机全压起动控制线路

在许多工矿企业中，笼型异步电动机的数量占电力拖动设备总数的 85% 左右。在变压器容量允许的情况下，笼型异步电动机应该尽可能采用全电压直接起动，既可以提高控制线路的可靠性，又可以减少电器的维修工作量。

电动机单向起动控制线路常用于只需要单方向运转的小功率电动机的控制。例如小型通风机、水泵以及皮带运输机等机械设备。图 4-17 是电动机单向起动控制线路的电气原理图。这是一种最常用、最简单的控制线路，能实现对电动机的起动、停止的自动控制、远距离控制、频繁操作等。

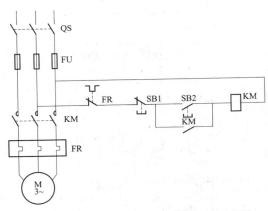

图 4-17 单向起动控制线路的电气原理图

在图 4-17 中，主电路由隔离开关 QS、熔断器 FU、接触器 KM 的动合主触点、热继电器 FR 的热元件和电动机 M 组成。控制电路由"起动"按钮 SB2、"停止"按钮 SB1、接触器 KM 线圈和动合辅助触点、热继电器 FR 的动断触头构成。

控制线路工作原理：

1. 起动电动机

合上三相隔离开关 QS，按"起动"按钮 SB2，按触器 KM 的吸引线圈得电，三对动合主触点闭合，将电动机 M 接入电源，电动机开始起动。同时，与 SB2 并联的 KM 的动合辅助触点闭合，即使松手断开 SB2，吸引线圈 KM 通过其辅助触点可以继续保持通电，维持吸合状态。凡是接触器（或继电器）利用自己的辅助触点来保持其线圈带电的，称为自锁（自保），这个触点称为自锁（自保）触点。由于 KM 的自锁作用，当松开 SB2 后，电动机 M 仍能继续起动，最后达到稳定运转。

2. 停止电动机

按"停止"按钮 SB1，接触器 KM 的线圈失电，其主触点和辅助触点均断开，电动机脱离电源，停止运转。这时，即使松开"停止"按钮，由于自锁触点断开，接触器 KM 线圈不会再通电，电动机不会自行起动。只有再次按下"起动"按钮 SB2 时，电动机方能再次起动运转。

3. 线路保护环节

（1）短路保护。短路时通过熔断器 FU 的熔体熔断切开主电路。

（2）过载保护。通过热继电器 FR 实现。由于热继电器的热惯性比较大，即使热元件上流过几倍额定电流的电流，热继电器也不会立即动作。因此在电动机起动时间不太长的情况下，热继电器经得起电动机起动电流的冲击而不会动作。只有在电动机长期过载下 FR 才动作，断开控制电路，接触器 KM 失电，切断电动机主电路，电动机停转，实现过载保护。

（3）欠电压和失电压保护。当电动机正在运行时，如果电源电压由于某种原因消失，那么在电源电压恢复时，电动机就将自行起动，这就可能造成生产设备的损坏，甚至造成人身事故。对电网来说，同时有许多电动机及其他用电设备自行起动也会引起不允许的过电流及瞬间网络电压下降。为了防止电压恢复时电动机自行起动的保护称为失电压保护或零电压保护。

当电动机正常运转时，电源电压过分地降低将引起一些电器释放，造成控制线路不正常工作，可能产生事故；电源电压过分地降低也会引起电动机转速下降甚至停转。因此需要在电源电压降到一定允许值以下时将电源切断，这就是欠电压保护。

欠电压和失电压保护是通过接触器 KM 的自锁触点来实现的。在电动机正常运行中，由于某种原因使电网电压消失或降低，当电压低于接触器线圈的释放电压时，接触器释放，自锁触点断开，同时主触点断开，切断电动机电源，电动机停转。如果电源电压恢复正常，由于自锁解除，电动机不会自行起动，避免了意外事故的发生。只有操作人员再次按下 SB2 后，电动机才能起动。控制线路具备了欠电压和失电压的保护能力以后，有如下三方面的优点：

1）防止电压严重下降时电动机在重负载情况下的低压运行。

2）避免电动机同时起动而造成电压的严重下降。

3）防止电源电压恢复时，电动机突然起动运转，造成设备和人身事故。

二、三相笼型异步电动机降压起动线路（就是星形-三角形起动）

本线路在第二章中做过详细介绍，这里就不再赘述，只简单说明一下，笼型异步电动机采用全压直接起动时，控制线路简单，维修工作量较少。但是，并不是所有异步电动机在任何情况下都可以采用全压起动。这是因为异步电动机的全压起动电流一般可达额定电流的 4～7 倍。过大的起动电流会降低电动机的寿命，致使变压器二次电压大幅度下降，减少电动机本身的起动转矩，甚至使电动机根本无法起动，还要影响同一供电网络中其他设备的正常工作。一般情况下，电动机容量在 10kW 以下者，可直接起动。

4-26 什么是可编程控制器？

答：可编程控制器（programmable controller，PLC）是在传统的顺序控制器的基础上引入了微电子技术、计算机技术、自动控制技术和通信技术而形成的一代新型工业控制装置，目的是用来取代继电器、执行逻辑运算、计时、计数等顺序控制功能，建立柔性的程控系统。可编程控制器具有能力强、可靠性高、配置灵活、编程简单、维护方便等优点，是当代工业生产自动化的主要手段和重要的自动化控制设备。

PLC 的特点：高可靠性、配套齐全、功能完善、适用性强、编程简单易学、安装简单、维修方便、体积小、质量轻、功耗低。

PLC 的主要可以实现的功能：逻辑控制、定时控制、计数控制、步进控制、数据处理、通信及联网、监控。

4-27　可编程控制器有哪些组成？

答：一、硬件组成

PLC 的硬件主要由 CPU、存储器、输入单元、输出单元、通信接口、扩展接口电源等部分组成。PLC 结构简图如图 4-18 所示。

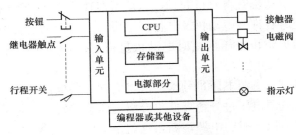

图 4-18　PLC 结构简图

二、软件组成

PLC 控制系统的软件主要包括系统程序和用户程序。系统程序由 PLC 制造厂商固化在机器内部，用于控制 PLC 的运行，用户不能直接读写与修改。用户程序是由用户根据 PLC 编程语言编制并输入，用于控制外部对象的运行，实现控制的目的。

4-28　可编程控制器的工作原理是怎样的？

答： PLC 在运行时，是通过执行反映控制要求的用户程序来完成控制任务的。PLC 执行控制任务时是按照串行工作方式执行的，按顺序每次执行一个操作。PLC 执行过程中的执行结果似乎是并行输出的，实际上是由于 CPU 的运算速度快造成的。PLC 的这种串行工作方式称为扫描工作方式。

PLC 在执行用户程序时是以循环扫描方式进行的，每一个扫描过程分为三个阶段，即输入采样阶段、程序执行阶段和输出刷新阶段。

一、输入采样阶段

在每一个扫描周期开始时，PLC 都会首先进入输入采样阶段，PLC 按顺序以扫描方式读取全部现场输入信号，并将它们存入输入映像寄存器区中相应的单元内。当输入是脉冲信号时，为保证在任何情况下都会被正常读取，应使该脉冲信号的宽度必须大于一个扫描周期。

二、程序执行阶段

在程序执行阶段，PLC 按顺序对用户程序进行扫描。

三、输出刷新阶段

当前面两个阶段结束后，PLC 就进入输出刷新阶段。在这一阶段，CPU 按照输出映像寄存器中各输出点的通断状态转存到输出锁存器中，再经输出电路驱动相应的输出设备。

PLC 完成以上三个过程所需要的时间称为 PLC 的扫描周期，PLC 在完成一个扫描周期后，再返回进行下一个扫描周期，重新执行输入采样，周而复始。

4-29 可编程控制器有哪些编程语言？

答： 根据国际电工委员会制定的工业控制编程语言标准（IEC1131-3），PLC 的编程语言包括顺序功能流程图语言 SFC、梯形图语言 LAD、指令表语言 STL、功能模块图语言 FBD、结构化文本语言 ST 五种。

一、梯形图（LAD）

梯形图（LAD）编程语言是从继电器控制系统原理图的基础上演变而来的。PLC 的梯形图与继电器控制系统梯形图的基本思想是一致的，只是在使用符号和表达方式上有一定的区别。

图 4-19 是一个典型的梯形图。左右两条垂直的线想象成电源线，称为母线。母线之间是触点的逻辑连接和线圈的输出。

二、指令表（STL）

指令表（STL）编程语言类似于计算机中的助记符语言，它是可编程序控制器最基础的编程语言。指令表编程是用一个或几个容易记忆的字符来代表可编程序控制器的某种操作功能。

图 4-20 是一个简单的 PLC 程序，图（a）是梯形图程序，图（b）是相应的指令表。

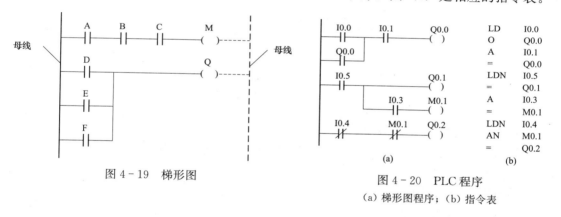

图 4-19 梯形图

(a)

LD	I0.0
O	Q0.0
A	I0.1
=	Q0.0
LDN	I0.5
=	Q0.1
A	I0.3
=	M0.1
LDN	I0.4
AN	M0.1
=	Q0.2

(b)

图 4-20 PLC 程序

（a）梯形图程序；（b）指令表

三、顺序功能流程图语言（SFC）

顺序功能流程图语言（SFC）编程是一种图形化的编程方法，也称功能图。使用它可以对具有并发、选择等复杂结构的系统进行编程，许多 PLC 都提供了用于 SFC 编程的指令。目前，国际电工委员会（IEC）也正在实施并发展这种语言的编程标准。

四、功能模块图语言（FBD）

利用 FBD 可以查看到像普通逻辑门图形的逻辑盒指令。它没有梯形图编程器中的触点和线圈，FBD 编程语言有利于程序流的跟踪，但在目前使用较少。图 4-21为 FBD 的一个简单实例。

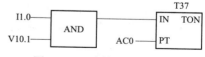

图 4-21 功能块图（FBD）

五、结构化文本语言（ST）

结构式文件编程语言是支援块状结构（block structured）的高阶语言，以 Pascal 为基础，语法也类似 Pascal。所有 IEC 61131-3 的语言都支援 IEC 61131 通用元素（IEC 61131 common elements）。其变数及函式呼叫是由 IEC 61131 通用元素所定，因此同一个程式中可以使用 IEC 61131 - 3 中的不同语言。

ST 语言中的表达式由运算符和操作数组成。操作数可以是常量、变量、函数调用或另一个表达式。表达式的计算通过执行具有不同优先级的运算符完成。有最高优先级的运算符先被执行，然后依次执行下一个优先级的运算符，直到所有的运算符被处理完。有相同优先级的运算符按从左到右的顺序执行。由于该语言使用较少，这里就不做举例说明了。

在西门子 S7 - 200 的编程软件中，用户可以选用梯形图、语句表和功能模块图这三种编程语言进行编程，一般情况下梯形图和语句表使用较多。

4 - 30 可编程控制器代替传统继电线路的方法有哪些?

答： 图 4 - 22 是一个简单的传统继电控制线路。

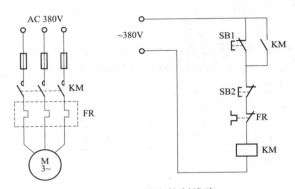

图 4 - 22 继电控制线路

用 PLC 实现控制异步电动机的步骤如下。

(1) 确定 I/O 点："起动"按钮 SB1—I0.1；"停止"按钮 SB2—I0.2；继电器线圈 KM— Q4.0。

(2) 编制 PLC 控制程序。

(3) 完成 PLC 输入/输出接线。

PLC 控制原理如图 4 - 23 所示。

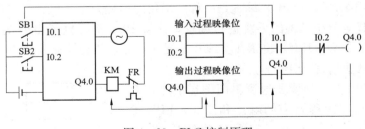

图 4 - 23 PLC 控制原理

4 - 31 如何用 PLC 实现三相异步电动机的正/反转控制?

答： 三相异步电动机正/反转控制的主电路和继电器控制电路如图 4 - 24 所示。

(1) 控制电路由两个起保停电路组成，FR 和 SB1 的动断触点供两个起保停电路公用。

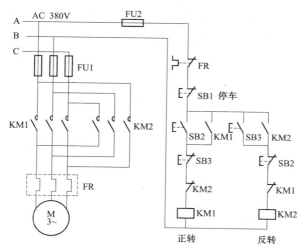

图 4-24 三相异步电动机正/反转控制的主电路和继电器控制电路

（2）为了方便操作和保证 KM1 和 KM2 不会同时为 ON，在梯形图 4-25 中设置了"按钮联锁"；如果想改为反转，可以不按"停止"按钮 SB1，直接按"反转起动"按钮 SB3，电动机由正转变为反转。

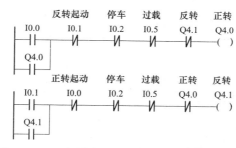

图 4-25 三相异步电动机正/反转控制的梯形图

（3）在表 4-1 中列出了 I/O 的分配点，其中使用了 Q4.0 和 Q4.1 的动断触点组成的软件互锁电路。

表 4-1 I/O 分配点

输入设备	地址	输出设备	地址
正向起动按钮	I0.0	正转继电器线圈	Q4.0
反向起动按钮	I0.1	正转继电器线圈	Q4.1
停止按钮	I0.2		
热继电器触点	I0.5		

（4）在输出接线回路中图 4-26，KM1 的线圈串联了 KM2 的辅助动断触点，KM2 的线圈串联了 KM1 的辅助动断触点，它们组成了硬件互锁电路。假设 KM1 的主触点被电弧熔焊（线圈失电，但触点打不开），这时它与 KM2 线圈串联的辅助动断触点处于断开状态，因此 KM2 的线圈不可能得电。防止出现三相电源短路事故。

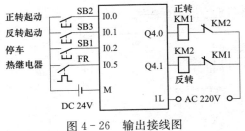

图 4-26 输出接线图

从以上可以看出，一个传统电路进行 PLC 电路的转换，要实施以下三步：

（1）输入、输出点分配。

（2）编程序。

（3）输入输出接线。

4-32 如何用 PLC 实现控制两台电动机 M1、M2 顺序运行？

答：电路要实现以下功能：①顺序起动，即 M1 起动之后、M2 才可能起动。②逆序停止，即 M2 停止以后、M1 才可能停止。

第一步：分配输入、输出点，见表 4-2。

表 4-2 输入输出点分配

输入设备	地址	输出设备	地址
M1 "起动" 按钮	I0.4	M1 继电器线圈	Q4.1
M1 "停止" 按钮	I0.4	M2 "起动" 按钮	I0.2
M2 "停止" 按钮	I0.5	M2 继电器线圈	Q4.2

第二步：编程序如图 4-27 所示。

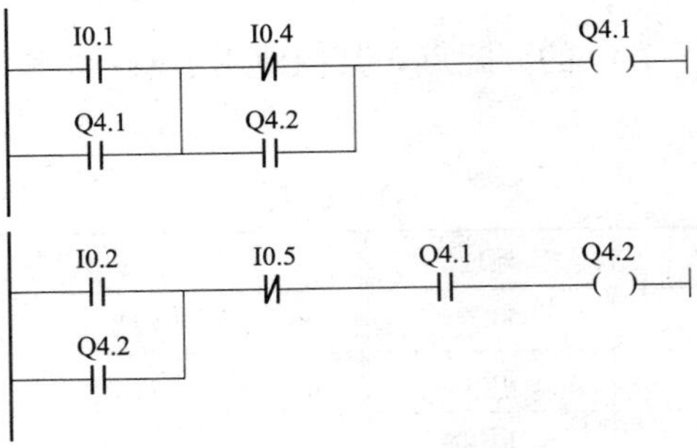

图 4-27 PLC 程序

第五章

电 力 变 压 器

5-1 什么是变压器?

答: 变压器（transformer）是利用电磁感应原理来改变交流电压的装置，它可以将一种电压的交流电能变换为同频率的另一种电压的交流电能。

主要组成部分：变压器组成部件包括器身（铁心、绕组、绝缘、引线）、油箱、冷却装置、调压装置、保护装置（吸湿器、安全气道、气体继电器、储油柜及测温装置等）和出线套管。

主要功能有电压变换、电流变换、阻抗变换、隔离、稳压（磁饱和变压器）等。变压器的种类很多，应用十分广泛，如在电力系统中用电力变压器把发电机发出的电压升高后进行远距离输电，到达目的地后再用变压器把电压降低以便用户使用，以此减少传输过程中电能的损耗；在电子设备和仪器中常用小功率电源变压器改变市电电压，再通过整流和滤波，得到电路所需要的直流电压；在放大电路中用耦合变压器传递信号或进行阻抗的匹配等。变压器虽然大小悬殊，用途各异，但其基本结构和工作原理却是相同的。

5-2 变压器如何分类?

答: 一般常用变压器的分类可归纳如下：

一、按用途分

（1）电力变压器：用于电力系统的升压或者降压，是一种最普通的常用变压器。

（2）试验变压器：用于产生高电压，对电气设备进行高压试验。

（3）仪用变压器：如电压互感器、电流互感器，用于测量仪表和继电保护装置。

（4）特殊用途变压器：如冶炼用的电炉变压器，电解用的整流变压器，焊接用的电焊变压器，试验用的调压变压器。

二、按相数分

（1）单相变压器：用于单相负荷和三相变压器组。

（2）三相变压器：用于三相系统的升、降电压。

三、按绕组型式分

（1）自耦变压器：用于连接超高压、大容量且变比要求不大的电力系统。

（2）双绕组变压器：用于连接两个不同电压等级的电力系统。

（3）三绕组变压器：连接三个电压等级，一般用于电力系统的区域变电站。

四、按铁心形式分

（1）芯式变压器：用于高压的电力变压器。

（2）壳式变压器：用于大电流的特殊变压器，如电炉变压器和电焊变压器等；或用于电子仪器及电视、收音机等的电源变压器。

五、按冷却方式分

（1）油浸式变压器：如油浸自冷、油浸风冷、油浸水冷、强迫油循环风冷或水冷，以及水内冷等。

（2）壳式变压器：用于大电流的特殊变压器，如电炉变压器和电焊变压器等；或用于电子仪器及电视、收音机等的电源变压器。

5-3　变压器各部分有哪些功能？

答：变压器的主要部件有铁心、绕组，油浸式变压器还有油箱以及其他附件。

（1）铁心是变压器的磁路部分。由铁心柱（柱上套装绕组）、铁轭（连接铁心以形成闭合磁路）组成，为了减小涡流和磁滞损耗，提高磁路的导磁性，铁心采 0.35～0.5mm 厚的硅钢片涂绝缘漆后交错叠成。小型变压器铁心截面为矩形或方形，大型变压器铁心截面为阶梯形，这是为了充分利用空间。

（2）绕组是变压器的电路部分。采用铜线或铝线绕制而成，一次、二次绕组同心套在铁心柱上。为便于绝缘，一般低压绕组在里，高压绕组在外，但大容量的低压大电流变压器，考虑到引出线工艺困难，往往把低压绕组套在高压绕组的外面。

（3）分接开关。为了使电网供给用户的电压在一个规定范围内，一旦电网共赢的电压有高低波动，可由变压器进行电压调整。调整的方法是改变变压器绕组的匝数，即将在绕组上预先安排好的匝数的抽头连接到一个固定的装置上进行切换，这个装置称为分接开关。分接开关一般分无励磁分接开关和有载分接开关两种。后一种开关允许在有负荷的时候进行切换，所以对于电压的调整比较方便，已经得到广泛应用。

（4）套管。套管是将变压器内部的高、低压引出线引到油箱外部的装置。它不但作为引线对地绝缘，而且担负着固定引线的作用。套管按作用分为高低压出线套管、铁心接地套管、中性点套管；按结构分为穿缆套管、充油套管、电容套管等。

（5）储油柜。随着变压器负荷和环境温度的变化，变压器内的油将产生热膨胀和冷收缩，变压器油在箱体中将随热和冷产生体积变化。为了在油体积变化的过程中使油箱中永远充满油，并且维持一定的油位高度，在变压器的顶部装有一个储油柜进行调节。储油柜的型式有四大类：一般的储油柜；采用胶囊袋密封方式使油和大气隔绝；采用隔膜方式使油和大气隔绝；采用不锈钢膨胀器。

（6）气体继电器和压力继电器。气体继电器是变压器本体的主要保护装置。轻微故障时气体继电器动作发出报警信号，严重故障时气体继电器动作将变压器电源断路器跳闸，使变压器内部的故障范围不再继续扩大。气体继电器在变压器内部轻微故障时发出报警信号（一般称为轻瓦斯），是依靠气体继电器内部集聚的气体实现动作，而动作原理大部分是采用挡板或者浮子原理；严重故障时动作于跳闸（称为重瓦斯），是依靠油在继电器中流动的速度实现动作，而动作原理大部分是采用挡板或者浮子原理，从动作正确率的统计看，采用挡板原理的可靠性好。

另外，变压器内部如果发生严重故障，内部的气体膨胀会相当严重，可能会危及油箱的安全，所以在变压器外壳的顶部安装压力继电器和相应的压力释放装置，目的是保护变压器不致在大的压力下损坏和产生变压器箱壳爆裂等安全问题。

（7）油箱。油浸式变压器的油箱是具有容纳变压器器身（铁心和变压器绕组以及相应的绝缘设施）、充注绝缘油以及供加装散热器进行冷却的作用。油箱结构随容量的大小而异。大容量变压器为便于现场吊芯检查，把油箱的箱沿放在下部，上节油箱成钟罩形，下节油箱为盘形。而一般比较小的变压器的油箱往往是下面的部分是杯的形状，在上面加一个平板的大盖作为密封。

（8）冷却装置。变压器冷却装置由散热器、风扇、油泵等组成，作用是散发变压器在运行中由空载损耗和负载损耗所产生的热量。如果不及时散发热量，变压器温度不断上升，会使绕组的绝缘过热而损坏。冷却器的形式一般有三种：自冷方式散热器；采用风冷却的风冷散热器；采用油泵和风冷却一起作用的散热器（简称强油循环散热器）。

5-4　变压器为什么能改变电压？

答： 变压器是根据电磁感应定律：

$$e = -N \frac{\mathrm{d}\Phi}{\mathrm{d}t}$$

而制成的。变压器如图 5-1 所示。

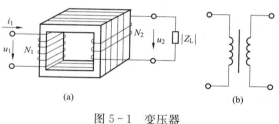

图 5-1　变压器
（a）结构；（b）电气符号

在变压器的一次绕组施加交变电压 u_1 时，一次绕组中产生电流 i_1，该电流使铁心中产生交变磁通 Φ，因为一次、二次绕组绕在同一个铁心上，交变磁通通过二次绕组时，便在变压器二次侧感应一电动势 E_2。感应电动势的大小根据电磁感应定律为

$$E = 4.44 fN\Phi \tag{5-1}$$

式中　E——感应电动势，V；

　　　f——频率，Hz；

　　　N——线圈匝数，匝；

　　　Φ——磁通，Wb。

由于磁通 Φ 穿过一次、二次绕组而闭合，所以

$$E_1 = 4.44 fN_1\Phi$$
$$E_2 = 4.44 fN_2\Phi$$

两式相除，得

$$\frac{E_1}{E_2} = \frac{4.44 fN_1\Phi}{4.44 fN_2\Phi}$$

令 $K = \dfrac{E_1}{E_2} = \dfrac{N_1}{N_2}$，则称 K 为变压器的变比。

在一般的变压器中，绕组电阻压降很小，可忽略不计，因此 $u_1 \approx E_1$，$u_2 \approx E_2$，则

$$\frac{u_1}{u_2} = \frac{E_1}{E_2} = \frac{N_1}{N_2} \qquad (5-2)$$

式（5-2）表明，变压器一次、二次绕组的电压比等于一次、二次绕组的匝数比。因此要一次、二次绕组有不同的电压，只要改变它们的匝数比即可。

从式（5-2）可以看出，当 $k < 1$ 时，则 $N_1 < N_2$，$U_1 < U_2$，该变压器为降压变压器。反之则为升压变压器。

另有电流之比 $I_1/I_2 = N_2/N_1$。

电功率：$P_1 = P_2$，注意：只在理想变压器只有一个二次绕组时成立。当有两个二次绕组时，$P_1 = P_2 + P_3$，$U_1/N_1 = U_2/N_2 = U_3/N_3$，电流则须利用电功率的关系式去求，有多个时，依次类推。

5-5 变压器的额定技术数据都包括哪些内容？它们各有什么含义？

答：变压器的额定技术数据是保证变压器在运行时能够长期可靠地工作，并且有良好的工作性能的技术限额。它也是厂家设计制造和试验变压器的主要依据，其内容主要包括以下方面：

（1）额定容量 S_N。它是变压器额定工作条件下输出能力的保证值，是额定视在功率，单位为伏安（V·A）或千伏安（kV·A）或兆伏安（MV·A）。

一般容量在 630kVA 以下的为小型电力变压器；800～6300kVA 的为中型电力变压器；8000～63 000kVA 为大型电力变压器；90 000kVA 及以上的为特大型电力变压器。

（2）额定电压 U_{1N}/U_{2N}：均指线值电压。一次侧额定电压 U_{1N} 是指电源加在一次绕组上的额定电压；二次侧额定电压 U_{2N} 是指一次侧加额定电压二次侧空载时二次绕组的端电压，单位为伏（V）或千伏（kV）。

（3）额定电流 I_{1N}/I_{2N}：均指线电流。一次侧、二次侧额定电流是指在额定容量和额定电压时所长期允许通过的电流，单位：安（A）。

（4）额定频率 f_N：指工业用电频率，我国规定为 50Hz。

变压器的额定容量、额定电压、额定电流之间的关系为

单相变压器： $\qquad S_N = U_{1N}I_{1N} = U_{2N}I_{2N}$

三相变压器： $\qquad S_N = \sqrt{3}U_{1N}I_{1N} = \sqrt{3}U_{2N}I_{2N}$

（5）空载损耗：也称为铁耗，是变压器在空载时的有功功率的损失。单位：W 或者 kW。

（6）空载电流：变压器空载运行时，励磁电流占额定电流的百分数。

（7）短路电压：也称为阻抗电压，是指将变压器一次绕组短路，二次绕组达到额定电流时所施加的电压与额定电压的百分比。

（8）短路损耗：一次绕组短路，二次绕组施以电压使两侧绕组都达到额定电流时的有功损耗，单位为 W 或 kW。

（9）连接组别：表示一次、二次绕组的连接方式及线电压之间的相位差，以时钟表示。

5-6 变压器有哪些绕组接线方式?

答: 变压器三相绕组接线方式有如图5-2所示的两种。

(1)星形联结:星形联结记为 Y 或 y。

(2)三角形联结:三角形联结记为 D 或 d。

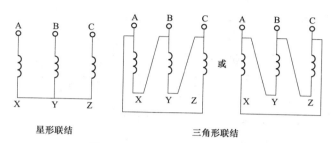

星形联结　　　　　三角形联结

图5-2　变压器绕组接线方式

5-7 常用电力变压器有哪几种型号? 字母含义是什么?

答: 目前,我国生产的中小型变压器主要有 S7、SL7、SF7、SZL7 等系列产品,它们基本已被淘汰,S9 系列产品只有少数厂家生产。新 S11 系列产品与老系列产品相比,具有损耗低、质量轻、密闭性好、外观美等优点,其中 S9 系列产品的质量已基本达到意大利 20 世纪 80 年代初的水平。当今市场生产的密封式配电变压器如 BS 型配电变压器为箔式绕组产品,具有损耗低、外形小、温升均匀、变压器油不易老化等优点。采用箔式绕组结构后,由于高、低压绕组宽度一致,轴向漏磁场基本平衡,短路时变压器轴向应力仅为传统绕组的十分之一,因而变压器的动稳定度大大提高。变压器型号的含义和新旧型号对照见表5-1。

表5-1　　　　　　　　　　　　电力变压器型号含义和新旧型号对照

分类项目	代表符号		分类项目	代表符号	
	新型号	旧型号		新型号	旧型号
单相变压器	D	D	有载调压	Z	Z
三相变压器	S	S	双线圈变压器	不表示	不表示
油浸自冷式	ONAN	J	三线圈变压器	S	S
油浸风冷式	ONAF	F	无激磁调压	不表示	不表示
强迫油循环风冷式	OFAF	P	铜线圈变压器	不表示	不表示
强迫油循环水冷式	OFWF	S	铝线圈变压器	不表示	L
强迫油导向循环风冷或水冷	ODAF 或 ODWF	不表示	自耦(双圈和三圈)变压器	O	O
铁心材质非晶合金	H	—	特殊结构全绝缘	J	不表示
特殊用途风力发电用	F	—	特殊用途地下用	D	—
特殊结构卷绕铁心	R	—	特殊结构密封式	M	—

示例:S_{11}-M·R-315/10 表示一台三相油浸、自冷式、双绕组、无励磁调压、一般

卷铁心结构，损耗水平代号为"11"、容量 315kVA、10kV 密封式电力变压器。

5-8 变压器绕组有几种排列方式？各有何特点？

答：变压器一次、二次绕组在铁心上的排列方式可分为交叠式〔见图5-4（a）〕和同心式〔见图5-3（b）〕两种。

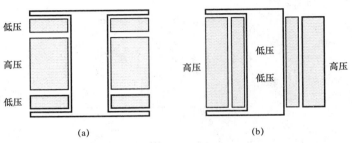

图5-3 变压器绕组的排列方式
（a）交叠式；（b）同心式

同心式绕组是把一次、二次绕组分别绕成直径不同的圆筒形线圈套在铁心柱上。高压绕组又可分为圆筒式、连续式、螺旋式和纠结式等。一般高压绕组在外，低压绕组在内。这种绕组结构简单，绕制方便，故被广泛采用。

交叠式绕组是把一次、二次绕组按一定的交替次序套在铁心柱上，这种绕组由于高低压绕组的间隙过多，绝缘复杂，故包扎很不方便。它的优点是绕组的机械强度很高，一般在大型壳式变压器中加以使用。

5-9 为什么变压器一次电流是由二次决定的？

答：根据磁动势平衡方程可知，变压器一次、二次电流是反相的。二次产生的磁动势对一次磁动势而言，是起去磁作用的，当二次电流增大时，变压器要维持铁心中的主磁通不变，一次电流也必须相应增大来平衡二次电流的去磁作用。所以说一次电流是由二次决定的。

5-10 干式电力变压器有什么特点？

答：干式电力变压器承受热冲击能力强，过负载能力大、难燃、防火性能高、低损耗、局部放电量小、噪声低、不产生有害气体、不污染环境、对湿度、灰尘不敏感、体积小、不开裂、维护简便。因此，最适宜用于防火要求高，负荷波动大以及污秽潮湿的恶劣环境中。如：机场、发电厂、冶金作业、医院、高层建筑、购物中心、居民密集区以及石油化工、核电站、核潜艇等特殊环境中。

5-11 变压器为什么不能使直流电变压？

答：变压器能够改变电压的条件是，一次施以交变电动势产生交变磁通，交变磁通在二次产生交变感应电动势，感应电动势的大小与磁通的变化率成正比。当变压器以直流电通入时，因电流的大小和方向均不变，铁心中无交变磁通，即磁通恒定，磁通变化率为零，故感应电动势也为零，变压器不能工作。所以变压器不能使直流电变压。

5-12 特殊变压器有哪几种？

答：一、 自耦变压器

自耦变压器：把普通双绕组变压器的一次绕组和二次绕组串联连接，便构成一台自耦变压器，正方向规定与双绕组变压器相同，如图5-4所示。

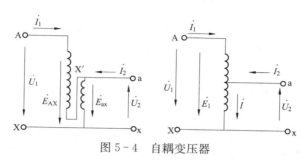

图5-4 自耦变压器

自耦变压器与普通双绕组变压器的区别：普通双绕组变压器，一、二次绕组之间没有电的联系，只有磁的耦合；自耦变压器，一、二次绕组既有磁耦合，又有电联系。

自耦变压器的电压关系：（不计算漏阻压降）
$$U_1/U_2 = E_1/E_2 = N_1/N_2 = K$$

自耦变压器的电流关系：

根据磁势平衡关系有 $\qquad I_1(N_1 - N_2) + I_{N2} = I_{0N1}$

忽略空载磁动势则 $\qquad I_1(N_1 - N_2) + I_{N2} = 0$

自耦变压器的功率（输出的视在功率）： $\quad S_2 = U_2 I_2 = U_2 I_1 + U_2 I$

$U_2 I_1$ 是电流 I_1 直接传到负载的功率——传导功率；

$U_2 I$ 是通过电磁感应传到负载的功率——电磁功率。

自耦变压器的特点：

（1）在输出容量相同的情况下，自耦变压器比普通双绕组变压器省铁省铜、尺寸小、质量轻、成本低、损耗小、效率高。

（2）自耦变压器的二次侧也必须采取高压保护，防止高压入侵损坏低压侧的电气设备。

（3）自耦变压器二次功率不是全部通过磁耦合关系从一次侧得到，而是有一部分功率直接从电源得到。

二、互感器

互感器：电力系统中高电压和大电流不便于测量，通常用特殊变压器将一次回路的高电压和大电流变为二次回路标准的低电压和小电流，把高电压、大电流变成低电压、小电流再进行测量，使二次设备与高压部分隔离，且互感器二次侧均接地，从而保证了设备和人身安全，这种用途的变压器就称为互感器。

利用互感器进行测量的优点：使测量电路与仪表同高压隔离，保证测量仪表和人身的安全；便于使测量仪表标准化，可用不同的互感器来扩大仪表的量程；可以减少测量中的能量损耗，提高测量准确度。

互感器分为电压互感器、电流互感器。

1. 电流互感器

实质：升压变压器，图5-5为电流互感器的原理接线图。

用法：工作时，一次侧与被测电流的线路串联（有的只有一匝），二次侧接电流表或瓦特表的电流线圈。

注意事项：

(1) 电流互感器工作时，二次侧不允许开路。因为开路时，$I_2 = 0$，失去二次侧的去磁作用，一次磁动势$I_1 N_2$成为励磁磁动势，将使铁心中磁通密度剧增，这样，一方面使铁心损耗剧增，铁心严重过热，甚至烧坏；另一方面还会在二次绕组产生很高的电压，有时可达数千伏以上，将绕组线圈击穿，还将危及测量人员的安全。

(2) 二次侧绕组回路串入的阻抗值不得超过允许值，否则将影响电流互感器的精确度。

(3) 二次绕组的一端和铁心必须牢固接地，以免当互感器绝缘损伤时一次高压进入二次侧发生危险。

(4) 一次绕组串联在电路中，并且匝数很少，因此，一次绕组中的电流完全取决于被测电路的负荷电流，而与二次电流无关。

2. 电压互感器

实质：降压变压器，图5-6为电压互感器的原理接线图。

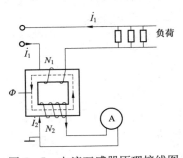

图5-5　电流互感器原理接线图

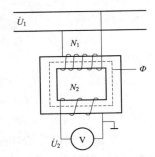

图5-6　电流互感器原理接线图

用法：工作时，一次侧并接在需测电压的电路上，二次侧接在电压表或功率表的电压线圈上。

注意事项：

(1) 电压互感器不能短路，否则将产生很大的电流，导致绕组过热而烧坏。

(2) 电压互感器的额定容量是对应精确度确定的，在使用时二次侧所接的阻抗值不能小于规定值，即不能多带电压表或电压线圈。否则电流过大，会降低电压互感器的精确度等级。

(3) 铁心和二次侧绕组的一端应牢固接地，以防止因绝缘损坏时二次侧出现高压，危及操作人员的人身安全。

(4) 电压互感器一次绕组并联在电路中，一次绕组匝数多，二次绕组匝数少，二次回路阻抗大，近似于开路，电压互感器二次侧额定电压为100V。

5-13　自耦变压器和双绕组变压器有何区别？

答：双绕组变压器一次、二次绕组是分开绕制的，每相虽然都装在同一铁心上，但相互之间是绝缘的。一次、二次绕组之间只有磁的耦合，没有电的联系。因此，其传送功率时，全部是由两个绕组之间的电磁感应传送的。

自耦变压器实际上只有一个绕组，二次接线是从一次绕组抽头而来，因此，一次、二次电路之间除了有磁的联系之外，还直接有电的联系。其传送功率时，一部分由电磁感应传送，另一部分则是通过电路连接直接传送。

在变压器容量相同时，自耦变压器的绕组比双绕组变压器的小。同时自耦变压器用的硅钢片和导线数量也随变比的减小而减少，从而使铜耗、铁耗也减少，几次电流也较双绕组变压器小。但由于自耦变压器一次、二次绕组的电路直接连在一起，高压侧发生电气故障会影响到低压侧，因此必须采取适当的防护措施。

当自耦变压器变比较大时，其节约材料的优点将随变比增大而减小。同时自耦变压器由于一次、二次共用一个绕组，当变比增大时，绕组的制造工业也将变得越来越复杂，所以自耦变压器的变比一般不超过 2。

5－14　变压器有几种冷却方式？各种冷却方式的特点是什么？

答：变压器在运行中，由于绕组通过电流将产生铁心损耗和绕组电阻损耗等，这些损耗将导致变压器发热，使绝缘劣化影响变压器的处理和寿命。所以，用提高变压器的散热能力来提高变压器的容量，已成为一个重要的措施。

目前，电力变压器常用的冷却方式一般有油浸自冷式、油浸风冷式、强迫油循环三种。

油浸自冷式就是以油的自然对流作用将热量带到油箱壁和散热装置，然后依靠空气的对流传导将热量散发，它没有特别的冷却设备。而油浸风冷式是在油浸自冷式的基础上，在油箱壁或散热装置上加装风扇，利用吹风机帮助冷却。加装风冷后，可使变压器的容量增加 30%～50%。强迫油循环冷却方式又分为强迫油循环风冷和强迫油循环水冷两种。它是把变压器中的油，利用油泵打入油冷却器后再复回油箱。油冷却器做成容易散热的特殊形状，利用风扇吹风或者循环水做冷却介质，把热量散发出去。

5－15　为什么有些变压器装设防爆管？它的构造和作用是什么？

答：防爆管又称为安全气道，一般在 750～1000kVA 以上的大容量变压器上都有装设。此管用薄钢板制成，内径在 150～250mm，视变压器容量大小而定。防爆管装设在变压器顶盖上部储油柜侧，管子下端与油箱连通，其上端用 3～5mm 厚的玻璃板（安全膜）密封。当变压器内部发生故障，压力增加到 0.5～1 个大气压时，安全膜爆破，气体喷出，内部压力降低，不致使油箱破裂，从而缩小了事故范围。

5－16　变压器储油柜有什么作用？小型变压器为什么不装储油柜而较大容量的变压器都装设储油柜？

答：变压器储油柜的主要作用：避免油箱中的油与空气接触，以防油氧化变质、渗入水分，降低绝缘性能。因为大型变压器体积大、油量大，油与空气的接触面大。安装储油柜后，当油受热膨胀时，一部分油便进到储油柜里，而当油冷却时，一部分油又从储油柜回到油箱，这样就可避免绝缘油大面积与空气接触，较少氧化和水分渗入。小型变压器因为油量少，膨缩程度小，应用波纹膨胀式散热器，避免外界空气进入，故不需要装储油柜实现全密封。大型电力变压器采用胶囊、隔膜或波纹结构的储油柜，使油与空气隔开，实现密封。

5-17 什么是变压器的效率？如何计算？

答：变压器的效率是指变压器的输出功率 P_2 和输入功率 P_1 的百分比，用 η 表示，则

$$\eta = \frac{P_2}{P_1} \times 100\%$$

输入功率 P_1 包括输出功率 P_2、铁耗 P_c 和铜耗 P_T，即

$$P_1 = P_2 + P_c + P_T$$

所以

$$\eta = \frac{P_2}{P_2 + P_c + P_T} \times 100\%$$

输出功率 P_2 与负载功率因数 $\cos\varPhi_2$ 和负载系数 β 有关，其中

$$\beta = \frac{S_2}{S_e} \tag{5-3}$$

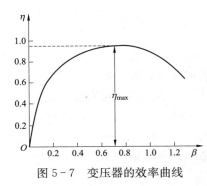

图 5-7 变压器的效率曲线

式中　S_2——变压器的实际负载，kVA；
$\quad\quad S_e$——变压器的额定负载，kVA。

因为变压器是一种静止的设备，没有机械损耗，所以效率很高，一般都在 95% 以上。当负载功率因数一定时，效率随负载电流变化的曲线如图 5-7 所示。

从图中可以看出，效率 η 随负载的增加从零增到极大值，而后稍微降低。这是因为负载过大时，由于二次电流较大，铜耗也随之增大的缘故。由计算可以证明，当铜耗与铁耗相等时，变压器可在额定负载下，即 $\beta=1$ 时达到效率的极大值 η_m，因为最大效率的条件为

$$\left.\begin{array}{l} P_0 = \beta^2 P_d \\[2mm] \beta = \sqrt{\dfrac{P_0}{P_d}} \end{array}\right\} \tag{5-4}$$

式中　P_d——变压器的短路损耗，kW；
$\quad\quad P_0$——变压器的空载损耗，kW。

当 P_0、P_d 和 β 三者之间满足该公式时，变压器即可取得最大效率。

由式（5-4）不难看出，当 $\beta=1$ 时，必有 $P_0=P_d$，即铁耗等于铜耗时，变压器在满载下取得最大效率。

平常变压器均设计成 $P_0/P_d=1/3$ 左右，即

$$\beta = \sqrt{\frac{P_0}{P_d}} = \sqrt{\frac{1}{3}} = 0.6$$

也就是说，希望最大效率出现在负载为额定容量的 60% 左右。这是因为考虑到一般变

压器不可能一年四季整日整夜都满载运行，所以使 $\beta=0.6$，从而达到最大效率更为经济些。

5-18 什么是变压器绕组的极性？有何意义？

答：变压器铁心中的主磁通在一次、二次绕组中产生的感应电动势是交变电动势，本没有固定的极性。这里所说的变压器绕组极性是指一次、二次绕组的相对极性，也就是当一次绕组的某一端在某一个瞬时电位为正时，二次绕组也一定在同一个瞬时有一个电位为正的对应端，这时把两个对应端就称为变压器绕组的同极性端。

变压器绕组的极性主要取决于绕组的绕向，绕向改变，极性也会改变。极性是变压器并联运行的主要条件之一，如果极性相反，在绕组中将会出现很大的短路电流，甚至会把变压器烧毁。

5-19 什么是变压器的连接组别？

答：变压器连接组别是指变压器一次、二次绕组按一定接线方式连接时，一次、二次的电压或电流的相位关系。

一、单相变压器的极性

如果单相变压器的一次、二次绕组的绕向相同，则该变压器呈现减极性，如图 5-8 所示，U_A 与 U_a 差 0°（即一次和二次相差 0°）。

如果单相变压器的一次、二次线圈的绕向相反，则该变压器呈现加极性，如图 5-9 所示，U_A 与 U_a 差 180°（即一次和二次相差 180°）。

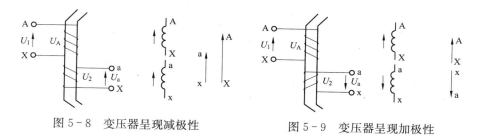

图 5-8 变压器呈现减极性　　　　　图 5-9 变压器呈现加极性

二、三相变压器的组别

三相变压器一、二次侧线电压间的夹角取决于线圈的连接法，二次线电压落后一次线电压的角度有 30°、60°、90°、120°、150°、180°、210°、240°、270°、300°、330°、360° 十二种，分别对应为 1、2、3、4、5、6、7、8、9、10、11、12 点接线，常用的主要接线组别如下：

（1）一次、二次绕组的绕向相反。一次接线为Y，二次接线为Y（或有中性线），可呈现出 6 点接线，如图 5-10 所示。

（2）一次、二次绕组的绕向相同，一次接线为Y，二次接线为Y（或有中性线），可呈现出 12 点接线，如图 5-11 所示。

（3）一次与二次绕组绕向相同时，一次接线为Y，二次接线为△，可呈现 11 点接线（或1点接线），如图 5-12 所示。

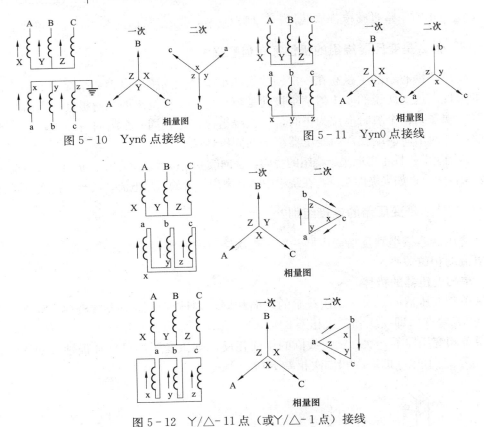

图 5-10　Yyn6 点接线　　图 5-11　Yyn0 点接线

图 5-12　Ｙ/△-11 点（或Ｙ/△-1 点）接线

5-20　怎样测量变压器的组别？

答： 测量变压器组别的方法有以下两种。

（1）直流法：测量单相变压器的接线如图 5-13 所示，用一个 1.5 或 3V 的干电池接入高压绕组，而低压接一只毫伏表或微安表，当合上隔离开关的瞬间，表针向正方向摆（或拉开隔离开关的时表针向负方向摆），则接电池正极的端子与接电表正极的端子是同极性，即连接组为 12，反之为异极性，连接组为 6。

（2）交流法：将高压和低压侧的一对同名端子（如 A、a）用导线连通，在高压侧接入低压交流电，然后测量电源电压 U_1 及另一对同名端子 X、x 间的电压 U_2，如图 5-14 所示。若 $U_1 > U_2$ 则为减极性（A、a 同极性），反之则为加极性（A、a 异极性）。

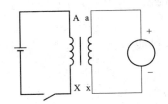

图 5-13　用直流法测定变压器的极性

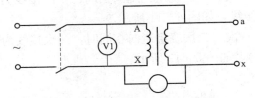

图 5-14　用交流法测定变压器的极性

5-21 变压器各种绕组连接组的应用范围是什么?

答：Y/Y_0-12 连接组应用于容量不大的三相变压器，供作电力或照明混合负载，高压侧的电压不应超过 35kV，低压侧电压不超过 400V，变压器容量不应超过 1800kVA。

当低压侧的额定电压超过 400V 时，采用 Yd11 接线组，高压侧仍不应超过 35kV，变压器的最大容量应不超过 5600kVA。

Y_0d11 连接组主要应用于高压输电系统容量较大、电压较高的变压器。当高压在 110kV 及以上时，这种变压器的最小容量为 3200kVA；当容量在 7500kVA 以上时，这种变压器的低压侧的电压至少为 6.3kV。

5-22 为什么变压器相序标号不能随意改变?

答：变压器高低压侧有 A、B、C 和 a、b、c 字样的符号，这种符号就是相序标号，相序与组别有着密切的关系。如果把相序改变，接线组别也就改变了。特别是两台变压器并联时，将其中的一台变压器相序标号随意动一下，就会使变压器不能正常运行，甚至可能使变压器损坏。这是因为将一台变压器相序变动以后，组别也相应变动。当两台组别不同的变压器并联运行时，在变压器二次侧将出现很大的电位差。在这一电位差的作用下，即使变压器二次侧没有接负载，在变压器中也会产生高于几倍额定电流的循环电流（环流），这个循环电流可使变压器很快发热甚至烧毁，所以变压器相序标号是不能随意改变的。

5-23 什么是变压器的短路电压?

答：短路电压是变压器的一个重要参数，它是通过短路试验测出的。其测量方法：将变压器二次侧短路，一次侧加电压使电流达到额定值，这时一次侧所加的电压 U_d 称为短路电压。短路电压一般都用百分值来表示，通常变压器铭牌表示的短路电压，就是短路电压 U_d 与试验时变压器一次绕组的额定电压 U_e 的百分比来表示，即

$$U_d = \frac{U_d}{U_e} \times 100\%$$

变压器的阻抗是根据欧姆定律，由短路试验数据计算而来的。即

$$Z_d = \frac{U_d}{I_e} \qquad (5-5)$$

式中 Z_d——变压器的短路阻抗，Ω；

I_e——变压器一次侧的额定电流，A 或 kA。

短路阻抗也以百分比表示，其表达式为

$$Z_d = \frac{Z_d}{Z_e} \times 100\% \qquad (5-6)$$

其中 $Z_d = \dfrac{U_d}{I_d} = \dfrac{U_d}{I_e}$（试验中短路电流 I_d＝额定电流 I_e），$Z_e = \dfrac{U_e}{I_e}$，代入式（5-6），得

$$Z_d = \frac{Z_d}{Z_e} \times 100\% = \frac{U_d}{U_e} \times 100\% = U_d$$

即短路阻抗和短路电压百分比相同。

5-24 变压器并联运行需要哪些条件？

答：根据 GB/T 17468—2008《电力变压器选用导则》可知，变压器并联运行的条件如下。

（1）钟时序数要严格相等。

（2）电压和电压比要相同，允许偏差也相同（尽量满足电压比在允许偏差范围内），调压范围与每级电压要相同。

（3）短路阻抗相同，尽量控制在允许偏差范围 $\pm 10\%$ 以内，还应注意极限正分接位置短路阻抗与极限负分接位置短路阻抗要分别相同。

（4）容量比在 0.2～2。

（5）频率相同。

5-25 怎样计算配电变压器绕组的电阻和漏抗？

答：配电变压器高低压绕组的电阻 R_B，是折算到一个基准电压下（原边或者副边）计算的，其计算方法为

$$R_B = \frac{\Delta P_D U_e^2}{S_e^2} \times 10^3 \tag{5-7}$$

式中　R_B——变压器绕组电阻，Ω/相；

ΔP_D——变压器的短路损耗，kW；

U_e——变压器的额定电压，kV；

S_e——变压器的额定容量，kVA。

配电变压器的漏抗 X_B 的计算公式如下：

$$X_B = \frac{U_{DX} U_e^2}{S_e} \times 10 \tag{5-8}$$

式中　X_B——变压器绕组的漏抗，Ω/相；

U_{DX}——变压器短路电压百分数的无功分量。

如果 U_e 用一次电压，则 R_B、X_B 为归算到高压侧的每相绕组的电阻或漏抗；如果 U_e 用二次电压，则 R_B、X_B 为归算到低压侧每相的电阻或漏抗。

5-26 运行中的变压器有哪些损耗？与哪些因素有关？

答：变压器的功率损耗可分为两部分，即固定损耗和可变损耗。固定损耗就是空载损耗（主要是铁耗和励磁功率损耗，简称铁耗），它只与变压器的容量和电压的高低有关，而与负载的大小无关。

空载损耗可分为有功损耗和无功损耗两部分，有功部分基本上是铁心的磁滞损耗和涡流损耗，一般在产品说明书或出厂试验报告中注明。无功部分是励磁电流产生的损耗，它近似地等于变压器的空载功率，可根据空载电流计算：

$$Q_0 = \frac{I_0}{100} \times S_e \tag{5-9}$$

式中　Q_0——空载损耗中的无功损耗，kvar；

　　　I_0——空载电流占额定电流的百分数；

　　　S_e——额定容量，kVA。

变压器的可变损耗就是短路损耗（即绕组中的损耗，简称铜耗），它也分为两部分，即有功部分和无功部分。有功部分是变压器原副绕组的电阻通过电流时产生的损耗，它和电流的平方成正比。因此它的大小取决于变压器负载的大小和功率因数的高低。无功部分主要是漏磁通产生的损耗，它可通过下式进行计算：

$$Q_d = \frac{U_d}{100} \times S_e \qquad\qquad (5-10)$$

式中　Q_d——空载损耗中的无功损耗，kvar；

　　　U_d——空载电流占额定电流的百分数。

5-27　怎样计算变压器的功率损耗？

答：变压器的固定损耗是指铁心中的损耗，可用下式计算：

$$\Delta S_0 = \Delta P_0 - j\,\frac{I_0}{100} \times S_e$$

式中　ΔP_0——变压器的空载有功损耗，kW；

　　　$I_0\%$——空载电流占额定电流的百分数；

　　　S_e——额定容量，kVA。

变压器可变损耗的有功部分等于绕组的电阻损耗，无功部分等于绕组的漏抗损耗，对于双绕组变压器，其功率损耗的有功部分为

$$\Delta P_B = \Delta P_0 + \Delta P_d\,(S/S_e)^2$$

式中　S——变压器的实际负荷容量，kVA。

无功部分为

$$\Delta Q_B = \frac{I_0}{100} \times S_e + \frac{U_D S_e}{100} \times \left(\frac{S}{S_e}\right)^2$$

5-28　如何计算变压器的有功、无功损耗电量？

答：有功损失电量可采用简化均方根负荷值计算，即

$$\Delta A_P = \left[\Delta P_0 + K\Delta P_D\left(\frac{S_{jp}}{S_e}\right)^2\right]T$$

式中　ΔA_P——变压器的有功损失电量，kWh；

　　　ΔP_0——变压器的空载损耗，kW；

　　　ΔP_D——变压器的短路损耗，kW；

　　　S_e——变压器额定容量，kVA；

　　　S_{jp}——变压器的平均负荷，kVA；

　　　K——均方根系数（可取 1.05～1.1）；

　　　T——计算时间，h。

5-29 如何计算变压器的电压损耗?

答：变压器的电压损耗可以用下式计算，即

$$\Delta U_B = \frac{PR_B + QX_B}{U_e} \tag{5-11}$$

式中　　ΔU_B——电压损耗，V；

　　　　P——负载有功功率，kW；

　　　　Q——负载无功功率，kvar；

　　　　R_B——绕组电阻，Ω；

　　　　X_B——绕组电抗，Ω；

　　　　U_e——额定电压，kV。

5-30 什么是分接开关? 它有什么作用?

答：电网的电压是随运行方式和负载大小的变化而变化的。电压过高和过低都会直接影响变压器的正常运行和用电设备的输出功率及使用寿命。为了提高电压质量，使变压器能够有一个额定的输出电压，通常是通过改变一次绕组分接抽头的位置来实现调压的。连接及切换分接抽头位置的装置称为分接开关，它是通过改变变压器绕组的匝数来调整变比的。在变压器一次侧的三相绕组中，根据不同的匝数引出几个抽头，这几个抽头按照一定的接线方式接在分接开关上，开关的中心有一个能转动的触头。当变压器需要调整电压时，改变分接开关的位置，实际上是通过转动触头改变了变压器绕组的有效匝数，从而改变了变压器的变比，达到改变二次侧电压的作用。

5-31 如何正确选择配电变压器的容量?

答：正确选择配电变压器容量的原则是使变压器的容量能够得到充分地利用。一般负载应为变压器额定容量的 $75\% \sim 90\%$，这还要看用电负载的性质即功率因数的高低。动力用电还要考虑单台大容量电动机的起动问题，遇到这种情况，就应选择较大一些的变压器，以适应电动机起动电流的需要。另外，还应考虑用电设备的同时率。

如实测负载经常小于 50% 时，应更换小容量的变压器，大于变压器额定容量时，应换大容量的变压器。

5-32 什么是变压器的不平衡电流? 其有何影响?

答：变压器不平衡电流是指三相变压器的三相电流之差。不平衡电流主要是由于单相负载在变压器三相上不均匀分配造成的，因而其在电网中是普遍存在的，在城市民用电网及农用电网中由于大量单相负荷的存在，三相间的电流不平衡现象尤为严重。

电网中的不平衡电流会增加线路及变压器的铜损，增加变压器的铁损，降低变压器的输出功率甚至会影响变压器的安全运行，会造成三相电压不平衡因而降低供电质量，甚至会影响电能表的精度而造成计量损失。对于三相不平衡电流，除了尽量合理地分配负荷之外，几乎没有行之有效的解决办法。

5-33　变压器绕组绝缘损坏的原因有哪些？

答： 通常变压器绕组绝缘损坏的主要原因有以下几方面：

（1）线路的短路故障和负荷的急剧增大，使变压器的电流超过额定电流的几倍甚至十几倍，这时绕组受到很大的电磁力矩而发生位移或变形。另外，电流的急剧增大将使绕组温度急剧升高，从而导致绝缘损坏。

（2）变压器长时间的过负荷运行，绕组中产生高温，将绝缘烧焦。可能造成匝间或层间短路。

（3）绕组绝缘受潮。这多是因为绕组里层浸漆不充分和绝缘油含水分所致，这种情况容易造成匝间短路。

（4）绕组接头和分接开关接触不良。在带负载运行时，接头发热损坏附近的局部绝缘，造成匝间或层间短路，以致接头松开，绕组断线。

（5）变压器的停送电或雷电使绕组绝缘因过电压而击穿。

5-34　变压器套管脏污会有什么危害？

答： 实践经验证明，变压器套管脏污最容易引起套管闪络。而造成套管脏污的原因很多，比如表面潮湿加之灰尘、盐分、铁末等。

套管的脏污虽然不致使整个绝缘壁发生击穿，但线路中若有一定幅值的过电压侵入，或遇有雨雪等潮湿天气，就可能导致表面闪络而跳闸，从而影响了可靠供电。

套管脏污的另一危害是，由于脏污的水分导电性能提高，不仅容易引起表面放电，还可能使泄漏电流增加，使绝缘套管发热，最后导致击穿。由此可知，变压器套管脏污对变压器安全运行是有害的。因此对运行人员来说，利用停电机会擦拭套管，是保证安全供电的一项重要措施。

5-35　运行中的变压器二次侧突然短路有何危害？

答： 变压器在运行中二次侧突然短路，多属于事故短路，也称为突发短路。事故短路的方式多种多样，如对地短路、相间短路等。不管哪种短路，对运行中的变压器都是非常有害的，二次侧短路直接危及变压器的寿命和安全运行。

特别是变压器一次侧接在容量较大的电网上时，如果保护设备不切断电源，一次侧仍能送电，在这种情况下，变压器将很快被烧毁。这是因为当变压器二次侧短路时，将产生一个高于其额定电流 20～30 倍的短路电流。根据磁动势平衡可知，二次侧电流是与一次侧电流反相的，二次侧电流对一次侧电流主磁通起去磁作用，由于电磁的惯性原理，一次侧要保持主磁通不变，必然也将产生一个很大的电流来抵消二次侧短路电流的去磁作用，这样两种因素的大电流汇集在一起，作用在变压器的铁心和绕组上，在变压器中产生一个很大的电磁力，这个电磁力可以使变压器绕组发生严重的畸变或崩裂，另外也会产生高出其允许温升几倍的温度，致使变压器在短时间内被烧毁。

5-36　变压器发生绕组层间和匝间短路会出现哪些现象？如何处理？

答： 运行中的变压器发生绕组层间或者匝间短路，有以下几种现象：

（1）一次电流增大。

（2）变压器有时发出"咕嘟"声，油面增高。

（3）高压熔丝熔断。

（4）二次电压不稳，忽高忽低。

（5）储油柜冒烟。

（6）停电后，用电桥测得的三相直流电阻不平衡。

造成层间或匝间短路多是由于变压器内进水，使绕组受潮、散热不良，变压器长期过载运行使匝间绝缘老化，或由于制造检修工艺不良等原因造成的。当发现变压器绕组层间或者匝间短路，应立即停电进行检修。

5-37 运行中的变压器应做哪些巡视检查？

答：变压器的巡视检查应注意以下几点：

（1）声音是否正常。正常运行的变压器发出的是均匀的"嗡嗡"声。

（2）检查变压器有无渗油、漏油现象，油的颜色和油位是否正常。新变压器油呈浅黄色，运行以后呈浅红色。如有异常应进行处理。

（3）变压器的电流和温度是否超过允许值。

（4）变压器套管是否清洁，有无破损裂纹和放电痕迹。

（5）变压器接地是否良好。一、二次引线及各接触点是否紧固，各部的电气距离是否符合要求。

5-38 变压器在哪些情况下应进行干燥处理？

答：变压器遇到下列情况应进行干燥处理：

（1）刚更换绕组或绝缘。

（2）在修理或安装的器身检查中，器身在空气中暴露的时间超过相应的规定时。

（3）经绝缘电阻和吸收比测量证明变压器绕组受潮。

5-39 变压器干燥处理的一般要求是什么？

答：（1）不管采用哪种方法加热干燥变压器，在无油时变压器器身温度不得高于95℃，在带油干燥时油温不得高于80℃，以避免油质老化。如果带油干燥不能提高绝缘电阻时，应采用无油干燥法。

（2）采用带油干燥法应每4h测量一次绝缘电阻和油的击穿电压。当油击穿电压呈稳定状态，绝缘电阻值也连续6h保持稳定，即可停止干燥。

（3）干燥时如不抽真空，则在箱盖上应开通气孔或利用油门孔等使潮气放出。

（4）采用带油加热时，应在油箱外装设保温层，保温层可用石棉布、玻璃布等绝缘材料，不得使用易燃材料，并应采取相应的防火措施。

5-40 变压器干燥处理的方法有哪些？

答：（1）感应加热法。这种方法是将器身放在油箱内，外绕线圈通以工频电流，利用油箱壁中涡流损耗的发热来干燥。此时箱壁的温度不应超过115～120℃，器身温度不得超过

90～95℃。为了方便缠绕线圈，尽可能使线圈的匝数少些或电流小些，一般电流选150A，导线可用35～50mm²。油箱壁上可垫石棉板条多根，导线绕在石棉条板上。

（2）热风干燥法。这种方法是将器身放在干燥室内通热风进行干燥。干燥室应尽可能小些，板壁与变压器之间的距离不要大于200mm，板壁内铺石棉或其他防火材料。可用电炉、蒸汽蛇形管、地下火炉、火墙等加热。

进口热风温度应逐渐上升，最高温度不应超过95℃，在热风进口处应装设过滤器或金属栅网，以防止火星灰尘进入。热风不要直接吹向器身，尽可能从器身下面均匀地吹向各方面，使潮气由箱盖通气孔放出。

（3）烘箱干燥法。若修理场所有烘箱设备，对小容量变压器采用这种方法比较好。干燥时将器身吊入烘箱，控制内部温度为95℃，每小时测一次绝缘电阻。烘箱上应有通气孔，用以放出蒸发出来的潮气。另外，在干燥过程中应有专人看守，要特别注意安全。

5-41　运行中的变压器，能否根据其发出的声音来判断运行情况？

答：变压器可用根据运行的声音来判断运行的情况。其方法是用木棒的一端顶在变压器的油箱上，另一端贴近耳朵仔细听声音，如果是连续的"嗡嗡"声比平常加重，就要检查电压和油温。若无异状，则多是由于铁心松动引起。当听到"吱吱"声时，要检查套管表面是否有闪络现象。当听到"噼啪"声时，则是内部绝缘击穿现象。

5-42　变压器能否过载运行？

答：在变压器运行中，超过了铭牌上规定的电流就是处于过载运行状态。在一般情况下，长期过载运行时不运行。变压器过载运行会使温度升高，从而加速绝缘老化，降低了变压器的使用寿命。

在正常运行情况下，大部分变压器的负荷都不是始终稳定的，负载每昼夜、各季节都在变动。在负载较小期间绝缘老化程度较小，因此允许部分时间内过载运行而不至于影响变压器的寿命。也就是说，在不损害绕组绝缘和不降低变压器寿命的前提下，变压器可在正常运行的高峰负荷时和外界温度较低时过载运行。具体过载量和过载时间的规定请参阅变压器运行规程。

在事故情况下，如果需要保证不间断供电的，则允许变压器过载运行。此时绝缘老化的加速处于次要考虑的位置，再考虑到事故发生的偶然性，因此一般变压器均允许一定时间内较大的事故过负荷，见表5-2。

表5-2　　　　　　　　　　　变压器允许的事故过载能力及时间

额定负载的倍数	过载允许时间	
	室外变压器	室内变压器
1.3	2h	1h
1.6	30min	15min
1.75	15min	8min
2.0	7.5min	4min

5－43　油面是否正常怎样判断？出现假油面是什么原因？怎样处理？

答： 变压器油面的正常变化（渗漏油出外）决定于变压器的油温变化。因为油温的变化直接影响变压器油的体积，从而使油表内的油面上升或下降。影响变压器油温的因素有负荷的变化、环境温度和冷却装置运行状况等。如果油温的变化是正常的，而油表管内的油位不变化与变化异常，则说明油面是假的。

运行中出现假油面的原因有：油表管堵塞、呼吸器堵塞、防爆管通气孔堵塞等。处理时，应先将重瓦斯保护解除。

5－44　运行电压增高对变压器有何影响？

答： 当运行电压低于变压器额定电压时，一般来说对变压器不会有任何不良影响，当然也不能太高，这主要是由于用户对电能质量的要求。

当变压器运行电压高于额定电压时，铁心的饱和程度将随着电压的增高而相应的增加，致使电压和磁通的波形发生畸变，产生高次谐波，空载电流也相应增大。高次谐波的害处主要有以下几点：

（1）引起用户电流波形的畸变，增加电动机和线路上的附加损耗。

（2）可能在系统中造成谐波共振现象，并导致过电压使绝缘损坏。

（3）线路中的高次谐波可能对通信产生干扰。

由此可见，运行电压增高对变压器和用户均是不利的。因此不论变压器分接头在何位置，变压器一次侧电压一般不应超过额定电压的105%。

5－45　怎样确定配电变压器的安装位置？

答： 配电变压器应安装在负荷的中心，使线路的损耗最小。一般情况下应安装在用电量最大的用户附近。在角度杆、分支杆和装有油开关或高压电缆头的电杆上不得装设变压器。在架空线特多、不易巡视以及不便检修更换的电杆上，也不允许装设变压器。

5－46　配电变压器如何在现场定相？

答： 对于拟定并列运行的变压器，在正式并列送电之前必须做定相试验。定相试验方法是将两台负荷并列条件一次侧都接在同一电源上的配电变压器，经低压线路的连接线，测量二次相位是否相同。

定相的步骤如下：

（1）分别测量两台变压器的相电压是否相同。

（2）测量同名端子之间的电压差。当同名端子上的电压差等于零时，就可以并列运行。

5－47　变压器在运行前应检查哪些项目？

答： 在变压器投入运行前，应进行下列项目的检查：

（1）检查施压合格证。比如试验合格证签发日期超过三个月，应重新测试绝缘电阻，其阻值应大于允许值，不小于原试验值的70%（比较时应换算到相同温度）。

（2）套管完整，无损坏裂纹现象，外壳无漏油、渗油情况。

（3）高、低压引线完整可靠，各处接点符合要求。

（4）引线与外壳及电杆的距离符合要求，油位正常。

（5）一、二次保险符合要求。

（6）防雷保护齐全，接地电阻合格。

（7）从外地购入，经过长途运输的变压器要重新试验。

5-48 新装或大修过的变压器，在投入运行后为什么有时气体动作频繁？

答：新装或大修的变压器在加油或滤油时，将空气带入变压器内部不能及时排出，当变压器运行后油温逐渐上升，油内部贮存的空气逐渐溢出，使气体继电器动作。气体继电器动作的次数与变压器内部贮存的气体多少有关。

因此，为避免气体继电器频繁动作，电力变压器在充油或补加油量较多后应静止 6～8h 再投入运行。在此期间，要经常从各处放气阀把积存的空气放出。大型电力变压器还要采取真空注油的方法。另外，在变压器初投入运行的 24h 内，为避免气体继电器误动作引起停电，气体继电器的跳闸回路应断开，使其只动作于信号。

采取上述措施后，如变压器投入运行后仍发生气体继电器动作，则应根据变压器的音响、温度、油面以及加油过滤工作情况做综合分析；如变压器运行正常，可判断为进入空气所致。否则应取气做点燃试验，以判断变压器内部是否有故障。

5-49 变压器温度表所指示的温度是变压器什么部位的温度？温度和温升有什么区别？

答：温度指示的是变压器上层油温，规定不得超过 95℃，运行中的油温监视定为 85℃。温升是指变压器上层油温减去环境温度。运行中的变压器在外温 40℃时，其温升不得超过 55℃，运行中要以上层油温为准，温升是参考数字。上层油温如果超过 95℃，其内部绕组的温度就要超过绕组绝缘物的耐热强度。为使绝缘不致迅速老化，所以才规定 85℃这个上层油温监视界限。

5-50 变压器在运行中，应做哪些测试？

答：变压器在运行中，应经常对温度、负载、电压、绝缘状况进行测试，其方法和内容如下：

（1）温度测试。正常运行时，上层油面温度一般不得超过 85℃。

（2）负荷测定。为了提高变压器的利用率，减少电能损失，在变压器运行过程中，根据每一季节最大用电时期，对变压器进行实际负载测定，一般负载电流应为变压器额定电流的 75%～90%。

（3）电压测定。电压的变化范围应在额定电压的±5%以内。

（4）绝缘电阻测定。变压器绝缘电阻一般不做规定。应将所测电阻与以前所测电阻值相比较，折算至同一温度下，应不低于前次所测值的 70%。测变压器绝缘电阻时，根据电压等级不同，应选取不同电压等级的绝缘电阻表，并应停电进行测定。

（5）每 1～2 年还应做一次预防性试验。

5-51 当变压器施以加倍额定电压进行层间耐压试验时，为什么频率也应同时加倍？

答：变压器在进行层间耐压试验时，如果仅将额定电压加倍，而频率维持不变，那么铁心中的磁通密度将增加一倍。这是因为电压与磁通成正比，而频率与磁通成反比。因此，若只将电压加倍，铁心将过饱和，绕组将因励磁电流过大而烧毁；假如电压和频率同时都增加一倍，磁通就可以维持不变。

5－52　怎样做变压器的空载试验？

答：变压器的空载试验又称无载试验或者开路试验。空载试验就是从变压器任意一侧的绕组（一般为低压侧）施以额定电压，在其他绕组开路的情况下，测量其空载损耗和空载电流。进行三相变压器空载试验时，三相电源电压应平衡，其线电压相差不得超过 2%。当接通电源后，首先慢慢提高试验电压，观察各仪表的指示是否正常，然后将电压升高到额定值，读取空载损耗和空载电流的指示值。

空载试验的目的：确定空载电流；确定空载损耗。

5－53　为什么变压器空载试验可以测出铁耗？而短路试验可以测出铜耗？

答：变压器空载运行时，铁心中主磁通的大小是由绕组端电压决定的。因此，当在变压器一次侧（或二次侧）加以额定电压时，铁心中的主磁通达到了变压器额定工作时的数值，这时铁心中的功率损耗（铁耗）也达到了变压器额定工作状态下的数值，因此变压器空载时，一次侧（或二次侧）的输入功率可以认为全部是变压器的铁耗。

在做短路试验时，一般将低压绕组短路，在高压绕组施以试验电压，使变压器在额定分接挡，一次电流达到额定值而二次电流也达到了额定值。这时变压器的铜耗相当于额定负载时的铜耗。因为变压器二次短路，所以铁心中的工作磁通比额定工作状态小得多，铁耗可以忽略不计，这时变压器没有输出，所以短路试验的全部输入功率，基本上都消耗在变压器一次、二次绕组的电阻上，这就是变压器的铜耗。

5－54　对新装和大修后的变压器绝缘电阻有何要求？

答：测量变压器的绝缘电阻值，可以初步判断变压器的绝缘状态。新装和大修后的变压器绝缘电阻值折算至同一温度下应不低于制造厂试验值的 70%。无制造厂送出的变压器，其绝缘电阻值应不低于表 5－3 中的参考值。

表 5－3　　　　　交接和大修时油浸式电力变压器绕组绝缘电阻参考值　　　　　　Ω

阻值　温度　电压	温度（℃）							
	10	20	30	40	50	60	70	80
3～10kV	450	300	200	130	90	60	40	25
20～35kV	600	400	270	180	120	80	50	35
60～220kV	1200	800	540	360	240	160	100	70

5－55　变压器变比的测定有几种方法？测定时应注意什么？

答：变压器变比测定的常用方法有高压测量法和低压测量法两种。

低压测量法：是在高压绕组接入三相低压电源，分别测量高、低压各对应相的电压，如图 5－15 所示。

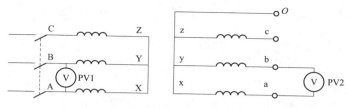

图 5-15 低压测量法测量变压器变比接线图

高压测量法：是在低压绕组接入三相电源，分别测量高、低压各对应相的电压，其中高压绕组的电压通过标准电压互感器测量，如图 5-16 所示。

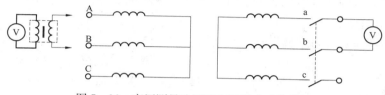

图 5-16 高压测量法测量变压器变比接线图

测定变比时应注意：

（1）测量仪表的准确度应不低于 0.5 级，量程选择应尽可能使读数在表盘的 1/2～3/4 处。

（2）试验电源应稳定且三相平衡，高低压侧两块电压表应同时读数，并反复进行数次，然后取平均值。

（3）测量时应在高、低压对应相上进行。换相时应先停电后换接。在直接搭取电压时，应按带电作业规定做好安全措施，尤其使用高压测量法时更要特别注意。标准电压互感器高压引线对地的绝缘距离必须足够，其二次绕组和外壳均应良好接地。

5-56 怎样测定配电变压器的变比？标准是什么？

答：配电变压器变比的测定，就是在变压器的某一侧（高压或低压）施加一个低电压，其数值为额定电压的 1%～25%，然后用仪表或仪器来测量另一侧的电压。通过计算来确定该变压器是否符合技术条件所规定的各绕组的额定电压。使用交流电压表测量时，仪表的准确度为 0.5 级。如使用电压互感器测量，所测的电压值应尽量选在互感器额定电压的 80%～110%，准确度为 0.2 级。另外，如有变比电桥，则测量更为方便，可直接测出变比。

测量变比的标准：各相相应分接头的变比与铭牌值相比，不应有显著差异。一般不宜超过 1%～2%。

5-57 什么是变压器的绝缘吸收比？

答：在检修维护变压器时，需要测定变压器的绝缘吸收比。它等于 60s 所测的绝缘电阻值与 15s 所测的绝缘电阻值之比，即 R_{60}/R_{15}，用吸收比可以进一步判断绝缘是否潮湿、污秽或有无局部缺陷。规程规定在 10～30℃ 时 35～60kV 绕组不低于 1.2；110～330kV 绕组不低于 1.3。

5-58　变压器油有哪些作用？不同型号的变压器油能否混合使用？

答：变压器油的作用有两个：①绝缘；②散热。变压器油是矿物油，由于它的成分不同，如果将不同的变压器油混在一起，对油的稳定度有影响，会加快油质的劣化，所以不同型号的油一般不应混合使用。如果在同型号油不足的情况下不得不混合使用时，应经过混油试验，即通过化学、物理试验证明可以混合使用后，再混合使用。

5-59　什么是调压器？它是怎样调节电压的？

答：一般的变压器都有固定的变比，其二次电压不能随意调节，但有些情况下，需要能随时改变和调节电压的变压器，如试验用的电源就是这种随意平滑地调节电压的变压器，这种变压器称为调压器。

常用的小型调压器为自耦调压器，其结构基本与自耦变压器相同，不同的是它的铁心成

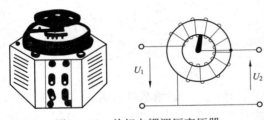

图 5-17　单相自耦调压变压器

环形，绕组就绕在这个环形的铁心上，二次绕组的分接头是一个能沿着绕组的裸露表面自由滑动的电刷触头，当移动电刷触头的位置时，就可以平滑地调节输出电压，以达到所需的电压，其原理接线如图 5-17 所示。调压器有单相的也有三相的，其容量只有数百伏安到几十千伏安，电压也只有几百伏。

5-60　什么是调容变压器？它有什么用途？

答：调容变压器，是一种多容量的配电变压器，它主要是利用安装在变压器上端的调容开关，改变其线圈的联接方式，使其铁心的磁通密度相应地变化，达到降低其容量损耗的目的。它适用于负荷季节性变化很大的用电负荷，在用电负荷大时，把变压器调到大挡额定容量，以满足用电需求。在用电负荷小时，把变压器调到小挡额定容量，以降低变压器的损耗，调容变压器的容量比为 2∶1。

它是一种包含有磁路、线路、油路及油箱所组成的配电调容变压器，其特征在于油箱的顶盖上装有调容开关，调容开关上端设有六个挡次的标记，1～3 挡是 100% 容量，4～6 挡是 50% 以下容量，每个挡次的触点都与相对应线圈的端子连接，其下端浸泡在油箱内，另外，在线路中的低压线圈为三段绕成，Ⅰ、Ⅱ段匝数分别为 73%，Ⅲ 段匝数为 27%。

调容变压器是一种具有大小两个容量，并可根据负荷大小进行调整的配电变压器。其基本设计思想：变压器三相高压绕组在大容量时接成三角形（△），小容量为星形（丫）。每相低压绕组由三部分组成：一是少数线匝部分（Ⅰ段），另外的多数线匝的线段由两组导线并绕而成两部分（Ⅱ、Ⅲ段）。大容量时Ⅱ、Ⅲ段并联再与Ⅰ段串联，小容量时Ⅰ、Ⅱ、Ⅲ段全部串联。由大容量调为小容量时，低压绕组匝数增加，同时高压绕组变为 丫 接法而相电压降低，且匝数增加与电压降低的倍数相当，可以保证输出电压不变。

高压绕组联结方式的改变，低压绕组并、串联的转换以及各分接部分的调整均由特制的无励磁调容开关完成。同时，大容量调为小容量时，由于低压匝数的增加，铁心磁通密度大幅度降低，而使硅钢片单位损耗变小，空载损耗和空载电流也就降低了，达到降损节能的目的。

各部分结构特点如下。

（1）铁心。为满足用户的不同要求，铁心有两种结构①卷铁心结构，它是将硅钢片带料，加工卷制成封闭形铁心；②叠积式的铁心结构，采用优质取向冷轧硅钢片，阶梯形三级全斜带尖角接缝，不冲孔，改善了磁路结构。两种结构均可保证与同规格 S9 产品相比，空载损耗降低 30%，空载电流下降 70%。

（2）绕组。绕组均采用圆筒式结构，冲击电压分布好，油道散热效率高。采用卷铁心结构时高低压绕组直接绕制在铁心柱上，在线圈绕制方法上，要采取一些特殊技术措施。

（3）器身。适当调整器身有关主绝缘距离，沿线圈圆周的轴向支撑，均用层压纸板或层压木做成的绝缘块，保证受热基本不收缩，实现有效压紧。

（4）调容开关。调容开关为卧式笼型结构，外部手柄、限位在装配时经仔细调整定位，其传动机构为一对精加工的齿轮，确保动作可靠。在操作机构顶部有防水罩，保证操动机构的安全，延长了使用寿命。

（5）油箱。油浸式变压器的油箱既是变压器器身的外壳和浸油的容器，又是变压器总装的骨架，因此，变压器油箱起到机械支撑、冷却散热和绝缘保护的作用。调容变压器的油箱可以选用传统的管状散热器油箱或片式散热器油箱，也可用波纹油箱。

5－61　电力变压器出线套管按电压等级不同常用的有哪些型式？

答：变压器的电压等级决定了套管的绝缘结构。套管的使用电流决定了导电部分的截面和接触头的结构。套管由导电部分和绝缘部分组成。导电部分包括导电杆、电缆或铜排。绝缘部分分为外绝缘和内绝缘。外绝缘一般为瓷套。内绝缘为纸板和变压器油、附加绝缘和电容型绝缘。常用的出现套管按电压等级的不同有以下几种型式：

（1）负荷绝缘导杆式套管。它由上瓷套和下瓷套组成，为拆卸式套管，常用于 0.4kV 电压等级出线。

（2）单体瓷绝缘导杆式套管。它常用于 10～20kV 电压等级的出线。

（3）有附加绝缘的穿缆式套管。它是在引线电缆上包以 3～4mm 厚电缆纸作为附加绝缘的穿墙式套管，用于 35kV 电压等级出线。

（4）油纸绝缘防污型电容套管。它采用电容分压原理和高强度固体绝缘，为防污型，额定电压 35kV。

（5）油纸电容型穿缆式套管。它由电容芯子、上下瓷套、储油柜和中间法兰组成，用于 110～220kV 或者更高电压等级出线。

5－62　110kV 油纸电容式套管的结构和原理是什么？安装和检修试验时应注意哪些事项？

答：110kV 及以上电压等级的变压器本体 110kV 引出端子广泛使用油纸电容式套管。油纸电容式套管主要由电容芯子、头部带油表的储油柜、上瓷套、中间法兰、下瓷套和均压球等组成。油纸电容芯子是套管的主绝缘，即导管与接地法兰之间的绝缘。电容芯子由电缆纸和铝箔交错卷在导管上制成。铝箔在电缆纸的层间每隔一定厚度放一层，形成多个与中心导管并列的同心圆柱体电容屏，利用电容分压原理调整现场，使其径向和轴向的电位分布均匀。导管一般是铜管，既是电容芯子的骨架，又是变压器引线穿过的通孔。电容芯子一般把最靠近导电侧的屏作为零屏，即带电屏，最外层（远离导电部位）为地屏，并与安装法兰一起接地。地屏引出是用软铜绞线通过小套管接地的，电容芯子需用磁套管作为外绝缘。电容芯子本身以及瓷套之间充满绝缘油。套管头部装有适应油热胀冷缩用的储油柜。头部结构与瓷套、中间法兰通常用强力弹簧串压而成整体。

110kV 油纸电容式套管在安装和检修时应注意以下事项：

（1）油纸电容套管安装在变压器上要注意油位表应面向外侧，方便平常检查油位，同时使三相油位一致。

（2）现场吊装需要调整安装角度时，应有滑轮组配合，安装时用绳子将引线从套管中心铜管中拉出；套管安装完，应设法检查瓷套下端安装情况，确保引线绝缘锥进入均压球。

（3）套管顶端的接线头和引线接头应拧紧，接线头在固定时，必须检查密封圈，应规格合适，位置放正，防止因密封不良，雨水沿着铜管进入变压器内造成事故。

（4）绝缘预防性试验要拆除电容式套管地屏小套管接地时，应注意不使接地螺杆转动，防止接地屏引出的软绞线扭断。试验后仍然将接地接好，并保证接地可靠。

5－63　110kV 套管电流互感器在安装和检修试验时有哪些要求？

答：110kV 油纸电容式套管安装的升高座内，有测量级和保护级套管型电流互感器，分别给测量仪表和继电保护电路供电。电流互感器二次绕组的抽头引到升高座的接线盒上。

套管电流互感器现场安装前，应先完成电气特性和绝缘试验。电流互感器绝缘电阻值应不低于 $10M\Omega$（2500V 绝缘电阻表），对地耐压应为 2kV/min，否则需在 $100\sim110℃$ 下干燥 $8\sim10h$。电流互感器还应做极性、伏安特性、直流电阻、电流变比等测量，且在运行时不得开路。电流互感器装入升高座时，要注意一次电流方向朝着互感器 L 标记的端面，二次引线连接的端子板应绝缘良好，且无渗油。对于不用的电流互感器，应将其引出分接头端接后用绝缘布包好。套管电流互感器在安装过程脱离油的期间，要做好防潮防尘措施。升高座安装位置如具有斜度，吊装时要注意放好气塞的位置且在最高端。变压器注油后，要在升高座顶部放气，确保升高座内充满油。

5－64　电力变压器的主保护有哪些？各自的保护范围是什么？

答：电力变压器的主保护是气体保护、变压器差动保护，以及变压器电流速断保护。

（1）气体保护是变压器内部故障最灵敏、最快速的保护，但不能反映变压器外部故障，尤其是套管和外部引线的故障。

气体保护的保护范围是变压器内部故障，即

1）变压器内部多相短路、接地短路。

2）匝间短路、层间短路、绕组与铁心绝缘损坏。

3）铁心发热烧损。

4）油面严重下降。

5）分接开关接触不良。

（2）差动保护的保护范围是变压器各侧安装差动电流互感器之间的一次部分，即对于以下的故障有反应：

1）主变压器引出线及变压器绕组的多相短路。

2）绕组的严重匝间和层间短路。

3）大电流接地系统中绕组及引出线的接地短路故障。

（3）对容量较小的变压器，可在供电侧装设电流速断保护作为主保护。电流速断保护的优点是接线简单、动作迅速，但只能保护高压引出线和变压器一部分绕组，而另一部分绕组却不能得到保护。

（4）对容量大于 7500kVA 的变压器采用差动保护，对变压器的外部和内部相间短路都能够反应，而且灵敏度比较高，已经有非常多的变压器差动保护的动作电流小于变压器的额定电流，使差动保护的灵敏度大大提高。另外，还有后备保护。后备保护一般由过电流保护和带时限的母线保护组成。由于后备保护和变压器的差动保护装设在同一地点，所以起到后备保护作用，同时在一定程度上还可以起远后备保护的作用（作为下级母线和线路的后备保护）。

5-65　大型变压器的铁心和夹件为什么要用小套管引出接地?

答：变压器运行中，铁心及固定铁心的金属部件均处在强电场中，在电场作用下具有一定的对地电位。如果铁心不接地，铁心与接地的夹件及油箱之间就会产生断续的放电现象。放电会使油分解，产生可燃气体。因此铁心及其金属部件必须经油箱接地。但是铁心只能是一点接地，不允许多点接地。因为铁心中是有磁通的，当发生多点接地时，相当于通过接地点短接铁心片，短路回路中有感应环流，接地点越多，环流回路越多，环流越大，这样铁心会产生局部过热，短接的铁心片也可能烧坏而产生放电。

大型电力变压器，由于匝电压很高，当铁心发生两点以上接地时，感应环流较大，故障点的能量很高，将引起严重的后果。为了便于对运行中大容量变压器铁心绝缘进行监视，避免发生铁心烧坏事故，所以通常把变压器内部铁心直接固定接地，改用为小套管引出接地。另外需要说明的是，铁心的接地时需要防止硅钢片断面短路接地现象。

5-66　储油柜为什么要采用密封结构? 密封式储油柜有几种?

答：绝缘油是变压器的主要绝缘，保护油质不被劣化是变压器安全运行的关键。开放式储油柜的油面和大气相通，绝缘油在与氧气接触中会产生氧化反应，生成有机酸及醇、醛等的化合物和烃的聚合物（油泥），逐渐使油的酸价升高，油中的有机酸会逐步腐蚀有机绝缘材料，促使纤维裂解。油中析出的油泥附着在绕组和铁心油道里，影响热量的散发，变压器运行温度升高又造成氧化反应加剧。空气中含有水分，绝缘油具有一定的吸湿性。绝缘油在吸入了水分后，导致电气强度下降。变压器制造中大量使用了绝缘纸、布带、绸带等多孔性纤维材料，这些绝缘物也容易吸收水分。水分浸入纤维组织后，导电率增加，绝缘性能变坏。总之，开放式储油柜是有很多缺点的。

储油柜采用密封方法后，使空气中的氧和水分无法浸入变压器内，可以有效延长绝缘油的使用寿命。运行实践也证实，储油柜采用密封式对保护油质起了很好的作用。

密封式储油柜较多的是采用胶囊式和隔膜式两种。因为胶质材料容易破损，目前，也有用不锈钢波纹材料制成的金属膨胀式储油柜，但是它一般仍然只使用在比较小型的电力变压器上。

5－67 胶囊式储油柜的结构和原理是什么？有何优缺点？

答： 胶囊式储油柜是利用大小胶囊来实现密封的，小胶囊又称压油袋。胶囊的材质为油性尼龙橡胶，不渗不漏，质地柔软。大胶囊的体积与储油柜相似，保证储油柜在最高和最低油位时能够运行。大胶囊外面与绝缘油接触，而胶囊内通过吸湿器与大气相连。随着油温变化油位发生升降，胶囊因受大气压力贴附在油面上，因此，储油柜的油始终与外界空气隔离。小胶囊装在储油柜底部的一个圆形盆内，它里面装的油与油表相通，但与储油柜油室内的油隔开。当储油柜的油位发生变化时，通过已调整好的小胶囊里油的压力传递，使油表的油位作同步变化。胶囊式储油柜顶部有一个排气阀，供注油时排除空气用，储油柜底部有注油和放油阀。

胶囊式储油柜的优点是观察油位很直观，缺点是注油时比较麻烦。

5－68 隔膜式储油柜的结构和原理是什么？有何优缺点？

答： 隔膜式储油柜由上下两个半圆形柜体组成，中间有一层隔膜。隔膜是一种厚度为 0.8～1mm 由锦纶丝绸加强并涂有丁腈橡胶的胶布，隔膜周边压装在上下柜沿之间。其材质和形状保证储油柜里的油充满时隔膜浮到顶上，而无油时沉在底部。储油柜中的隔膜，内侧贴在油面上，外侧和大气相通，集聚在隔膜外部的凝露水通过放水塞排出。储油柜下部有集气盒。隔膜式储油柜采用指针式油位计指示油位。油位计以隔膜为感受元件，其连杆一端与隔膜上支板铰链连接，另一端与表体的传动机构相连，把油面的上下位移（类似于上下的线性位移）变为油标指针的角位移。随着环境温度和变压器负荷的变化，储油柜中的隔膜作相应浮动，油位表的指针也以一定的幅度转动。指针式油位表也可以在油位最高和最低位置上设电触点报警，便于运行中及时处理油位异常故障。

隔膜式储油柜的缺点是在频繁的油位变动中，隔膜容易损坏。另外，两个半圆形柜体的密封面很长，制造工艺上如果稍有不足，容易发生渗油。

5－69 密封式储油柜在注油时有哪些步骤和要求？

答：一、胶囊式储油柜注油步骤

（1）先给玻璃管油表加油。加油的方法：把油表呼吸塞及压油袋外壳法兰打开，用漏斗将油从油表呼吸塞孔徐徐加入，并用手按动压油袋，以便将袋内的空气完全排出，直至玻璃管内的浮球稳定浮上；然后把前面打开的塞子等重新盖上，并检查呼吸塞有无被杂物堵住，以保证油表能自由呼吸。

（2）油表加油后即可准备向储油柜加油。胶囊式储油柜注油时，要把储油柜油室的气体排出，使其保持真空。一般采用的是注油法。注油前打开储油柜顶部的排气阀，暂时松开吸湿器连接法兰，以使大胶囊呼气畅通。

（3）油从油管经连管进入储油柜，大胶囊内的空气经吸湿器管道排出，储油柜室内空气由顶部排气阀排出。注油速度要缓慢，尤其是储油柜油位过半后，更应减少进油量，目的是让油中的气泡静止，以利排气彻底，也不会造成注油结束时排气阀过量喷油。

（4）当排气阀溢油时，玻璃管油表的油位应同时过顶，此时关闭排气阀，以免空气再进入储油柜内，之后放油至储油柜正常油位。放油时大胶囊自行充气并浮在油面上。

胶囊式储油柜注油时，一定要使储油柜和油表管同时溢油，主要是排出室内的残存空气，同时可以调整储油柜和油表管的油位保持同步。

二、隔膜式储油柜注油步骤

（1）隔膜式储油柜设有最高和最低油位报警，注油前先要调整好信号触点，使之动作正确。

（2）打开隔膜上的排气塞头，拆开指针式油表的伸缩连杆，将连杆搁在柜顶内部的钩环上，以防止隔膜上浮时造成连杆变形或隔膜损坏。

（3）注油的速度同样要缓慢，避免排气不及损坏隔膜。

（4）注油到正常油位后，将隔膜紧贴油面，关闭放气塞，装上伸缩杆，封好手孔盖板。

5-70 油浸式电力变压器有哪些防渗漏措施？

答：消除变压器渗漏油是一项综合治理工程。因为变压器从设计制造到投入运行，需要经历运输、安装、运行、检修等诸多环节，每个环节的工作质量都会影响变压器的密封。但是变压器的制造质量是防渗漏油最为重要的因素。通过近年来的探索，消除变压器渗漏油有以下措施：

（1）选用耐油、耐热、耐老化，且弹性好的优质橡胶密封件，是变压器防渗漏油的关键。对于确认使用效果好的橡胶密封材料，应固定配方，固定生产工艺，固定制造厂家。

（2）散热器、出现套管及油箱上所有的放气或放油螺栓件，在设计制造时，要考虑对密封垫有径向和轴向的限位止口。轴向限位是防止密封垫过量压缩。径向限位是控制密封垫不自由扩展，保证密封垫有一定的压紧度。

（3）散热器、气体继电器、储油柜等组件，出厂安装前都要经过严格的泵压试漏，不合格的不能使用。对体积小又容易渗漏的组件，应模拟运行温度进行热油泵压试漏，并适当延长加压时间。

（4）储油柜、有载分接开关处的注油或放油阀门与管子连接的方法应采用法兰连接，不宜使用管螺纹连接。阀体的密封口要选用耐油性能好的材料。

（5）分布在大型变压器顶部两侧的道气分支管，应考虑用一段不锈钢波纹管作柔性连接，以便使法兰间密封垫的压紧度有伸缩调节余地。

（6）变压器下节油箱应有和基础梁相对应的千斤顶座，变压器上下基础不得顶在箱沿处，避免箱沿变形、焊缝受损，引起渗油。

（7）变压器出厂前，必须经过整体试装，重点检查各组件连接的垂直和水平误差，发现安装尺寸超过偏差限度的应予以校正。防止组件勉强结合，造成密封垫压不紧或压紧不均匀。

（8）片式散热器、储油柜等组件，因机械强度较差，运输、保管和现场吊装时，应有防挤压、防碰撞变形措施。

（9）现场安装或检修时，对法兰、封板等密封面应严格进行表面处理，去除油迹和杂质，使用新的密封垫。拧紧螺栓时应遵守对角十字交叉的方法均匀进行，并注意控制压缩量。压缩量以 $30\%\sim50\%$ 为宜，过量压缩反而使密封垫失去弹性，影响密封效果。

（10）变压器套管与母线连接时，应考虑加装伸缩连接，防止套管因母线热胀冷缩或受外力影响产生水平位移而导致渗漏。

5-71 变压器油的试验主要有哪些项目及标准?

答:按照《电气装置安装工程电气设备交接试验标准》GB 50150—2006 规程要求,绝缘油试验项目及标准有

(1) 外状:透明,无杂质或悬浮物。

(2) 水溶性酸:pH 值>5.4。

(3) 酸值:KOHmg/g≤0.03。

(4) 闪点(闭口)(℃):不低于 DB-10:140;DB-25:140;DB-45:135。

(5) 水分(mg/L):500kV:≤10;220~330kV:≤15;110kV 及以下电压等级:≤20。

(6) 外界张力(25℃):(mN/m)≥35。

(7) 介质损耗因数 tanδ(%):90℃时,注入电气设备前不大于 0.5,注入电气设备后不大于 0.7。

(8) 击穿电压:500kV:≥60kV;330kV:≥50kV;60~220kV:≥40kV;35kV 及以下电压等级:≥35kV。

5-72 变压器预防性试验中为什么要进行直流耐压试验?

答:由于常规的预防性试验项目试验电压低,对隐性缺陷难以及时发现,增加直流耐压试验,能有效地发现变压器端部绝缘缺陷。

直流耐压过程绝缘没有介质损失,不会引起绝缘发热,因而没有破坏作用。直流耐压所用的试验设备容量小,便于现场作业。为了利用小修预试停役的机会,更有效地对变压器进行检查,建议在预防性试验中进行直流耐压试验,同时读取泄漏电流的数值并进行比较。

5-73 变压器出厂前为什么要做突发短路试验?

答:变压器短路电流所产生的电磁力与电流的平方及绕组匝数的乘积成正比。随着系统短路容量的增大,故障点的短路电流越来越大,要求变压器出厂前做突发短路试验,已受到使用单位的普遍重视。

据统计,匝间短路事故率占变压器总事故率的 70%~80%。匝间短路故障是由多种因素引起的。而变压器机械强度差,在外部短路时,流经变压器绕组短路电流电磁力的作用下产生绕组变形时引起匝间短路的重要因素。解决这个问题的根本途径是制造厂改进变压器抗短路能力的设计计算,使之在承受突发短路能力方面具有足够的安全裕度;同时,要严格生产制造工艺,选用优良的材料,以保证产品达到设计要求的预期效果。突发短路试验时为了验证变压器规定的短路条件下,是否能承受短路时的耐热性能和动稳定性。它对促进制造厂商增强变压器抗短路能力,提高运行可靠性有重要意义。突发短路试验属于破坏性试验,一般在批量生产的变压器中做此试验。

5-74 电力变压器的各类油阀和气阀有哪些检修要求?

答:变压器使用的油阀有闸阀、球阀、蝶阀等。其中数量最多的是蝶阀,又称平面阀。它有结构简单,通流口径大的特点,但是阀片和阀腔的加工工艺要求比较高。蝶阀开闭通过扁身轴操作。扁身轴内有 O 形圈密封,轴端标有开闭位置箭头。蝶阀在安装和检修时,要

注意密封面光洁，密封圈放正，两侧压紧均匀。蝶阀上部发生漏油时，应先处理扁身轴密封，O形圈老化后要及时更换，密封圈未压紧要拧紧压紧圈。扁身轴密封式第一道密封，如果扁身轴密封处理不好，光靠帽盖密封死不够的，尤其是散热器下部的蝶阀，油的静压力比较大。

变压器的气阀多为螺塞结构。它设置在散热器上部，主要起注油时排出空气的作用。变压器套管的顶部有放弃的小孔，也是用于套管内部放气。气阀螺塞结构中的密封圈应有适当的限位间隔。

气体继电器上也有放气塞。该气塞的开闭是通过塞杆上锥状顶尖旋向塞座小孔来实现的。

油阀和气阀的检修要求是开闭灵活、指示清楚、密封好、不渗油。

5-75 电力变压器安装竣工时有哪些验收项目和技术要求？

答： 电力变压器安装或检修后除按照有关规定及验收规程进行检查验收外，还需要对下面的验收项目和技术要求进行检查：

(1) 变压器主体及组件均无缺陷，无渗漏油，无遗留杂物，油漆完整，控制电缆与管路排列整齐，并符合规定要求。

(2) 变压器套管与母线连接的相位正确，相色标志鲜明，母线对地和相间距离符合规定要求。中低压套管连接到母线的连接排应有伸缩接头，防止套管受外应力影响。

(3) 高低压套管、升高座顶部以及散热器顶部的空气已放尽。变压器本体和有载分接开关的储油柜油位正常，一般变压器本体的油位比分接开关的油位高。吸湿器干燥剂良好，呼吸畅通。所有蝶阀处于开启状态且指示正确。

(4) 110kV及以上电压等级的电容套管油表应面向外侧，油位正常，套管的出线装置接触紧密，密封良好，电容套管的电容末屏小套管接地可靠。套管型电流互感器如果不用，二次端子应短接。

(5) 铁心和夹件的接地引出套管、上下节油箱及油箱主体均应可靠接地，接地引下线及其与主接地网的连接应满足设计要求。

(6) 无载分接开关分接头位置符合运行要求，三相位置一致。有载分接开关升降动作正常，位置指示正确。极限位置保护、电气和机械闭锁动作均调试正常。

(7) 气体继电器经校验合格，并有检验报告，流速整定符合规定，直流正电源与瓦斯跳闸小线必须有一定间距，户外安装变压器的气体继电器的顶部应装设防雨罩等防渗水措施。

(8) 装设温度计探头的胆内应注适量的变压器油，密封好，不渗油。闲置的装设温度计探头应密封不能进水。信号温度计的细金属软管不得有压扁或急剧扭曲，其弯曲半径不小于50mm。

(9) 压力释放阀油的释压导向装置安装合理。冷却装置控制系统均验收合格。二次回路信号、跳闸压板的动作符合要求，相互联动试验正常，铭牌对应一致。分接开关的油处理系统动作方式确认，动作正常。

(10) 变压器电气试验项目及标准按《电气装置安装工程、电气设备交接试验标准》执行，试验不漏项，数据正确齐全。

(11) 排油设施完好，消防装置符合要求。

（12）变压器上下油箱必须有金属连接件可靠连接，对于一般小型变压器必须要一个连接点，对于中型的变压器必须有两个连接点，对于大型变压器必须有三个连接点。

（13）变压器的二次回路端子箱必须加锁或加封。

5-76　电力变压器运行维护有哪些注意事项？

答： 电力变压器除了按照有关规定进行运行维护外，需要增加下面的补充项目：

（1）对新投运、长期停用或大修后的变压器，投运前应按《电力设备电气预防性试验规程》进行必要的试验，继电保护经校验并处于可靠状态，在运行值班人员仔细检查并确认具备运行条件后方可合闸送电。

（2）变压器运行时，散热器应全部投入。因冷却系统故障而切除风扇时，是否允许带额定负荷运行，需按照变压器运行要求确定；带额定负荷短时运行时间需按照有关规定确定。

（3）变压器运行中，上层油温不得超过 85℃，温升不得超过 55℃，应无长期过负荷现象，运行电压不得大于分接头所在额定电压的 5%。

（4）无载分接变压器需要变换分接头时，应进行正/反转动三个循环，消除触头上的氧化膜及油污。分接头调整后，应测量直流电阻，合格后方可投运。

（5）在 110kV 及以上中性点直接接地系统中投运或停运变压器时，为防止操作过电压，在操作前必须将中性点接地开关合上。

（6）变压器运行中补油、检查气体继电器、更换净油器硅胶时，应将重瓦斯保护跳闸连接片改接信号，待工作结束后予以回复。运行中补油时应从储油柜注油阀加入，不允许从本体总阀加入。

（7）对变压器进行小修维护时，要特别注意高于储油柜油位的部件，如 110kV 电容套管、储油柜顶部等的密封情况。因为这些部件浸不到油，不容易发觉其渗漏，但这些部件均和油箱相连通，如有渗漏会引起绝缘损坏事故。

（8）对于强油循环、水冷式变压器，要确保任何时候油压大于水压，防止油管损坏后水分浸入油路。冬天停用水冷器时应采取防冻裂措施。

（9）运行中巡视检查变压器应注意气体继电器视察窗内有无气体，如发现有气体应取样做气相色谱分析，以判断故障性质并及时处理。

（10）如遇大雾、大风、大雪、暴雨、气温骤冷骤热等异常气候，应对变压器进行特别巡视，检查套管有无裂纹及放电，闪络现象，储油柜油位是否正常。

5-77　10kV 接地变压器的结构有哪些特点？

答： 接线变压器的二次侧接于中性点接地系统时，由于变压器二次侧三角形绕组没有中性点引出，所以需要人为安排一个系统中性点，方法是借助接地变压器人为制造一个中性点引出，这个中性点可以直接接地或者通过其他方式接地。

接地变压器在电网正常运行时，处于空载运行状态，当系统发生接地故障后，绕组中会流过很大的接地电流。此时要求接地变压器具有良好的动热稳定性能。接地变压器的运行特点是长期空载，短时负载。这一运行特点决定了它与电力变压器有不同的结构。接地变压器相当于油浸电抗器，没有二次绕组，高压侧绕组采用 Y 或 Z 连接。由于 Y 连接需要有另外的三角形绕组与之配合，所以采用 Z 连接比较普通，因为 Z 连接不需要二次绕组。它的特点是将一个绕组平均分成两部分，分别安排在三相铁心的两个铁心柱上，每相绕组由套在两个铁心柱上的绕组连接组成。这种连接方法可以获得较好的磁路平衡，在发生单相短路时，零序电流长生的磁通相互平衡，增强了接地变压器抗短路能力。

接地变压器绕组的引出方式有 6 只套管和 4 只套管两种。由于 4 只套管引出方式已将 X、Y、Z 尾端在油箱内连接，在绝缘预防性试验时无法进行相间绝缘试验，所以一般不采用。

5－78　10kV 接地变压器安装验收有哪些技术要求？

答：（1）储油柜油位适中，油箱各密封无渗漏油。

（2）气体继电器校验合格，有校验报告，重瓦斯保护接跳闸，动作正常。温度接信号报警，整定值符合要求。

（3）瓷套管清洁完整无损伤。箱体内部的各个地点应将气体放尽。

（4）接地变压器与主变压器连接点，一般应位于变压器差动电流互感器的外侧，防止系统发生接地故障时，引起差动保护误动；也可接在内侧，但此方法必须在接地变压器高压侧配置差动电流互感器。

（5）接地变压器的接地端与接地网相连接时，连接排的截面与接头应满足连接处通过最大接地电流的要求。

（6）接地变压器绕组的绝缘电阻、交流耐压、绝缘油试验等试验项目均合格。接地变压器电气绝缘试验必须分相进行，为了达到这个目的，在向制造厂订货时就应提出要求接地变压器采用 6 个套管的引出方式。

（7）安装前特别注意接地变压器铭牌上的零序阻抗值应符合设计的数值要求。

5－79　10kV、35kV 干式变压器的结构如何？有哪些特点？

答：干式变压器的主纵绝缘以环氧树脂为主要绝缘介质，结构分为树脂加添料浇注、树脂浇注、树脂绕包、树脂真空压力浸渍四种。

当前，国内主要干式变压器有线绕浇注式变压器；箔绕浇注式变压器；高压为线绕分段圆筒式，低压为铜箔（或铝箔）缠绕式变压器三大类。第三类变压器采用空气自冷式浇注，由铜导线或铜箔绕制后，用薄层环氧树脂或浸渍固化封闭成一体，具有良好的电性能和机械性能，能承受冲击电压、局部放电和低温等试验；铁心由冷轧取向硅钢片制造，采用全斜缝叠装式，能降低空载损耗；绕组与铁心及压紧装置采用弹性固定，防止共振，从而减低了变压器的噪声。

干式变压器有以下特点：

（1）阻燃能力强、防爆、无污染、无火灾危险，在一定条件下可以和配电装置一起安装。

（2）维护工作量比油浸式变压器少，节省安装空间。

（3）相对于油浸式变压器其抗短路性能好。

（4）为了在电压不够稳定的时候能进行电压调整，干式变压器同样可以安装变压器调压开关。调压开关和干式变压器一样是外露的，变压器和调压开关通过连接导线组合在一起。调压开关的类别比较多，目前比较常用的是真空调压开关、油浸调压开关两大类。

5-80 10kV、35kV 干式变压器安装验收有哪些要求?

答:10kV、35kV 干式变压器除按照有关的变压器验收规定进行安装验收外,还需要增加下列要求:

(1)干式变压器安装必须符合电气安全要求,应确保变压器在通电后不被人触及,带电体之间以及带电体对地之间的最小安全距离必须符合电气现场安装规定。为了便于巡视、维护保养,在变压器和墙壁之间必须留有检查巡视通道。

(2)必须采取适当的措施保持变压器室内的通风。室内通风应采用对角气流,气流应从下部进入室内,由上部排出,进出风口必须保证有效的进出风面积和有防止异物进入的措施。

(3)应根据电流负载选用合适的电气连接线截面,高压连接线必须避免尖角和弯折,连接线不得在接线端子上产生过大的机械拉力和力矩。当电流大于 1000A 时,母线和变压器端子间必须有一段软连接,以补偿导体的热胀冷缩。

(4)检查电压比,应符合运行要求。变换分接端子应小心操作。为防止损坏分接端子,在变换分接时必须使用两把扳手。

(5)认真检查测温装置,接线片不应有松动、脱落等现象。报警装置和控制回路应无绝缘损坏和连接松动的现象。

(6)当变压器装有冷却风扇时,应将风扇电源接入并确保其正常运行。

(7)变压器应可靠紧固在底座上并有防震垫,以减少震动噪声。变压器外表清洁,风道内部无遗留异物。变压器的表面无可见的裂缝和影响运行的伤痕。

(8)交接电气试验按 GB 1094.11—2001《电力变压器 第 11 部分:干式变压器》的规定执行。

(9)调压开关连接导线的绝缘水平:对于 10kV 的需要大于 6000V,长期运行电压为 2000V。对于 35kV 的需要大于 10 000V,长期运行电压为 3500V。

(10)调压开关各相之间的距离必须达到在空气中要求的绝缘水平,防止在空气中引起短路。调压开关的所有连接导线需要按次序进行排列,以达到最小的线间电压;各相连接导线的运行电压比较高,对于 35kV 的变压器将达到 17 000V,而对于 10kV 的变压器也达到 5500V,所以必须严格分开布置;连接导线必须有可靠的固定支架,保证在短路情况下能够承受点动力的考验。

5-81 10kV、35kV 干式变压器运行维护有哪些注意事项?

答:(1)变压器若停止运行超过 72h(若湿度不小于 95%时允许时间还要缩短),在投运前要做绝缘试验,用 2500V 绝缘电阻表测量,一次绕组和二次绕组对地绝缘电阻应不小于 300MΩ,铁心对地绝缘电阻应不小于 5MΩ,若达不到这个要求,应干燥处理。

(2)定期清除产品表面的污秽。表面污秽物大量堆积,会在天气潮湿时造成闪络事故或造成绝缘过热损坏。清理周期一般半年一次,发现严重污秽,应缩短清理时间。

(3)在清理的同时,要紧固各个部位的螺栓。

5-82 非晶合金变压器有哪些特点?

答:(1)空载损耗低。由于非晶合金材料的优异磁化特性,用它制成铁心的配电变压器的空载损耗仅为一般 S9 型配电变压器的 25% 左右。

（2）采用四框卷铁心结构。非晶合金材料性脆不易剪切，它的铁心不能像硅钢片一样用叠片方式制造。硅钢片铁心的变压器通常是三相三柱，而非晶合金变压器铁心采用四框卷铁心结构，是三相五柱。

（3）绕组采用矩形筒式结构。非晶合金带材不易剪切，不允许剪切叠装，只能卷绕，铁心形状为矩形，所以高、低压绕组采用矩形筒式结构。

5-83 对 110kV 直接降压到 10kV 的变压器的技术要求有哪些？

答：一、对变压器接线组别的要求

降压到 10kV 可以采用 35/10kV（接线组别 Yd11）、220/10kV（Yd11）、220/110/35kV（Yn0d11）、110/35/10kV（Yd11d11）等多种组合方式。

如果采用 220/110/10kV 变压器的接线组别为 Yn0d11，再采用 35/10kV 变压器的接线组别为 Yd11，在这样的情况下，采用 110/10kV 变压器的接线组别为 Yy10，而不能采用 11 点钟的接线方式。

如果这个地区采用 220/110/10kV 的变压器，接线组别为 Yn0d11，在这样的情况下，采用 110/10kV 变压器的接线组别需要 Yd11 的接线方式。

所以按照上面简单的分析可以看到，110/10kV 的降压变压器的接线组别有两种基本方式：

（1）如果变压器采用 Yd11 的接线方式，在变压器的低压侧采用电阻接地时，可以采用人为的接地点来接接地电阻。

（2）如果变压器采用 Yy10 或者 Yn0 的接线方式，那么变压器的低压侧采用电阻接地时，就可以利用变压器的 10kV 侧中性点接接地电阻。

二、对变压器的特殊技术要求

需要提出的是，变压器绕组全部采用星形连接时，变压器零序磁通经过变压器的气隙和外壳形成通路，所以影响变压器零序阻抗的因素比较多，零序阻抗的数值是一个变化的不稳定的量，而且变化的幅度比较大，将随着不同的设计而变化，在一定程度上使接地短路电流是一个变化比较大的量。这对于继电保护是一个不利的因素。

为了变压器的零序阻抗有一个比较稳定的数值，需要在 110/10kV 变压器（接线组别 Yy10）加装辅助绕组，绕组接成三角形。绕组的容量必须能够承受接地短路电路。所以这样的变压器必须具备下面的有关技术要求：

（1）按变压器的辅助绕组承受短路电流的能力来确定它的容量。这个问题往往在设计的时候被忽略。

（2）变压器的辅助绕组必须能够实现耐压、电阻测量和必要的电气试验。这就可能产生辅助绕组引出套管的数量问题。引出三个套管，可以进行分相测量；引出一个套管只能进行耐压试验。

（3）要求零序阻抗的数值在接地短路时不影响接地电流的数值。这个要求在订货时应列入技术要求中。

（4）变压器短路电压百分数需要有一个限制。如果采用 50MVA 容量的变压器，短路电压百分数是 10%，那么在系统作为无穷大电源时短路容量将达到 500MVA，这对于 10kV 的设备是一个比较大的问题；如果是 40MVA 的变压器，短路阻抗百分数仍为 10%，那么在低压短路时的短路容量达到 400MVA 的水平。具体阻抗百分数的确定需要通过计算以后再在具体的协议中明确，但必须有恰当的阻抗百分数。

（5）为了避免在运行过程中产生悬浮过电压，在辅助绕组引出套管处应加装相同电压等级的避雷器。

三、关于变压器分接头和变压器短路阻抗的关系

变压器分接头和变压器阻抗百分数有密切的关系。如选择的变压器的短路电压百分数为 12%，那么在变压器满负荷运行时的电压降是 12%，但是符合的功率因数是 0.85 时，实际造成的电压损失是 6.3%；如果符合功率因数是 0.8，那么电压损失是 7.2%。由这样的计算可以看出，变压器在运行中的电压损失达到 6.3%～7.2%，如果再加上线路和系统的电压损失，则取为 5%，那么总的电压损失将超过 11.3%～12.2%。为了使电压水平在规定的范围内，需要调节变压器的分接头，分接头调节范围必须大于变压器电压损失的基本范围，同时还需要增加裕度，而这个裕度就是系统和线路的电压损失。

5-84 直接降压 110/10kV 变压器的分接头使用技术要求有哪些？

答：由于这种变压器的阻抗电压百分数比较大，所以配置的分接头的调压范围也比较大，变压器的电压损失将随着变压器的负荷在不断变化，且变化的幅度又非常大，所以一般在停电状态下采用分接头进行调压显然不行，对于这样的变压器，必须采用带负荷调压的分接头，而且在调压的过程中，优先考虑采用自动调压，不然会产生比较大的电压偏差。

5-85 防灾型变压器的特点是什么？

答：近年来，随着城市建设的发展，高层建筑、地下建筑越来越多，变压器安装在稠密的居民区、繁华的商业区和各种重要设施中的情况日益增多。用户对变压器防灾性能的要求，尤其是对防水、防爆性能的要求越来越高，要求变压器在可能出现的火灾中，或者因为地震、造成的变压器破裂中，不会燃烧、爆炸，也不会泄漏有害、有毒物质。为此各个国家陆续制造出了防灾型变压器，其中有干式变压器、气体绝缘变压器、不燃液变压器和难燃液变压器等。

（1）干式变压器。干式变压器是防灾型变压器中历史最长、应用最广的变压器，特别是空气绝缘及浇注的干式变压器，其产量已经达到油浸式变压器的 20% 以上。干式变压器分为以下六种类型。

1）空气及浸渍绝缘干式变压器。最早得到应用的干式变压器是这种类型的变压器。它的制造工艺简单，绕制完成的绕组需浸渍耐高温绝缘漆，并进行加热干燥处理。按照不同的耐热等级，空气及浸渍绝缘干式变压器可以分为 B 级、F 级、H 级绝缘变压器。这类变压器的缺点是绕组内有微小的气隙，在高电压下可能产生辉光放电，表面也不光滑。

2）浇注绝缘变压器。环氧树脂浇注变压器是 20 世纪 60 年代发展起来的新品种。由于表面光滑美观，电气性能好，它特别适宜安装于户内。1964 年 AEG 公司制造出第一代 B 级绝缘变压器，到 70 年代，已经发展到第三代。这种第三代变压器的高压绕组是分段式铝箔线圈，低压绕组也采用铝箔线圈，线圈在真空下用环氧树脂浇注，绝缘等级有 B 级、F 级、H 级组合绝缘。随着变压器单台容量的加大，导体热容量增加，树脂层必须能承受越来越严重的导体的热胀冷缩，所以抗冲击能力不足、过负载能力比较低，容易开裂，仍然是需要

继续提高的方面和加以克服的问题。

3）填充绝缘干式变压器。该类变压器也称为薄型浇注干式变压器。它采用一种玻璃纤维材料，和树脂浇注变压器一样，也需要模具、抽真空。它采用一种特殊的漆，这种漆在玻璃纤维毛毡中浸润性能好、渗透性强，因此排除了气隙，提高了电气性能。它和普通的环氧树脂浇注的变压器相比绝缘层比较薄，质量比较轻，电气性能比较强。

4）端封绝缘干式变压器。该类变压器将绕好的变压器绕组真空浸漆，浸入无溶剂的光敏固化漆中，绕组采用紫外线照射固化。由于绕组表面浸有光敏固化漆，经紫外线照射后迅速固化，形成坚硬的外壳，在这个基础上再进行干燥处理，然后在绕组两端和四周均封上耐热的高绝缘强度漆。其优点是无需模具，工艺比较简单，电气强度高。另外，该变压器和填充绝缘干式变压器一样，绝缘层不易开裂。

5）包绕绝缘干式变压器。该类变压器又称为玻璃纤维增强绝缘干式变压器。它用玻璃纤维布作为层间绝缘和主绝缘。制造工艺有：①将玻璃纤维布绕在绕组上，在真空压力浸渍灌中浸渍环氧树脂和耐高温树脂，然后在干燥罐中固化成型 。②在包绕纤维布的同时使玻璃纤维布浸上环氧树脂，即边绕边浸。③使用预浸渍环氧树脂玻璃纤维黏布带包绕后直接加温固化。这类变压器由于采用了玻璃纤维增强材料和耐高温树脂材料，抗冲击强度、抗开裂性能优良，耐热等级可以达到 F 级、H 级，不需要复杂的浇注设备，加工比较简单，成本比较低，但是难以保证绝缘无气隙。

6）混合绝缘干式变压器。该类变压器兼有浇注绝缘和浸渍绝缘两种变压器的某些优点，通常高压绕组采用绕组绝缘，而低压绕组采用浸渍绝缘。这样的结构可减少对浇注设备过大的投资，而且在长期不使用后再投入运行时不需要进行干燥处理。

（2）气体绝缘变压器。气体绝缘变压器是防灾变压器中发展比较慢的品种。第一台气体绝缘变压器在 1956 年制成，经过 30 多年的发展，气体绝缘变压器技术已经逐步趋于成熟，目前运行的气体绝缘变压器的数量已经有了快速的增加。

气体绝缘变压器和油浸式变压器的主要区别在于绝缘冷却介质和冷却器的不同。普通气体绝缘变压器的冷却气体是 SF_6 气体，自冷式变压器一般不大于 5000kVA，容量再大需要采用强气循环方式，需要气体循环机来促使气体的流动，增加散热效果。为了获得更大的冷却效果，还可以采用冷却器强迫冷却。强迫冷却器的代表产品是蒸发式冷却器，在目前的大容量变压器上使用较多。喷射式蒸发冷却器系统一般由循环泵、储液器、喷射装置、气体循环风机、冷却液体管路和冷却器等部件组成。

气体绝缘变压器的绕组有层式、饼式、箔式三种结构，主绝缘采用 SF_6 气体。由于箱体的压力比较大，所以箱壁的厚度比油浸式变压器要厚，机械强度高。

需要指出的是气体绝缘变压器的密封性能要求高，气体年漏气泄漏率小于 1/1000。气体绝缘变压器还需要加装温度补偿密度器、安全阀、带报警触点的压力表等组件来加强对变压器气体的过电压和失电压保护。

（3）不燃液变压器。早在 1929 年，英国 SWAN 公司发明了商品名为 Askare 的完全不燃的绝缘液体。在 1933 年英国通用公司（GEC）利用该液体制造了第一台变压器。目前，研究制造并且成功应用的绝缘液体有新型的氯化油、四氯乙烯和 FormelNF（简称 F 液）等。这些液体的共同特点是无毒、电气强度高。F 液的黏度小，对流速度快，比较容量将热量排出；另一个特点是沸点比较低，仅为 105℃，属于液—气两相材料。在变压器产生局部过热时，可以气化，从器身上吸收大量的气化热，从而使器身得到良好的冷却，大大提高了变压器的过负荷能力。

（4）难燃液变压器。各个国家在努力研究探讨不燃液代替有毒的阿液的同时，还在寻求难燃液作为替代品，并且已经取得了成功。这些难燃液有硅油、合成脂、高分子量石蜡油等。硅油即有机硅液体，适宜于变压器用的是甲基硅油。硅油的热稳定性高于变压器油和阿液，其闪点大约是变压器油的 2 倍。尽管它是可燃的，但难以起火，自燃的温度也达到400℃，并且具有自灭性能。但是它的密度大，流动性差，影响散热；其次是膨胀系数比较大，比变压器油大 40％，所以要求变压器有大的空间。另外，它和黄铜和硅橡胶不相容，在使用时需要注意。

另外一种难燃液是合成脂，其中比较适合的是 MIDEL7131 液体（简称 M 液）。它是透明的液体，无毒，而且可以生物降解，比热和导热性高，冷却效果和变压器油相当，但是黏度比较大。另外，它的绝缘强度高，热膨胀小，凝固点低，特别适用于北方寒冷地区。M液和普通变压器所用材料的相容性能好，用标准的油浸式变压器产品材料就可以生产出 M液变压器。

高分子石蜡油也是一种高燃点的难燃液，其中有一种称为 RTEmp 的液体已经作为阿液的替代产品，用于配电变压器。其缺点是黏度比较大，而且在运行温度变化时其黏度变化也比较大。这就需要对传统的变压器热传导结构进行一些改进。

5-86　如何选用防灾型变压器？

答：（1）防灾性能。气体绝缘变压器的防灾性能比不燃液和难燃液变压器性能好，所以以防火防爆性能为主的应选择气体绝缘变压器。

（2）防噪声性能。气体绝缘变压器传递振动的能力比变压器油低，是一种良好的隔声材料，所以气体绝缘变压器的防噪性能是比较好的。

（3）安装和维护性能。气体绝缘变压器安装所需要的空间最小，其次是 F 液变压器。从维护的角度看，防灾型变压器运行维护的工作量都比较小，但是这些防灾型变压器一旦损坏，就无法修复，所以更换的费用比较大。

由于安全因素在今后的社会中十分重要，所以防灾型变压器的发展空间十分广阔。

5-87　有载调压变压器在电力系统中有哪些作用？

答：在正常运行的电力系统中，由于运行方式、负荷变化、输电距离的长短、输电线路的截面、发电机、变压器本身的电压降等原因，都会引起系统稳态电压的波动。为了确保所要求的电压质量必须在电力系统电压受到影响时，对供电电压进行适当地调整，保证用户端的电压在允许的范围内运行，所以变压器采用有载调压，即在变压器带负荷的情况下，在电力系统电压波动时可以随时进行电压调整。

一般较先进的电力系统，在发电、输电、配单三个环节上都具有调压手段。发电厂可以用增加发电机的励磁电流控制升压变压器的端电压，但这种手段只能调整电压幅值的 5％，范围太窄，仅靠发电机的调压方法，不能保证线路末端电压的质量要求。电力系统中常在感性负荷较大的用户处装设调相机或电力电容器就地补偿无功，合理调整无功潮流方向及大小，以改善电力系统电压水平。采用上述手段虽然能收到一定的效果，但投资大，调压范围仍然较窄。

采用有载调压变压器进行分级调压具有调压范围广，材料耗费少，变压器体积增加不多，且可以做到高电压和大容量。电力系统广泛采用有载调压变压器进行调压，它是稳定负荷中心电压的有效措施。

5-88　有载分接开关有哪些常用专业术语，其定义是什么？

答： 分接选择器：能载流但不能接通和开断电流的一种分接装置，与切换开关配合用于选择分接头，简称选择器。

切换开关：与分接器配合使用，以承载、通断已送电路的一种开关装置。

转换选择器：能载流，但不能通断电流的一种转换装置，分为粗调选择器和极性选择器，用于扩大调压范围。

主触头：承载电流的触头组。主触头与变压器绕组的连接回路中没有过渡电阻，也不能通断任何电流。

主通断触头：不经过过渡电阻而与变压器绕组直接连通，并能通断电流的触头组。

过渡触头：经过过渡电阻与变压器绕组和触头组相串联的触头组。

开断电流：分接变换时，在切换开关盒选择开关中每个主通断触头组或过渡触头组预计（或设计）开断的电流。

环流：当分接开关两个分接头桥接时，由分接头间的级电压产生并流过过渡电阻的电流。

分接变换：电流从一个分接开始，到完全转移到相邻一个分接的全部过程。

操作循环：分接开关从一个端部位置变换到另一个端部位置，再回到开始位置的动作过程。

逐级控制装置：不管控制开关的操作程序如何，在一个分接变换完成后，能使电动机构停下来的电气或机械装置。

5-89　有载调压变压器是怎样进行正/反接调压的？

答： 采用正/反接调压的变压器，其调压电路由基本绕组和调压绕组构成，调压绕组是抽出分接头的部分，基本绕组可正接或者反接调压绕组各个分接头，借以增加或减少绕组的匝数。这种调压方式，在相同的调压绕组上，调压范围可增加 1 倍。

正/反接调压的有载分接开关，需要选用带极性选择器的组合型开关。

分接绕组的极性转换是记性选择器在无电流情况下实现的。当开关处在变压器基本绕组的末端 K 上运行时，极性选择器的触头 K＋或 K－没有电流通过。在这种情况下，就可以实现极性选择器的转换。极性选择器的动作是由机械装置严格保证的，当开关向 1→N 调压时，极性选择器只在 8→9 切换时，由 K＋→K－。而当开关向 N→1 调压时，极性选择器只有在 8→7 切换时，由 K－→K＋。极性选择器是由分接选择器带动的。分接选择器的槽轮上有一个拨钉，当开关到达中间时，此拨钉处在极性选择器拨杆的槽口上。如果需要极性选择器动作，则分接选择器槽轮上的拨钉进入极性选择器拨杆的槽中，带动极性选择器的动触头转到另一个定触头上，完成调压绕组的极性变换。此时极性选择器和分接选择器同时动作，由此变换了一挡电压。正/反接调压的变压器是利用极性选择器有规律地转换来实现调压的。

5-90 有载分接开关中的电动机构由哪几部分组成？各有什么作用？

答： 以 SYXZ 型为例。有载分接开关的电动机构由主传动系统、辅助传动系统和控制电路三部分组成。

主传动系统：电动机轴转动经由蜗杆、蜗轮减速之后，通过一对锥齿轮传到主轴，再经过齿轮盒引入变压器油箱，与选择开关的水平轴相连。在蜗轮的端部有两个槽，当为电动操作时，有一个连接套将蜗轮的动作传到齿轮轴；当为手动操作时，将连接套取下来接以手柄，即可直接转动齿轮轴。

辅助传动系统：当主轴转动时，附带在它上面的 4 个盘形零件也随着转动，主轴每转一周，盘 a 将带动槽轮旋转一级，在槽轮上的数字牌就显示一个新的位置，盘 b 则经连杆使计数器计数，盘 c 或盘 d 又推动顺序开关，开断电路，使电动机停车。在槽轮的下方装有自整角发送机，使分接位置可以遥测指示。在槽轮上方装有机械限位器，当分接达到极限位置时，机械限位器将制止主轴继续向前转动。

控制电路：电动机的正/反转、定位停车一级极限位置时的电路闭锁和手动操动时的安全连锁等，都有一个比较简单而又可靠的电路来保证。

5-91 有载分接开关的机械动作原理是怎样的？

答： 以 M 型有载分接开关的机械动作原理为例。当分接变换时，由起动电动机构的电动机开始转动，将转动力经传动轴、伞形齿轮箱送到分接开关头部的伞形齿轮装置；然后传送至快速结构和穿过切换开关引至筒底的传动轴，由筒底齿轮带动选择器操动机构的槽轮转动，使选择器的触桥旋转相应于一级的角度。这样，触桥在不带电的情况下连接到需要的分接头上。与此同时，快速结构的偏心轮带动上滑板沿导轨移动，上、下滑板之间弹簧压缩储能。因卡子锁定凸轮盘，使下滑板保持在原来的位置上。当上滑板移动到释放位置时，上滑板的侧爪将相应的卡子从锁定的凸盘移开，于是，快速机构释放，切换开关动作。此时，下滑板移动到新的位置上，卡子又啮合在凸盘内，机构将被锁定，为下一次分接变换操作做好准备。

5-92 有载分接开关投入运行前的验收有哪些要求？

答：一、有载分接开关及电动机构部分

（1）检查有载开关盒管路，各接头密封应无渗油，进出油管标志明显，储油柜油位正常，呼吸器良好，防爆装置完整。电动机构箱应清洁，防尘、防雨措施良好，加热器工作正常。

（2）电动机构箱安装应水平，垂直传动轴应垂直，相连两个轴颈的中心应在同一条直线上，轴向间隙保持在 3mm 左右，传动轴上的紧定部位应牢固可靠。

（3）手摇检查正/反两个方向切换动作的均匀性，确定开关与电动机构连接是否正确，然后从 1 到 N 位置逐个检查开关指示的位置与电动机构指示的位置是否一致。

（4）按照"先手动，后电动，电动先在中间位置进行"这一规则，分别校验电动机转向、电气极限闭锁、手动与电气闭锁、紧急脱扣等功能动作是否正常，远方操作时核对位置显示器与电动机构指示是否一致，计数器动作是否正确。

（5）在完成上述各项检查并确认正确之后，将开关挡位放在合适的运行位置。

（6）对分接开关的安装资料及试验报告进行检查审核，并应有合格可以投运的结论。现场应备有检修记录和分接开关动作记录簿。

二、继电保护二次部分

（1）分接开关控制回路应设有过电流闭锁装置，其整定值取变压器额定电流的1.2倍（或者按照已经知道的分接开关的允许额定电流进行确认），防止在分接开关过电流下损伤有载分解开关切换触头。电流继电器返回系数应不小于0.9，其过电流闭锁动作应正确、可靠。

（2）电气控制回路检查：电气控制回路接线应正确，接触良好。接触器动作灵活，不应发生误动、拒动和连续动作。电动机熔断器应与其容量匹配，一般选用电动机额定电流的2～2.4倍。控制回路的绝缘性能良好，二次回路的绝缘电阻值应不小于0.5MΩ。

（3）对分接开关的气体继电器进行动作试验，应动作正常。

（4）对自动控制器按整定书进行必要的调整校验，自动控制器的电压互感器断线闭锁应正确可靠。

5-93　变压器日常巡视检查应包括哪些内容？

答：（1）油温应正常，应无渗油、漏油，储油柜油位应与温度相对应。

（2）套管油位应正常，套管外部应无破损裂纹、无严重油污、无放电痕迹及其他异常现象。

（3）变压器音响应正常。

（4）散热器各部位手感温度应相近，散热附件工作应正常。

（5）吸湿器应完好，吸附剂应干燥。

（6）引线接头、电缆、母线应无发热迹象。

（7）压力释放器、安全气道及防爆膜应完好无损。

（8）分接开关的分接位置及电源指示应正常。

（9）气体继电器内应无气体。

（10）各控制箱和二次端子箱应关严，无受潮。

（11）干式变压器的外表应无积污。

（12）变压器室不漏水，门、窗、照明应完好，通风良好，温度正常。

（13）变压器外壳及各部件应保持清洁。

第六章

变　频　器

6-1　变频器的定义是什么？

答：首先来了解变频技术概念。通过改变交流电频率的方式实现交流电控制的技术称为变频技术。而变频器（variable-frequency drive，VFD）是应用变频技术与微电子技术，通过改变电动机工作电源频率方式来控制交流电动机的电力控制设备。

变频器主要由整流（交流变直流）、滤波、逆变（直流变交流）、制动单元、驱动单元、检测单元、微处理单元等组成。通过改变电源的频率来达到改变电源电压的目的，根据电动机的实际需要来提供其所需要的电源电压，进而达到节能、调速的目的，另外，变频器还有很多保护功能，如过电流、过电压、过载、电动机短路、电动机接地保护等。

6-2　变频器控制的特点是什么？

答：利用变频器控制对交流电动机进行控制相对传统控制有许多优点：如节能；容易实现对现有电动机的调速控制；可以实现大范围内的高效连续调速控制；容易实现电动机的正/反转切换；可以高频率的起停运转；可以进行电气制动；可以对电动机进行高速驱动；可以适应比较恶劣的工作环境；用一台变频器对多台电动机进行调速控制；变频器的电源功率因数大，所需电源容量小，可以组成高性能的控制系统等。

下面就变频器的上述特点做一下介绍：

（1）变频器最初的目的是为了节能，尤其是对于在工业中大量使用风扇、鼓风机和泵类负载来说，通过变频器进行调速控制可以代替传统上利用挡板和阀门进行的风量、流量和扬程的控制，所以节能效果非常明显。目前，国家在大力提倡节约能源的形势中，使用变频器进行调速控制，更加凸显其优势的发挥。

（2）由于变频器可以看作是一个频率可以调节的交流电源，对于现有的恒速运转的异步电动机来说，只需在电网电源和现有的电动机之间接入变频器和相应的设备，就可以利用变频器实现调速控制，而无需对电动机和系统本身进行大的设备改造。

（3）在采用了变频器的交流拖动系统中，异步电动机的调速控制是通过改变变频器的输出频率实现的。因此，在进行调速控制时，可以通过控制变频器的输出频率使电动机工作在转差率较小的范围内，使电动机获得较宽的调速范围，并可达到提高运行效率的目的。一般来说，通用型变频器的调速范围可达到 1∶10 以上，而对于高性能的矢量控制变频器的调速范围可以达到 1∶1000。此外，当采用矢量控制方式的变频器对异步电动机进行调速控制时，还可以直接控制电动机的输出转矩。

（4）在利用普通电网电源运行的交流拖动系统中，为了实现电动机的正/反向切换，必须利用接触器或者继电器等设备电源进行换相切换。而利用变频器进行调速控制时，只需改变变频器内部逆变电路换流器件的开关顺序即可达到对输出进行换相的目的，很容易实现电动机的正/反向切换，而不需要设置专门的切换装置。此外，对使用接触器或者继电器控制的电路中，在电网电源下正在运行的电动机进行正/反向切换时，如果电动机尚未停止就进行相序的切换，电动机内将会由于相序的突然改变而产生大于起动电流的电流，对电动机造成很大的危害，严重者可能会烧毁电动机，而且对机械的传动系统也会造成较大的危害，所以正常情况下应该等到电动机完全停下后，再进行换相操作。而采用了变频器的系统中，由于可以提高改变变频器的输出频率使电动机按照斜坡函数的规律进行减速，并在电动机减速至低速后进行相序切换，这样相序切换时电动机的电流可以控制在很小的范围内。

（5）变频器驱动系统是通过改变变频器的输出频率来达到调速目的的，当变频器把输出频率降至电动机的实际工作频率以下时，负载的机械能将被转换成电能，并回馈到变频器，而变频器可以利用自己的制动回路将这部分能量以热能消耗或回馈给电网，并形成电气制动。与传统的机械制动相比，电气制动可靠性好、维护简单、对机械系统有较好的保护。但是应该注意到一点，由于在静止状态下，电气制动并不能使电动机产生保持转矩，所以在某些场合还必须与机械制动器配合使用。

（6）高速驱动是变频器调速控制的另一个显著的优点。直流电动机由于受到电刷和换向环的制约，无法进行高速运转；但是对于异步电动机来说，不存在以上这些制约。

下面是异步电动机的转速公式

$$n = 60f(1-s)/p \tag{6-1}$$

式中　n——电动机的转速；

　　　f——电源频率；

　　　p——电动机的磁极对数；

　　　s——转差率。

通过这个公式可以看出，在工频电源（50Hz）时，对异步电动机的驱动，两极的电动机最高的转速只能达到3000r/min，为了得到更高的转速就必须使用高频电源或者是机械增速装置进行增速。而目前高频变频器的输出频率已经可以达到3000kHz，所以当利用高速变频器对两极异步电动机进行驱动时，就可以达到18 000r/min的高速。

（7）如果变频器的容量允许，可以使用一台变频器同时驱动多台电动机，不仅可以达到节约设备投资的目的，还可以保持每台电动机的转速具有较高的同步性。

（8）在使用电网电源对异步电动机进行起动时，电动机的起动电流会很大，通常为额定电流的3～5倍，而采用变频器对异步电动机进行起动时，由于可以将输出频率降至一个很低的值，电动机的起动电流很小，对电动机会起到较好的保护作用。

6-3　变频器有哪些结构组成及功能？

答：一、变频器的主电路构成

给电动机提供调压调频电源的电力变换部分，称为主电路。一般变频器的主电路由三部分构成：①将工频电源变换为直流电源的整流器，即整流电路；②吸收在变流器和逆变器产生的电压脉动的平波回路，即平滑电路（也就是直流中间电路）；③将直流电流（电压）变换为交流电流（电压）的逆变器，即逆变电路。另外，电动机需要制动时，有时要附加制动回路，如图 6-1 所示。

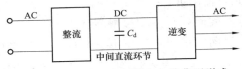

图 6-1 电压型变频器主电路典型形式

1. 整流电路

整流电路的主要作用是对电网来的交流电源进行整流后，给逆变电路和控制回路提供所需的直流电源。使用二极管进行整流是最常见的整流电路，如图 6-2 所示，它把工频电源变换为直流电源。

另外，为了控制输出电压的幅值，可以利用晶闸管作为换流器件，构成晶闸管整流电路，当晶闸管整流桥的电流方向只能朝一个方向流动时，称为单向型晶闸管整流电路，如图 6-3 所示。

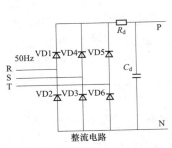

图 6-2 二极管整流电路

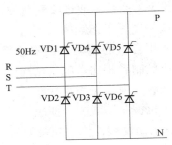

图 6-3 单向型晶闸管整流电路

当电流的方向既可以为正，也可以为反方向时，则称为可逆型晶闸管整流电路。单向晶闸管整流电路可以用于电压型和电流型变频器，而可逆型晶闸管整流电路主要用于电流型变频器，如图 6-4 所示。

还有带斩波器的二极管整流电路、晶体管和 IGBT 整流电路。带斩波器的二极管整流电路是在二极管整流电路的基础上，加装了斩波电路，即在输出二极管的一端串联三极管和电感，这里就不再详细介绍了。另外，在整流电路中还有一部分器件也是相当重要的：

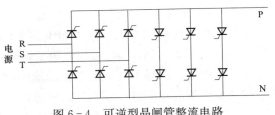

图 6-4 可逆型晶闸管整流电路

（1）滤波电容器。滤波电容器的功能：滤平全波整流后的电压纹波，当负载变化时，使直流电压保持平稳。由于受到电解电容的电容量和耐压能力的限制，滤波电路通常由若干个电容器并联成一组，又由两个电容器组串联而成，因为电解电容器的电容量有较大的离散性，故电容器组合的电容量常不能完全相等，这将使它们承受的电压和不相等，为了使和相等，在旁边各并联一个阻值相等的均压电阻。

（2）限流电阻与开关。当变频器刚合上电源的瞬间，滤波电容器的充电电流是很大的。过大的冲击电流将可能使三相整流桥的二极管损坏，同时，也使电源电压瞬间下降而受到"污染"。为了减小冲击电流，在变频器刚接通电源后的一段时间里，电路内串入限流电阻，其作用是将电容器的充电电流限制在允许范围以内。

（3）电源指示。电源指示除了表示电源是否接通以外，还有一个十分重要的功能，即在变频器切断电源后，表示滤波电容器上的电荷是否已经释放完毕。由于电容器的容量较大，而切断电源又必须在逆变电路停止工作的状态下进行，所以没有快速放电的回路，其放电时间往往长达数分钟。又由于其上的电压较高，如不放完，对人身安全将构成威胁，故在维修变频器时，必须等电源指示灯完全熄灭后才能接触变频器内部的导电部分。

2. 平波回路（直流中间电路）

在整流器整流后的直流电压中，含有电源 6 倍频率的脉动电压，此外逆变电路产生的脉动电流反过来也会使直流电压变动。为了抑制电压波动和保证逆变电路、控制电路能够得到质量较高的直流电流或电压，所以必须对整流电路的输出进行平滑，通常是采用电感和电容吸收脉动电压（电流）。装置容量小时，如果电源和主电路构成器件有余量，可以省去电感采用简单的平波回路。

电压型变频器的直流滤波电路使用的是大容量铝电解电容，通常是由若干个电容器串联和并联构成电容器组，以得到所需的耐压值和容量。另外，因为电解电容器容量有较大的离散性，这将使它们的随电压不相等，因此，电容器要各并联一个阻值等相的匀压电阻，消除离散性的影响，因而电容的寿命会严重制约变频器的寿命。

3. 逆变电路

同整流器相反，逆变器是在控制电路的控制下，将直流中间电路输出的直流电压或电流变换为所要求频率的交流电压或电流。它是变频器最主要的部分。逆变电路的输出也就是变频器的输出，可以实现对异步电动机的调速控制。

最常见的逆变电路结构形式是利用六个功率开关器件（GTR、IGBT、GTO 等）组成的三相桥式逆变电路，如图 6-5 所示是晶体管方式逆变电路，有规律的控制逆变器中功率开关器件的导通与关断，可以得到任意频率的三相交流输出。

如图 6-6 所示是三相电压型晶闸管方式逆变电路的典型结构。由于晶闸管允许过电流能力要比晶体管强，所以常常用于大容量变频器中，但是，在对晶闸管进行换流时，必须通过外部电路才能切断晶闸管的电流，所以采用晶闸管逆变电路的电路结构较为复杂。

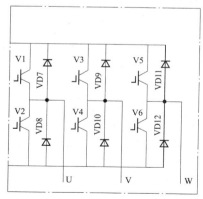

图 6-5　晶体管方式逆变电路

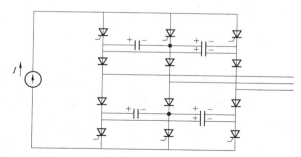

图 6-6　三相电压型晶闸管方式逆变电路

通常的中小容量的变频器主回路器件一般采用集成模块或智能模块，智能模块的内部高度集成了整流模块、逆变模块、各种传感器、保护电路及驱动电路等。

目前，逆变电路的种类较多，但用于变频器中的逆变电路都具有以下特点：

（1）在中小型容量的变频器中，多采用开关方式的逆变电路，而换流器件则为功率晶体管和 IGBT。

（2）随着 GTO 晶闸管容量和可靠性的提高，在大容量变频器中，多采用开关方式的 GTO 晶闸管逆变电路，这已经成为主流。

（3）在高频变频器中，多采用带斩波方式的逆变电路。

（4）在需要进行高速、高精度的控制时，多采用开关方式的晶体管逆变电路或者是电流型晶体管逆变电路来实现变频器的矢量控制。

在逆变电路里面还有一个器件，就是续流二极管。其主要功能有：

（1）电动机的绕组是电感性的，其电流具有无功分量，为无功电流返回直流电源时提供"通道"。

（2）当频率下降电动机处于再生制动状态时，再生电流将通过整流后返回给直流电路。

（3）进行逆变的基本工作过程是，同一桥臂的两个逆变管处于不停地交替导通和截止状态，在这交替导通和截止的换相过程中，也不时地需要提供通路。

4. 制动回路

制动回路是为了满足电动机在制动时有效地利用来自负载的回馈能量，在变频器主电路中加装的辅助电路包括：

（1）制动电阻。变频器在频率下降的过程中，将处于再生制动状态，回馈的电能将存储在电容中，使直流电压不断上升，甚至达到十分危险的程度，制动电阻的作用就是将这部分回馈能量消耗掉。大功率变频器的电阻都是外接的，都有外接端子。

（2）制动单元。由 GTR 或 IGBT 及其驱动电路构成，其作用是为放电电流流经制动电阻提供通路。小功率变频器的制动单元基本上是内置的，大功率变频器的制动单元都是外置的。电流的大小是根据变频器所控制的负载的电流大小而定的。

6-4　变频器能够提供哪些保护？

答：变频器的保护电路的主要作用是微处理器对检测电路得到的各种信号进行算法处理，以判断变频器本身或系统是否出现了异常。当检测到变频器或系统的异常时，则进行各种必要的处理，包括停止变频器的输出，以对变频器和系统提供各种保护。变频器的保护可分为对逆变器（也就是变频器本身的）保护和异步电动机保护两种。

对变频器本身的保护：

（1）瞬时过电流保护。用于逆变电流负载侧短路，流过逆变器的电流达到异常值（超过容许值）时，瞬时停止逆变器运转，切断电流，变流器的输出电流达到异常值，也得同样停止逆变器运转。另外，当变频器输出端出现相间短路或对地短路等故障时，出现大电流的峰值，保护电路将关断主电路换流器并停止输出。

（2）过载保护（电子热保护）。逆变器输出电流超过额定值，且持续流通超过规定时间（通常变频器的过载保护被设定为变频器额定电流的 150% 并持续 1min），为防止逆变器器件、线路等损坏，要停止运转，恰当的保护需要反时限特性，采用热继电器或电子热保护，过载是由于负载的惯性过大或因负载过大使电动机堵转而产生。

（3）过电压保护。应用逆变器使电动机快速减速时，由于再生功率使直流电路电压升高，有时超过容许值，可以采取停止逆变器运转或停止快速减速的方法，防止过电压。

（4）欠电压保护（包括瞬时停电保护）。当变频器的供电电压降低时，直流中间电路的电压也会下降，从而使变频器的输出电压过低，并造成电动机输出转矩不足和过热。欠电压保护电路的作用就是，在检测到直流中间电路的直流电压出现规定时间以上的电压过低现象时，使变频器停止工作。当电源出现瞬时停电时，对于毫秒级内的瞬时断电，控制电路工作正常。但瞬时停电如果达数十毫秒以上时，通常不仅控制电路误动作，主电路也不供电，所以检测出后使逆变器停止运转。

（5）接地过电流保护。逆变器负载接地时，为了保护逆变器，要有接地过电流保护功能。但为了保证人身安全，需要装设剩余电流动作保护断路器。

（6）散热片过热保护。有冷却风机的装置，当风机异常时装置内温度将上升，因此采用风机热继电器或器件散热片温度传感器，检测出异常后停止变频器工作。

对异步电动机的保护：

（1）过载保护。过载检测装置与逆变器保护共用，但考虑低速运转得过热时，在异步电动机内埋入温度检出器，或者利用装在逆变器内的电子热保护来检出过热。动作过频时，应考虑减轻电动机负荷，增加电动机及逆变器的容量等。

（2）超速保护。逆变器的输出频率或者异步电动机的速度超过规定值时，停止逆变器运转。

6-5　变频器所能够实现的功能有哪些？

答：一、为了构成系统，变频器必须具备以下功能

（1）全区域自动转矩补充功能。全区域自动转矩补充功能是指变频器在电动机的加减速和正常运行的所有区域中可以根据负载的情况自动调节 V/F 值，对电动机的输出转矩进行必要的补偿。由于电动机转子绕组中阻抗的作用，当采用 V/F 控制时，在电动机的低速区域将会出现转矩不足的情况。因此，为了在电动机进行低速运行时对其输出转矩进行补偿，在变频器中采取了在低频区域提高 V/F 值的方法，这种方法称为变频器的转矩补偿功能。

（2）防失速功能。变频器的防失速功能包括：加速过程中的防失速功能、恒速运行过程中的防失速功能、减速过程中的防失速功能。加速和恒速过程中的防失速功能的基本作用是：当由于电动机加速过快或者负载过大等原因出现过电流现象时，变频器将自动降低输出频率，以避免变频器因为电动机过电流而出现保护电路动作和停止工作的情况发生。

对应电压型变频器来说，由于电动机在减速的过程中回馈能量，将使变频器直流中间电路的电压上升，并有可能出现因保护电路动作带来变频器停止工作的情况。减速过程中防失速功能的作用就是在电压保护电路未动作之前暂时降低变频器的输出频率，从而达到防止失速的目的。

（3）过转矩限定运行功能。该功能的作用是对机械设备进行保护和保证运行的连续性，当电动机的输出转矩达到该功能的设定值时，变频器停止工作并给出报警信号。

（4）无传感器简易速度控制功能。该功能的作用是为了提高通用变频器的速度控制精度，变频器通过该功能的设定，检测电动机的电流而得到负载转矩，并根据负载转矩进行必要的转差补偿，从而得到提高速度控制精度的目的。利用该功能通常可以使电动机的速度变动率得到 $20\%\sim30\%$ 的改善。

（5）减少机械振动，降低对机械设备的冲击功能。降低冲击功能主要是用于机床、传送带、起重机等场合，作用就是为了减少机械振动、减小冲击、保护机械设备。这些功能包括：对 V/F 和转矩补偿值进行调节，选择 S 型加减模式，选择停止方式，对载频进行调节，对电动机参数设定进行调节，设定跳跃频率。

(6) 运行状态检测显示。运行状态检测显示功能主要是用于检测变频器的工作状态，根据工作状态设定机械运行的互锁，对机械进行保护并使操作者及时了解变频器的工作状态。

(7) 出现异常后再起动功能。当变频器检测到某些系统异常时，将进行自我诊断和再试，并在这些故障消失后进行自动复位操作和起动，重新进入运行状态。具有这项功能的变频器可以在系统发生某些轻微异常时，无须使系统停止工作，这样可以提高系统的可靠性和运行效率。

(8) 三线顺序控制。三线顺序控制功能主要用于构成简单的顺序控制，可以通过自动复位型按键开关进行起动、停止和正/反转操作。

(9) 通过外部信号对变频器进行控制。

二、频率设定功能

(1) 多段速设定功能。可以使变频器按照用户预定的速度按一定的程序运行，用户可用多功能端子的组合选择记忆在内存中的频率指令。

(2) 频率的上下限设定功能。该功能可以对电动机工作的频率进行上限和下限设置，限制电动机的转速，从而达到保护机械设备的目的。

(3) 特定频率设定禁止使用功能。该功能是为了防止某些机械设备在某些频率上，可能与系统的固有频率形成共振而造成较大的振动，造成机械设备的损坏而设置。

(4) 指令丢失时的自动运行功能。指令丢失时的自动运行功能的作用是，当模拟频率指令由于系统故障等原因急剧减少时，可以使变频器按照原设定频率 80% 的频率继续运行，以保证整个系统的正常工作。

(5) 频率指令特性的反转。

(6) 禁止加减速功能。

(7) 加减速时间的切换功能。

(8) S 型加减速功能。

三、与保护有关的功能

(1) 电动机过载保护。该功能的主要作用是根据温度模拟而得到的电子热继电器功能，为电动机提供过载保护。当电动机的电流超过电子热继电器所设定的保护值时，电子热继电器动作，使变频器停止输出，从而达到对电动机保护的目的。需要注意的是，当用一台变频器驱动多台电动机时，应该在电动机侧接入机械式热继电器。

(2) 电动机失速保护。通过编码器等速度检测装置对电动机的速度进行检测，并在由于负载等原因使电动机发生失速时对电动机进行保护。

四、系统的保护

(1) 过转矩检测功能。该功能是为了对被驱动的机械设备进行保护而设置的。当变频器的输出电流达到了事先设定的过转矩检测值时，保护功能动作，使变频器停止工作并发出报警信号。

(2) 外部报警输入功能。该功能是为了使变频器能够和各种周边设备构成稳定、可靠的调速控制系统而设置的。例如：把制动单元和制动电阻的报警信号点编入变频器的控制电路中，当这些外部设备发生故障时，变频器就会停止工作。

（3）变频器过热保护。当变频器自身的温度或者外部的温度导致变频器的温度接近危险温度时，保护电路发出报警，使变频器停止工作。

（4）制动电路异常保护。

五、与运行方式有关的功能

（1）停止时直流制动。在电动机侧未使用机械制动器的情况下，使用该功能仍然可以使电动机保持停止状态。外部控制信号控制变频器输出频率降低，使电动机减速，达到预先设定的频率时，变频器给电动机加上直流电压，从而达到直流制动的目的。

（2）无制动电阻时的快速停车。该功能的作用是，在不使用机械制动器和制动单元、制动电阻的条件下，使电动机以比自由停车更短的时间进行快速停车。即从电动机处于最高转速时，便给电动机加上直流电压，使电动机进入直流制动状态。

（3）运行前直流制动。

（4）自动寻速跟踪功能。当由于某种原因使变频器暂时停止输出，电动机进入自由运行状态，具有该功能的变频器可以在没有速度传感器的情况下自动寻找电动机的实际转速，并根据电动机的转速进行加速来控制电动机的运行。

（5）瞬时停电后自动再起动功能。

该功能是瞬时停电时间在 2s 内，变频器仍然能够按照预先设定的工作条件进入运行状态。

（6）电网电源/变频器切换运行功能。

（7）节能运行。

（8）多 V/F 选择功能。

六、与状态监测有关的功能

（1）显示负载（电动机）的速度。

（2）脉冲监测功能。

（3）频率/电流计的刻度校正。

（4）数字操作盒的监测功能。

七、其他功能

（1）载频频率设定。主要是为了避开频率共振，降低电动机和机械设备噪声。

（2）高载频运行。

（3）平滑运行。

（4）变频器的全封闭结构。

（5）高转差率制动功能。

（6）现场总线与网络控制功能。

（7）停止状态自整定功能（变频器的自学习功能）。

6-6 变频器有哪些分类？

答：一、按照主电路工作方式分类

可以分为电压型变频器和电流型变频器；电压型变频器其储能元件为电容器，中、小容量变频器以电压型变频器为主。电流型变频器其储能元件为电感线圈。

二、按照开关方式分类

可以分为 PAM 控制变频器、PWM 控制变频器和高载频 PWM 控制变频器等。

三、按照工作原理分类

可以分为 V/F 控制变频器、转差频率控制变频器和矢量控制变频器等。

四、按照用途分类

可以分为通用变频器、高性能专用变频器、高频变频器、单相变频器和三相变频器等。

五、按照变流环节不同分类

交-直-交变频器先将频率固定的交流电整流成直流电,再把直流电"逆变"成频率任意可调的三相交流电。

交-交变频器把频率固定的交流电直接转换成频率任意可调的交流电(转换前后的相数相同)。

六、按照电压的调制方式分类

(1)脉宽调制(SPWM)变频器。电压的大小是通过调节脉冲占空比来实现的。中、小容量的通用变频器几乎全都采用此类变频器。

(2)脉幅调制(PAM)变频器。电压的大小是通过调节直流电压幅值来实现的。

七、根据输入电源的相数分类

三进三出变频器,变频器的输入侧和输出侧都是三相交流电。绝大多数变频器都属此类。

单进三出变频器,变频器的输入侧为单相交流电,输出侧是三相交流电。家用电器里的变频器均属此类,通常容量较小。

6-7 变频器有哪些控制方式?

答:变频器对电动机进行控制是根据电动机的特性参数及电动机运转要求,对电动机提供电压、电流、频率进行控制达到负载的要求,因此,与变频器的主电路一样,逆变器件也相同,单片机位数也一样,只是控制方式不一样,其控制效果是不一样的,所以,控制方式很重要,它代表变频器的水平。目前,变频器对电动机的控制方式大体可分为 V/F 恒定控制、转差频率控制、矢量控制、直接转矩控制、矩阵式交-交控制等几种方式。

一、V/F 恒定控制

V/F 恒定控制是在改变电动机电源频率的同时改变电动机电源的电压,使电动机磁通保持一定,在较宽的调速范围内,电动机的效率、功率因数不下降。因为是控制电压(voltage)与频率(frequency)之比,称为 V/F 控制。V/F 恒定控制存在的主要问题是低速性能较差,转速极低时,电磁转矩无法克服较大的静摩擦力,不能恰当地调整电动机的转矩补偿和适应负载转矩的变化;其次是无法准确地控制电动机的实际转速。由于 V/F 恒定变频器是转速开环控制,由异步电动机的机械特性图可知,设定值为定子频率也就是理想空载转速,而电动机的实际转速由转差率所决定,所以,V/F 恒定控制方式存在的稳定误差不能控制,故无法准确控制电动机的实际转速。

其特点是控制电路结构简单、成本较低,机械特性硬度也较好,能够满足一般传动的平滑调速要求,已在企业的各个领域得到广泛应用。但是,这种控制方式在低频时,由于输出电压较低,转矩受定子电阻压降的影响比较显著,使输出最大转矩减小。另外,其机械特性终究没有直流电动机硬，动态转矩能力和静态调速性能都还不尽如人意，且系统性能不高，控制曲线会随负载的变化而变化，转矩响应慢，电动机转矩利用率不高，低速时因定子电阻和逆变器死区效应的存在而性能下降，稳定性变差等。因此，人们又研究出矢量控制变频调速。

二、转差频率控制

转差频率是施加于电动机的交流电源频率与电动机速度的差频率。根据异步电动机稳定数学模型可知，当频率一定时，异步电动机的电磁转矩正比于转差率，机械特性为直线。

转差频率控制通过控制转差频率来控制转矩和电流。转差频率控制需要检测出电动机的转速，构成速度闭环，速度调节器的输出为转差频率，然后以电动机转速与转差频率之和作为变频器的给定频率。与 V/F 控制相比，其加减速特性和限制过电流的能力得到提高。另外，它有速度调节器，利用速度反馈构成闭环控制，速度的静态误差小。然而要达到自动控制系统稳态控制，还达不到良好的动态性能。

三、矢量控制（VC）

矢量控制，也称磁场定向控制。它是 20 世纪 70 年代初由西德 F. Blasschke 等人首先提出，以直流电动机和交流电动机比较的方法阐述了这一原理。由此开创了交流电动机和等效直流电动机的先河。

矢量控制实现的基本原理是通过测量和控制异步电动机定子电流矢量，根据磁场定向原理分别对异步电动机的励磁电流和转矩电流进行控制，从而达到控制异步电动机转矩的目的。具体是将异步电动机的定子电流矢量分解为产生磁场的电流分量（励磁电流）和产生转矩的电流分量（转矩电流）分别加以控制，并同时控制两分量间的幅值和相位，即控制定子电流矢量，所以称这种控制方式为矢量控制。矢量控制方式又有基于转差频率控制的矢量控制方式、无速度传感器矢量控制方式和有速度传感器的矢量控制方式等。

转差频率控制的矢量控制方式同样是基于 V/F 恒定控制的基础上，通过检测异步电动机的实际速度 n，并得到对应的控制频率 f，然后根据希望得到的转矩，分别控制定子电流矢量及两个分量间的相位，对通用变频器的输出频率 f 进行控制的。基于转差频率控制的矢量控制方式的最大特点是，可以消除动态过程中转矩电流的波动，从而提高了通用变频器的动态性能。早期的矢量控制通用变频器基本上都是采用的基于转差频率控制的矢量控制方式。

无速度传感器的矢量控制方式是基于磁场定向控制理论发展而来的。实现精确的磁场定向矢量控制需要在异步电动机内安装磁通检测装置，要在异步电动机内安装磁通检测装置是很困难的，但人们发现，即使不在异步电动机中直接安装磁通检测装置，也可以在通用变频器内部得到与磁通相应的量，并由此得到了无速度传感器的矢量控制方式。它的基本控制思想是根据输入电动机的铭牌参数，按照转矩计算公式分别对作为基本控制量的励磁电流（或者磁通）和转矩电流进行检测，并通过控制电动机定子绕组上的电压的频率使励磁电流（或者磁通）和转矩电流的指令值和检测值达到一致，并输出转矩，从而实现矢量控制。采用矢量控制方式的通用变频器不仅可在调速范围上与直流电动机相匹配，而且可以控制异步电动机产生的转矩。

矢量控制变频调速的做法是将异步电动机在三相坐标系下的定子交流电流 I_a、I_b、I_c。通过三相—二相变换，等效成两相静止坐标系下的交流电流 I_{a1}、I_{b1}，再通过按转子磁场定向旋转变换，等效成同步旋转坐标系下的直流电流 I_{m1}、I_{t1}（I_{m1} 相当于直流电动机的励磁电流，I_{t1} 相当于直流电动机的电枢电流），然后模仿直流电动机的控制方法，求得直流电动机的控制量，经过相应的坐标反变换实现对异步电动机的控制。矢量控制方法的出现，使异步电动机变频调速在电动机的调速领域里全方位地处于优势地位，但是，矢量控制技术需要对电动机参数进行正确估算，如何提高参数的准确性是一直研究的技术问题。

四、直接转矩控制（DTC）方式

1985 年，德国鲁尔大学的 DePenbrock 教授首次提出了直接转矩控制理论，该技术在很大程度上解决了矢量控制的不足，它不是通过控制电流、磁链等量间接控制转矩，而是把转矩直接作为被控量来控制的。转矩控制的优越性在于，转矩控制是控制定子磁链，在本质上并不需要转速信息，控制上对除定子电阻外的所有电动机参数变化鲁棒性良好，所引入的定子磁链观测器能很容易估算出同步速度信息，因而能方便地实现无速度传感器，这种控制称为无速度传感器直接转矩控制。

直接转矩控制也称为直接自控制，这种直接自控制的思想是以转矩为中心来进行磁链、转矩的综合控制。和矢量控制不同，直接转矩控制不采用解耦方式，从而在算法上不存在旋转坐标变换，简单地通过检测电动机定子电压和电流，借助瞬时空间矢量理论计算电动机的磁链和转矩，并根据与给定值比较所得差值，实现磁链和转矩的直接控制。

五、矩阵式交-交控制方式

VVVF 变频、矢量控制变频、直接转矩控制变频都是交-直-交变频中的一种。其共同缺点是输入功率因数低，谐波电流大，直流电路需要大的储能电容，再生能量又不能反馈回电网，即不能进行四象限运行。为此，矩阵式交-交变频应运而生，由于矩阵式交-交变频省去了中间直流环节，从而省去了体积大、价格高的电解电容，它能实现功率因数为 1，输入电流为正弦且能四象限运行，系统的功率密度大。该技术目前虽尚未成熟，但仍吸引着众多的学者深入研究。其实质不是间接地控制电流、磁链等量，而是把转矩直接作为被控制量来实现的，具体方法如下：

（1）控制定子磁链引入定子磁链观测器，实现无速度传感器方式。

（2）自动识别（ID），依靠精确的电机数学模型，对电机参数自动识别。

（3）算出实际值对应定子阻抗、互感、磁饱和因素、惯量等，算出实际的转矩、定子磁链、转子速度进行实时控制。

（4）实现 Band - Band 控制，按磁链和转矩的 Band - Band 控制产生 PWM 信号，对逆变器开关状态进行控制。

矩阵式交-交变频具有快速的转矩响应（<2ms），很高的速度精度（±2%，无 PG 反馈），高转矩精度（<+3%），同时还具有较高的起动转矩及高转矩精度，尤其在低速时（包括 0 速度时），可输出 150%～200% 的转矩。

6-8 如何使用变频器选择电动机？

答： 适合变频器驱动的电动机大体上有：普通异步电动机、专用电动机、特殊电动机等。

一、电动机类型选择要求

电动机类型的选择要从负载的要求出发，考虑工作条件，负载性质、生产工艺、供电情况等，尽量满足下述各方面的要求：

1. 机械特性

由电动机类型决定的电动机的机械特性与工作机械特性配合要适当，电动机能稳定工作，电动机的起动转矩、最大转矩、牵入转矩等性能均能满足工作机械的要求。

2. 转速

电动机的转速满足工作机械要求，其最高转速、转速变化率、稳速、调速、变速等性能均能适应工作机械运行要求。

3. 运行经济性

从降低整个电动机驱动系统的能耗及电动机的综合成本来考虑选择电动机的类型，针对使用情况选择不同效率水平的电动机类型；对一些使用时间很短、年使用时数也不高的机械，电动机效率低些也不会使总能耗产生较大的变化，所以并不注重电动机的效率，但另一类年利用小时较高的机械，如空调设备、循环泵、冰箱压缩机等，就需要选用效率高的电动机以降低总能耗。

4. 价格

在满足工作机械运行要求的前提下，尽可能选用结构简单、运行可靠、造价低廉的电动机。

二、电动机的容量选择

电动机的容量选择也就是电动机的功率选择，一般情况下，所选电动机的容量要大于负载的功率，电动机的最大转矩相比负载所需的起动转矩要有足够的裕量，选用电动机的功率大小是根据生产机械的需要所确定的。

6-9 如何按照负载情况选择变频器？

答：1. 简易通用型变频器

这类变频器通常采用 V/F 控制方式，主要以控制风扇、风机、泵等平方降转矩为目的，其节能效果良好，成本较低，占这个领域的 40% 左右。

2. 多功能通用变频器

随着工厂自动化程度的不断深入，自动仓库、升降机、搬运系统、挤压成形机、纺织、胶片机械等高效率、低成本化、高速化、高精密化已日趋重要，多功能变频器正是为了适应这一要求而生产的。

这类变频器必须满足下面两个条件：①与机械种类无关可实现恒转矩负载驱动，即使负载有较大的波动，也能保证设备连续运转。②变频器本身应易与机械相适应、相配合。

3. 高性能通用变频器

经过多年的发展，在各种行业的流水线作业和造纸设备、胶片制造、设备加工中，以高性能矢量变频器控制代替直流电动机控制已经达到实用化阶段。笼型异步电动机凭借它在结构上的特点、优良的可靠性、便于维护、适合在恶劣环境下工作的性能、在进行矢量控制时具有转矩精度高等优点，已被广泛用于需要长期稳定运行的多种特定用途中。

6-10 PWM 和 PAM 分别是什么？

答：脉冲宽度调制（pulse width modulation，PWM）按一定规律改变脉冲列的脉冲宽度，以调节输出量和波形的一种调制方式。脉冲幅值调制（pulse amplitude modulation，PAM）是按一定规律改变脉冲列的脉冲幅度，以调节输出量值和波形的一种调制方式。

6-11 电压型与电流型有什么不同？

答： 变频器的主电路大体上可分为两类：电压型是将电压源的直流变换为交流的变频器，直流回路的滤波是电容；电流型是将电流源的直流变换为交流的变频器，其直流回路滤波是电感。

一、电压型变频器

电压型变频器的特点是中间直流环节的储能元件采用大电容，负载的无功功率将由它来缓冲，直流电压比较平稳，直流电源内阻较小，相当于电压源，故称电压型变频器，常选用于负载电压变化较大的场合。

二、电流型变频器

电流型变频器的特点是中间直流环节采用大电感作为储能环节，缓冲无功功率，即扼制电流的变化，使电压接近正弦波，由于该直流内阻较大，故称电流源型变频器（电流型）。电流型变频器的特点（优点）是能扼制负载电流频繁而急剧的变化。常选用于负载电流变化较大的场合。

6-12 为什么变频器的电压与频率成比例地改变？

答： 任何电动机的电磁转矩都是电流和磁通相互作用的结果，电流是不允许超过额定值的，否则将引起电动机的发热。因此，如果磁通减小，电磁转矩也必减小，导致带载能力降低。

由公式 $E=4.44KFN\Phi$ 可以看出，在变频调速时，电动机的磁路随着运行频率 F 是在相当大的范围内变化，它极容易使电动机的磁路严重饱和，导致励磁电流的波形严重畸变，产生峰值很高的尖峰电流。

因此，频率与电压要成比例地改变，即改变频率的同时控制变频器输出电压，使电动机的磁通保持一定，避免弱磁和磁饱和现象的产生。这种控制方式多用于风机、泵类节能型变频器。

6-13 采用变频器运转时，电动机的起动电流、起动转矩怎样？

答： 采用变频器运转，随着电动机的加速相应提高频率和电压，起动电流被限制在150%额定电流以下（根据机种不同，为125%～200%）。用工频电源直接起动时，起动电流为额定电流的6～7倍，因此，将对电动机及机械设备产生较大的冲击。采用变频器传动可以平滑地起动（起动时间变长）。起动电流为额定电流的1.2～1.5倍，起动转矩为70%～120%的额定转矩；对于带有转矩自动增强功能的变频器，起动转矩为100%以上，可以带全负载起动。

6-14 变频器的失速防止功能是什么？

答： 如果给定的加速时间过短，变频器的输出频率变化远远超过转速（电角频率）的变化，变频器将因过电流而跳闸，运转停止，这就称为失速。为了防止失速使电动机继续运转，就要检出电流的大小进行频率控制。当加速电流过大时适当放慢加速速率，减速时也是如此，两者结合起来就是防失速功能。

6-15　为什么变频器不能用作变频电源？

答：变频电源的整个电路由交流-直流-交流-滤波等部分构成，因此它输出的电压和电流波形均为纯正的正弦波，非常接近理想的交流供电电源，可以输出世界任何国家的电网电压和频率。而变频器由交流-直流-交流（调制波）等电路构成，变频器的标准名称应为变频调速器，其输出电压的波形为脉冲方波，且谐波成分多，电压和频率同时按比例变化，不可分别调整，不符合交流电源的要求。原则上不能做供电电源使用，一般仅用于三相异步电动机的调速。

6-16　变频器有哪些干扰方式？一般如何处理？

答：一、传播方式

（1）辐射干扰。

（2）传导干扰。

二、抗干扰措施

对于通过辐射方式传播的干扰信号，主要通过布线以及对放射源和对被干扰的线路进行屏蔽的方式来削弱。对于通过线路传播的干扰信号，主要通过在变频器输入输出侧加装滤波器，电抗器或磁环等方式来处理。具体方法及注意事项如下：

（1）信号线与动力线要垂直交叉或分槽布线。

（2）不要采用不同金属的导线相互连接。

（3）屏蔽管（层）应可靠接地，并保证整个长度上连续可靠地接地。

（4）信号电路中要使用双绞线屏蔽电缆。

（5）屏蔽层接地点尽量远离变频器，并与变频器接地点分开。

（6）磁环可以在变频器输入电源线和输出线上使用，具体方法：输入线一起朝同一方向绕4圈，而输出线朝同一方向绕3圈即可。绕线时需注意，尽量将磁环靠近变频器。

（7）一般对被干扰设备仪器，均可采取屏蔽及其他抗干扰措施。

6-17　电动机使用变频器后有"嗡嗡"声是怎么回事？

答："嗡嗡"的声音，是因为变频器输出波形载波频率引起的，通常如果使用的变频器是固定载波，则此时电动机发出的是尖叫声，对人耳刺激比较大，那可以通过调节载波频率（变频器技术手册功能表里有这个功能参数）。载波频率越高，声音越小，但载波过高，电动机有可能容易发热。所以要根据发热程序和发出的声音一起考虑所使用的载波频率。

6-18　交流伺服电动机可以用变频器控制吗？

答：由于变频器和伺服在性能和功能上的不同，应用也不大相同，所以是不可以的。

（1）在速度控制和力矩控制的场合要求不是很高的一般用变频器，也有在上位加位置反馈信号构成闭环用变频进行位置控制的，精度和响应都不高。

（2）在有严格位置控制要求的场合中只能用伺服来实现，还有就是伺服的响应速度远远大于变频，有些对速度的精度和响应要求高的场合也用伺服控制，能用变频控制的运动的场合几乎都能用伺服取代。

有两点需要注意：①价格伺服远远高于变频；②功率的原因：变频最大的能做到几百千瓦，甚至更高，伺服最大就几十千瓦。伺服的基本概念是准确、精确、快速定位。变频是伺服控制的一个必需的内部环节，伺服驱动器中同样存在变频（要进行无级调速）。

6-19　变频器输出端为什么要加输出电抗器，其作用是什么？

答：变频器输出端增加输出电抗器，是为了增加变频器到电动机的导线距离，输出电抗器可以有效抑制变频器的 IGBT 开关时产生的瞬间高电压，减少此电压对电缆绝缘和电动机的不良影响。

电抗器的主要作用：是用以限制电动机连接电缆的容性充电电流及使电动机绕组上的电压上升率限制在 $540V/\mu s$ 以内，它还用于钝化变频器输出电压（开关频率）的陡度，减少逆变器中功率元件（如 IGBT）的扰动和冲击。

6-20　使用一台变频器拖多台电动机，有哪些注意事项？

答：（1）变频器完全可以实现一台拖动多台电动机的，但必须是用在平移机构，不能用在升降机构。

（2）控制方式必须为 V/F，不能用矢量控制。

（3）变频器容量应不小于电动机的容量，具体容量视负载特性而定。

（4）每台电动机应单独加装热继电器进行过热保护。

6-21　安装变频器时对环境有哪些要求？

答：**一、工作温度**

变频器内部是大功率的电子元件，极易受到工作温度的影响，产品一般要求为 $0\sim55℃$，但为了保证工作安全、可靠，使用时应考虑留有余地，最好控制在 $40℃$ 以下。在控制柜中，变频器一般应安装在柜体上部，并严格遵守产品说明书中的安装要求，绝对不允许把发热元件或易发热的元件紧靠变频器的底部安装。

二、环境温度

温度太高且温度变化较大时，变频器内部易出现结露现象，其绝缘性能就会大大降低，甚至可能引发短路事故。必要时，必须在控制柜中增加干燥剂和加热器。

三、腐蚀性气体

使用环境如果腐蚀性气体浓度大，不仅会腐蚀元器件的引线、印刷电路板等，而且还会加速塑料器件的老化，降低绝缘性能。

四、振动和冲击

装有变频器的控制柜受到机械振动和冲击时，会引起电气接触不良，这时除了提高控制柜的机械强度、远离振动源和冲击源外，还应使用抗震橡皮垫固定控制柜外和柜内电磁开关之类产生振动的元器件。设备运行一段时间后，应对其进行检查和维护。

五、电磁波干扰

变频器在工作中由于整流和变频，周围产生了很多的干扰电磁波，这些高频电磁波对附近的仪表、仪器有一定的干扰。因此，柜内仪表和电子系统，应该选用金属外壳，屏蔽变频器对仪表的干扰。所有的元器件均应可靠接地，除此之外，各电气元件、仪器及仪表之间的连线应选用屏蔽控制电缆，且屏蔽层应接地。如果处理不好电磁干扰，往往会使整个系统无法工作，导致控制单元失灵或损坏。

6-22　如何根据变频器和电动机的距离确定电缆和布线方法？

答：（1）变频器和电动机的距离应该尽量短，这样减小了电缆的对地电容，减少干扰的发射源。

（2）控制电缆选用屏蔽电缆，动力电缆选用屏蔽电缆，或者从变频器到电动机的电缆全部用金属穿线管屏蔽。

（3）电动机电缆应独立于其他电缆走线，其最小距离为 500mm，同时应避免电动机电缆与其他电缆长距离平行走线，这样才能减少变频器输出电压快速变化而产生的电磁干扰。如果控制电缆和电源电缆交叉，应尽可能使它们按 90°角交叉。与变频器有关的模拟量信号线与主回路线分开走线，即使在控制柜中也要如此。

（4）与变频器有关的模拟信号线最好选用屏蔽双绞线，动力电缆选用屏蔽的三芯电缆（其规格要比普通电动机的电缆性能高），或遵从变频器的用户手册。

6-23　对变频器控制柜设计时有哪些注意事项？

答：变频器应该安装在控制柜内部，控制柜在设计时要注意以下问题。

一、散热问题

变频器的发热是由内部的损耗产生的，变频器各部分的损耗主要以主电路为主，约占 98%，控制电路占 2%。为了保证变频器正常可靠运行，必须对变频器进行散热处理，通常采用风扇散热，变频器的内装风扇可将变频器产生的热量带走，若风扇不能正常工作，应立即停止变频器运行。大功率的变频器还需要在控制柜上安装排风扇，控制柜的风道要设计合理，所有进风口要设置防尘网，排风通畅，避免在柜中形成涡流，在固定的位置形成灰尘堆积。根据变频器说明书的通风量来选择匹配的排风扇，安装排风扇时要注意防震问题。

二、电磁干扰问题

（1）变频器在工作中由于整流和变频，周围产生了很多的干扰电磁波，这些高频电磁波对附近的仪表、仪器有一定的干扰，而且会产生高次谐波，这种高次谐波会通过供电回路进入整个供电网络，从而影响其他仪表。如果变频器的功率占到整个系统 25% 以上，需要考虑控制电源的抗干扰措施。

（2）当系统中有高频冲击负载如电焊机、电镀电源时，变频器本身会因为干扰而出现保护，则考虑整个系统的电源质量问题。

三、防护问题

（1）防水防结露。如果变频器放在现场，需要注意变频器柜上方通过的管道法兰是否有漏水点，在变频器附近不能有喷溅水流，总之现场柜体防护等级要在 IP43 以上。

（2）防尘。所有进风口要设置防尘网阻隔絮状杂物进入，防尘网应该设计为可拆卸式，以方便清理维护，防尘网的网格根据现场的具体情况确定，防尘网四周与控制柜的结合处要严密防震动。

（3）防腐蚀性气体。在化工行业这种情况比较多见，此时可以将变频柜放在控制室中。

6-24　如何对变频器进行维护？

答： 目前变频器的应用已经深入到各行各业，变频器的发展也在不断地推陈出新，功能越来越大，可靠性也相应地提高。但是如果使用不当，操作有误，维护不及时，仍会发生故障或运行状况改变缩短设备的使用寿命。因此，日常的维护与检修工作显得尤为重要。

首先，操作人员必须具有电工操作基本知识，熟悉变频器的基本工作原理、功能特点，在对变频器检查及保养之前，必须将设备总电源切断，并且等变频器充电指示灯 CHARGE 灯完全熄灭的情况下进行。

日常的维护有以下几方面：

一、日常检查事项

变频器上电之前应先检测周围环境的温度及湿度，温度过高会导致变频器过热报警，严重时会直接导致变频器功率器件损坏、电路短路；空气过于潮湿会导致变频器内部直接短路。在变频器运行时要检查其冷却系统是否正常工作，如：风道排风是否流畅，风机是否有异常声音。一般防护等级比较高的变频器如：IP20 以上的变频器可直接敞开安装，IP20 以下的变频器一般应是柜式安装，所以变频柜散热效果如何将直接影响变频器的正常运行，变频器的排风系统如风扇旋转是否流畅，进风口是否有灰尘及阻塞物，这些都是日常检查不可忽略的地方。电动机电抗器、变压器等是否过热，有异味；变频器及马达是否有异常响声；变频器面板电流显示是否偏大或电流变化幅度太大，输出 U、V、W 三相电压与电流是否平衡等。

二、定期保养

清扫空气过滤器冷却风道及内部灰尘。检查螺丝钉、螺栓以及即插件等是否松动，输入输出电抗器的对地及相间电阻是否有短路现象，正常应大于几十兆欧。导体及绝缘体是否有腐蚀现象，如有要及时用酒精擦拭干净。在条件允许的情况下，要用示波器测量开关电源输出各电路电压的平稳性，如 5、12、15、24V 等电压，测量驱动器电路各路波形的方法是否有畸变，U、V、W 相间波形是否为正弦波。接触器的触点是否有打火痕迹，严重的要更换同型号或大于原容量的新品；确认控制电压的正确性，进行顺序保护动作试验；确认保护显示回路无异常；确认变频器在单独运行时输出电压的平衡度。

三、备件的更换

变频器由多种部件组成，其中一些部件经长期工作后其性能会逐渐降低、老化，这也是变频器发生故障的主要原因，为了保证设备长期的正常运转，下列器件应定期找专业变频器维修人员进行更换。

1. 冷却风扇

变频器的功率模块是发热最严重的器件，其连续工作所产生的热量必须要及时排出，一般风扇的寿命为 10～40kh，按变频器连续运行折算为 2～3 年就要更换一次风扇，直接冷却风扇有二线和三线之分，二线风扇其中一线为正极，另一线为负线，更换时不要接错；三线风扇除了正、负极外还有一根检测线，更换时千万注意，否则会引起变频器过热报警。交流风扇一般为 220、380V 之分，更换时电压等级不要弄错。

2. 滤波电容

中间直流回路滤波电容：又称电解电容，其主要作用就是平滑直流电压，吸收直流中的低频谐波，它连续工作产生的热量加上变频器本身产生的热量都会加快其电解液的干涸，直接影响其容量的大小，正常情况下电容的使用寿命为 5 年。建议每年定期检查电容容量一次，一般其容量减少 20％以上应更换。

四、测试

1. 静态测试

（1）测试整流电路。找到变频器内部直流电源的 P 端和 N 端，将万用表调到电阻×10档，红表棒接到 P，黑表棒依次接到 R、S、T，应该有大约几十欧的阻值，且基本平衡。相反将黑表棒接到 P 端，红表棒依次接到 R、S、T，有一个接近于无穷大的阻值。将红表棒接到 N 端，重复以上步骤，都应得到相同的结果。一旦出现以下结果，可以判定电路已出现异常：①阻值三相不平衡，可以说明整流桥故障。②红表棒接 P 端时，电阻无穷大，可以断定整流桥故障或起动电阻出现故障。

（2）测试逆变电路。将红表棒接到 P 端，黑表棒分别接到 U、V、W 上，应该有几十欧的阻值，且各相阻值基本相同，反相应该为无穷大。将黑表棒接到 N 端，重复以上步骤应得到相同的结果，否则可确定逆变模块故障。

2. 动态测试

在静态测试结果正常以后，才可进行动态测试，即上电试机。在上电前后必须注意以下几点：

（1）上电之前，须确认输入电压是否有误，将 380V 电源接入 220V 级变频器之中会出现炸机（炸电容、压敏电阻、模块等）。

（2）检查变频器各接插口是否已正确连接，连接是否有松动，连接异常有时可能导致变频器出现故障，严重时会出现炸机等情况。

（3）上电后检测故障显示内容，并初步断定故障及原因。

（4）如未显示故障，首先检查参数是否有异常，并将参数复归后，进行空载（不接电动机）情况下起动变频器，并测试 U、V、W 三相输出电压值。如出现缺相、三相不平衡等情况，则模块或驱动板等有故障。

（5）在输出电压正常（无缺相、三相平衡）的情况下，带载测试。测试时，最好是满负载测试。

6－25　变频器的使用对外围电气设备的影响有哪些？

答：交流变频调速在各行各业已大量应用，而变频器整流电路和逆变电路中主要使用的是半导体开关器件，其输入输出的电压和电流中除了基波成分外还含有一定的高次谐波，这些高次谐波将给外部设备带来不同程度的影响，严重时会使这些电气设备不能正常工作，甚至误动作，这样会降低设备的可靠性，危及设备和人身安全。

变频器产生的高次谐波对其他电气设备产生的负面影响分三种。

一、引起电网电源波形畸变

目前，电气设备常用的一般为电压源型变频器，其输入电路一侧是交-直流电源转换的整流电路，由于整流电路的直流电压是在被平滑电容滤波之后输出给后续电路，所以电源供给变频器的电流实际上是平滑电容的充电电流。由于存在内部阻抗，当变频器供电的电源容量越大，变频器输入电流的波形就越陡峭，而输入电压的波形畸变则越小；电源容量越小，则电流波形越平缓，而电压的波形畸变则越大。

二、产生无线电干扰电波（无线电波噪声）

现在使用的变频器大多采用 PWM 控制方式，逆变后的变频器输出电流波形模拟接近正弦波，可使电动机平滑运行并减少由于电动机转速变化和电流波动引起的能量损失。但由于在采用 PWM 控制方式时逆变电路中半导体开关器件以相当高频率（大于 4MHz）进行开关动作，在变频器的输出电压和输出电流中含有高次谐波，这些高次谐波的最高频率可达 20MHz，并通过静电感应和电磁感应而成为电波噪声。电波噪声包括传导噪声和辐射噪声，前者通过电源导线传播，后者由辐射至空中的电磁波和磁场直接传播。

传导噪声是由于输出电压高频脉冲 $\mathrm{d}V/\mathrm{d}t$ 造成的，它会使主电机绝缘恶化；会与机械轴系发生共振；会加大电动机转子轴头两端、轴与轴承间的轴电压，通过油膜放电使轴和轴承提前损坏。传导噪声可干扰 PLC 正常工作，可使负荷限制器误差更大，使电子式接近开关、光电开关误动作。

变频器的高频电磁波辐射噪声大部分集中在 150kHz～1.5MHz 频段，会对起重机通信用的无线对讲机、某些起重机无线遥控器、起重机无线吊钩秤、司机室收音机和扩音机以及电话机等设备产生干扰，影响其使用质量和效果。

三、引起电动机噪声、颤振、过热、扭矩降低等问题

变频器输出电压波形不是正弦波，流过电动机的电流也有许多高次谐波。电动机在变频调速运行时，电动机绕组和铁心会因这些谐波而产生振动和磁噪声，一般与采用电网正弦波电源直接驱动相比，变频器驱动的电动机噪声要大 5～11dB。

与产生噪声时相同的原因，系统振动也将变大，尤其是 5 次、7 次谐波成分所产生的脉动转矩将给变频器的转矩输出带来较大波动，而系统也有可能因变频器输出转矩的波动与机械系统发生共振并产生更大振动。

由于谐波成分影响，即使带同一负载和在同一频率，变频调速电动机电流也将增加 5%～10%，电动机温升也高于工频电源驱动工况。另外，由于普通电动机是通过安装在电动机轴上的冷却风扇进行冷却的，在连续低速运行时，将会因其自身冷却能力不足而产生电动机过热现象。

6-26 针对变频器对外部设备的影响，系统设计配置时应采取哪些措施？

答：在接受变频调速的大速比、起制动平滑柔和、优良的动静态调速特性时，必须顾及整机的性能。在进行系统设计前若不采取必要措施，而是在变频驱动系统投运后发现问题，才匆忙采取对策，则不能彻底解决问题或者处理费用过高。设计时就考虑各种对策，才能达到防患于未然。

一、抑制电网电源波形畸变的措施

（1）在各机构交流进线主回路串入扼流电抗器。通过增设的电抗器，可以减少脉冲状电流波形的峰值，达到改善电流波形的目的。电抗器的选择以电压降在负载额定电压的 2%～5% 为宜，例如电压降为 5% 的电抗器，可降低约 30% 的高次谐波含有率。

（2）在一次和二次回路中并接滤波器 LC 或 RC，通过削波和由电抗电容组成的高次谐

波共振电路，达到吸收谐波的目的。普通起重机从实用、降低成本起见，一般不采用有源滤波器。

（3）尽量采用工程型 PWM 控制方式的整流电路。这种控制方式的电路与 PWM 控制方式的逆变电路结构相同，并能适当控制使变频器的输入电流波形近似成为正弦波，其产生的高次谐波成分非常小。但这种整流电路的缺点是电路结构复杂，成本高。

二、抑制电波噪声的措施

（1）对于通过电源线传播的传导噪声，可采用隔离滤波变压器，对高频成分形成绝缘；在直流回路串接直流电抗器，以提高对谐波成分的阻抗；在变频器输入端串入线滤波器。

（2）辐射噪声主要决定于变频器本身的防护结构和电动机电缆的布线等多种因素，抑制辐射噪声比抑制传导噪声要困难。实施时应尽量缩短放线距离，并将导线对绞以减少阻抗；选用铸壳金属封闭结构的变频器，并将壳体接地，将输入输出电缆穿管并接地；在变频器输出端设输出电抗器和输出滤波器。

三、降低系统噪声的措施

（1）采用低磁密、有铁心防窜措施、铸铁外壳的高刚性变频电动机。

（2）选择低噪声冷却风扇和电抗器。

（3）在变频器和电动机间串入可将输出波形转换为正弦波的正弦滤波器。

四、抑制系统振动的措施

（1）起动时降低 V/F 比值。

（2）将刚性联轴器改为弹性联轴器。

（3）在变频器和电动机间接入电抗器。

（4）改变 PWM 的载频。

五、防止电动机过热的措施

（1）将电动机由自冷方式改为他冷方式。

（2）选用大一挡容量电动机。

（3）提高电动机的绝缘等级，以达到提高温升上限值的要求。

（4）改用变频专用电动机。

（5）对电动机运行范围进行控制，避免连续低速工况。

6-27　什么是高压变频器？

答：按国际惯例和我国国家标准对电压等级的划分，对供电电压不小于 10kV 时称高压，1～10kV 时称中压。习惯上也把额定电压为 6kV 或 3kV 的电动机称为高压电动机。由于相应额定电压为 1～10kV 的变频器有着共同的特征，因此，把驱动 1～10kV 交流电动机的变频器称为高压变频器。高压变频器又分为电流型和电压型两种类型。

6-28　使用大容量变频器为什么要加装制动单元和制动电阻？

答：当变频器拖动负载电动机制动运行时，由于惯性，电动机速度将大于其同步转速 n_0。电动机工作于发电状态，传动系统中所储存的机械能经异步电动机转换成电能，这部分电能除部分消耗在电动机内部铜损和铁损外，其余大部分将通过变频器逆变桥的 6 个回馈二极管回馈到直流母线侧，使直流母线电压升高。当负载惯性大或变速过于频繁，由于回馈能量大，如不采取措施，很容易引起电容器电压升得过高，导致装置中的制动过电压保护动作，影响设备和生产的正常运行。在这种场合，就需要使用制动单元，由制动单元监测直流回路电压，并控制制动电阻的通断，形成一个斩波电路，由此消耗电动机回馈的电能，并产生制动力矩，获得瞬时减速、快速停车的效果。因此，合理地配备制动单元及制动电阻，将关系到变频器与系统的安全、可靠的使用。

6-29　多大容量的变频器才需要安装制动单元？

答：对于大多数的通用变频器，图6-7中的制动单元内部电平检测电路、晶体管 VB、二极管 VD 一般都设置在变频器柜体的外部，只有功率较小的变频器才将 R_z 置于装置的内部。

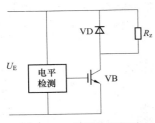

图6-7　电平检测电路

以常见的安川系列变频器为例，220V 级 7.5kW 以下变频器就设置在内部，如有需要只需外接制动电阻，而 11kW 以上（含 11kW）需外接制动单元和制动电阻；对于 400V 级功率大于或等于 18.5kW 才需外接制动单元和电阻。当有两个或两个以上制动单元并联工作时，由于各个单元的元件参数的差别以及检测电路内部比较器的动作点不完全一致，有可能造成制动单元工作时分配的负荷不同，甚至出现一个制动单元工作后另一个制动单元不工作的现象。因此，在安川系列变频器配套使用的制动单元上，有供选择的主/从开关器，在一台或多台并联使用时，其中必须且仅有一台选择在 MASTER 侧，其他的单元选择在 SLAVE 侧，以均衡各制动单元的功率。除此之外，在制动单元上还有变频器额定电压的跳线设置器，制动单元据此决定检测电路的动作阈值。如果此跳线设置不正确，也同样会影响到变频器的正常运行，在使用中应注意。

6-30　与变频器进行配合的外围设备有哪些？

答：在进行变频器系统设计及配线的工作中，要根据需要选择与变频器进行配合的外围设备。选择外围设备主要是因为：

（1）保证变频器驱动系统能够正常地工作。

（2）提供对变频器和电动机的保护。

（3）减少对周边其他设备的影响。

与变频器配合的外部设备主要有断路器、剩余电流动作保护器、接触器、噪声滤波器、输入电抗器、输出电抗器、热继电器等。

6-31　这些外围设备的主要作用有哪些？

答：（1）变压器。变压器要根据电网电压情况使用，将电网电压转换为变频器所需电压，如果电网电压与变频器的电压匹配，那么就没有设置变压器的必要了。

（2）断路器或漏电保护器。断路器是必须使用的，因为：①变频器电源的接通与断开；②防止发生过载和短路时，产生的大电流损坏设备。

（3）接触器。接触器是建议使用的，或者说是最好使用的，因为：①当变频器跳闸时，将变频器从电源侧断开；②使用制动电阻的情况下，发生短路事故时，将变频器从电源侧断开。

（4）噪声滤波器。滤波器可根据系统的情况选择使用，使用它的目的是为了降低变频器传至电源侧的噪声。

（5）输入电抗器。建议使用：①与电源进行匹配；②改善功率因数；③降低高次谐波对其他设备的影响。

（6）输出电抗器。输出电抗器可根据系统的情况选择使用，其作用是降低电动机的电磁噪声。

（7）热继电器。可根据系统的情况选择使用，如果有下列情况要必须使用：①使用一台变频器驱动多台电动机时，电动机进行过载保护；②对不能使用变频器内部电子热保护功能的电动机进行热保护。

另外，除了这些设备的选择以外，还有对电动机电缆线和控制线路的选择。对于主线路电缆的选择，和一般控制系统的动力线没有太多的区别，主要是考虑电路中电流的容量，以及因温度上升而造成使用容量下降的问题，再有就是因为线路长度而造成线路电压下降的问题。

这里重点说一下，关于线路距离过长造成电压下降的问题。在选择主电源线的线径时，应该保证线路的压降在 2%～3% 以内，线路中的压降可以由下式计算：

$$U = RLI/1000$$

式中　U——线路中的电压降，V；

　　　　R——单位长度的电缆线电阻值，mΩ/m；

　　　　L——电缆线的长度，m；

　　　　I——线路中的电流值，A。

当变频器和电动机的距离过长时，线路的压降会增加，可能会因为电压过低而造成电动机转矩不足的情况发生，这点尤其对采用 V/F 控制的变频器特别重要，这时，应该采用线径较大的电缆，一般情况下，电缆的规格要放大一个量级。

至于控制线，没有太多的要求，主要是操作电路应该使用屏蔽电缆，以保证变频器信号的传输。将控制变频器的信号线与强电回路（主回路及顺控回路）分开走线，距离应在 30cm 以上，即使在控制柜内，同样要保持这样的接线规范，该信号与变频器之间的控制回路线最长不得超过 50m。

附录 A　低压电器产品型号类组代号表

常见低压电器产品型号类组代号见表 A.1。

表 A.1　常见低压电器产品型号类组代号

代号	H	R	D	K	C	Q	J	L	Z	B	T	M	A
名称	刀开关和转换开关	熔断器	自动开关	控制器	接触器	起动器	控制继电器	主令电器	电阻器	变阻器	电压调整	电磁铁	其他
A						按钮		按钮					
B									板式元件				触电保护
C		插入式				电磁			线状元	悬臂			插销
D	刀开关								铁铬铝带型元		电压		灯具
E												阀门	
G				鼓形	高压				管型元				接线
H	封闭式负荷开关	汇流排式											
J					交流	减压		接近开关					
K	开启式负荷开关							主令控制器					
L		螺旋式					电流			励磁			电铃
M		封闭式	灭弧										
P				平面	中频					频繁			
Q										起动		牵引	
R	熔断器式刀开关						热						
S	转换开关	快速	快速		时间	手动	时间	主令开关	烧结元件	石墨			
T		有填充料管式		凸轮	通用		通用	脚踏开关	铸铁元件	起动调速			
U						油浸		旋钮		油浸起动			
W			框架式				温度	万能转换开关		液体起动		起动	
X		限流	限流			星三角		行程开关	电阻器	滑线式			
Y	其他	其他	其他	其他	其他	其他	其他	其他	其他	其他			液压
Z	组合开关		塑料外壳		直流	综合	中间					制动	

参 考 文 献

［1］ 刘瑞华. S7 系列 PLC 与变频器综合应用技术［M］. 北京：中国电力出版社，2009.

［2］ 机械工业职业技能鉴定指导中心. 初级维修电工技术［M］. 北京：机械工业出版社，2004.

［3］ 机械工业职业技能鉴定指导中心. 中级维修电工技术［M］. 北京：机械工业出版社，2004.

［4］ 机械工业职业技能鉴定指导中心. 高级维修电工技术［M］. 北京：机械工业出版社，2004.

［5］ 汤蕴璆，罗应力，梁艳萍. 电机学［M］. 北京：机械工业出版社，2014.

［6］ 刘启新，张丽华，祁增慧. 电机与拖动［M］. 北京：中国电力出版社，2011.

［7］ 赵慧峰，乔长君. 低压电气控制线路图册［M］. 北京：化学工业出版社，2013.

［8］ 机械工业职业技能鉴定指导中心. 电工识图［M］. 北京：机械工业出版社，2004.

［9］ 朱莉. 一题一图学电路变压器［M］. 北京：化学工业出版社，2009.

［10］ 人力资源和社会保障部教材办公室. 电机与变压器［M］. 5 版. 北京：中国劳动社会保障出版社，2014.